賣茶如金
席捲全球的秘史

三大茶書之一，
看數百年來的異國茶事、茶具演進、世紀廣宣，
全面揭露茶葉帝國如何征服全球的致富史！

All About Tea

威廉‧H‧烏克斯（William H. Ukers）—著
華子恩—譯

Tasting.10

賣茶如金・席捲全球的秘史

三大茶書之一，看數百年來的異國茶事、茶具演進、世紀廣宣，
全面揭露茶葉帝國如何征服全球的致富史！

原書書名　All About Tea
作　　者　威廉・H・烏克斯（William H. Ukers）
封面設計　林淑慧
譯　　者　華子恩
特約編輯　洪禎璐
主　　編　劉信宏
總 編 輯　林許文二

出　　版　柿子文化事業有限公司
地　　址　11677臺北市羅斯福路五段158號2樓
業務專線　（02）89314903#15
讀者專線　（02）89314903#9
傳　　真　（02）29319207
郵撥帳號　19822651柿子文化事業有限公司
投稿信箱　editor@persimmonbooks.com.tw
服務信箱　service@persimmonbooks.com.tw

業務行政　鄭淑娟、陳顯中

一版一刷　2024年05月
定　　價　新臺幣480元
I S B N　978-626-7198-64-3

歡迎走進柿子文化網 https://persimmonbooks.com.tw

～柿子在秋天火紅 文化在書中成熟～

國家圖書館出版品預行編目(CIP)資料

賣茶如金・席捲全球的秘史：三大茶書之一，看數百年來
的異國茶事、茶具演進、世紀廣宣，全面揭露茶葉帝國如
何征服全球的致富史！/ 威廉.H.烏克斯(William H. Ukers)
著；華子恩譯.
-- 一版. -- 臺北市：柿子文化事業有限公司,2024.5
　面；　公分. --（Tasting；10）
譯自：All about Tea.
ISBN　978-626-7198-64-3（平裝）
1.CST:茶葉 2.CST:產業發展 3.CST:國際貿易史
481.6　　　　　　　　　　　　　　　112010285

All about Tea

推薦

具名推薦　謝哲青 / 作家、旅行家、知名節目主持人

　　當我一邊閱讀，心裡就不斷地冒出驚呼的一句疑問：「究竟是怎麼樣的熱情？！」我就像是一個孩子，在書店裡翻看著自己喜歡的故事書，找個角落席地而坐，一坐就是忘了時間的一整天！因為，書裡有太多太多令我著迷的故事與情節，看著看著便入迷了，也不管現在外面世界是晴是雨、是何年何月。

　　每一篇手繪圖示、每一則發生在世界各個角落的重要茶事件、每一個年份數字，甚至是每一張圖片的取得，在當時都是如此地艱難！而且，獲得這些資料之後，還需要再煞費多少苦心，逐一驗證、考究確定後，才書寫於書中？我們身處資訊暢通的網路年代，雖然資訊獲取容易，也快速許多，但當要驗證資訊的真偽時，仍顯得十分吃力困難，難以爬梳考究，那麼，更何況是在距離今日近一百年前的時代！

　　「究竟是怎麼樣的熱情？！」能讓一個人如此執著地投入生命時光，不悔地四處奔走收集這一切碎散於世界各地、但關於茶的所有資料、事件與故事。

　　身為一個茶品牌的負責人，我深知茶帶給我的影響是什麼，我也能從茶的身上獲得源源不絕的熱情與樂趣，並且能夠把這些能量透過品牌所做的一切行為，如實的向外傳遞。但是，我仍然由衷敬佩這本書的作者，佩服他為了寫下此書的背後，那令人不可置信與源源不絕的熱情。我深深敬佩作者，謝謝他的奉獻，為這世界，為了茶，留下這些珍貴的資料。這是世界的瑰寶，後世人的福氣。

王明祥 / 七三茶堂創辦人，《茶味裡的隱知識》作者

　　從資深賣書人轉成書店企劃，走過二十年後退下，投入文創旅宿品牌新領域，我仍然幸運地在閱讀與飲食之路上探究。因為在跨領域的定位上，兩品牌在文化面有著同質性，我可以利用過去的經驗連結應用，還算上手。

　　飲食、食藝，範圍之廣，方方面面盡是學問；世界茶歷史從中國起源，再到日本、印度、歐洲……龐雜的茶知識靠片段收集而來。我常思索台灣人與日本人皆愛茶，為何前者著重飲宴清口與席間互動，對象是人；後者專致在茶器、茶席之間，對象是茶，當然，這關乎文化、歷史、風俗、環境的不同；所以在茶的領域中，我只敢說我喜愛品茗所帶來的五感體會，但絕對談不上精深。也因這十多年來參與設計幾位茶學名師的新書發表會，探看老師們的茶書裡，研究茶的文化、風土、品味……以及近年在風味的系統建立，與餐茶搭配的導入（Tea Pairing），就如同葡萄酒或清酒已長年建立好餐搭的系統，縱使流派與風格相異，茶學大家們在尋茶、獵茶，深究探索的精神卻是異中求同，也使我更加佩服與敬畏茶學之路的浩瀚！

　　柿子文化主編為一系列的茶書來邀序，主編說明這套中文版巨作是源於發行於1936 年的百年茶書經典《All About Tea》，作者美國茶達人烏克斯，這是他費時二十五年訪查及資料蒐集的研究成果；我覺得眼熟，猛然想起過年期間無意中在「台灣茶學會」網站上瀏覽了一篇文章，是「人澹如菊書院」創辦人，也是資深茶人李曙韻老師所寫的「茶之旅－我的大吉嶺紅茶之行」，敘述她在 2004 年初，就是帶著烏克斯的《All About Tea》與一顆朝聖的心，開始尋訪紅茶之旅呢！

　　真是欣喜！我找到可以幫助我完整收攏聚合茶的領域寶典了，而且是中文版！

　　看作者描述茶飲的誕生與擴張、風味傳布、製作工序、茶葉貿易、文化藝術、飲茶風俗……以及美學。看茶聖千利休讓中產階級接觸茶道，並將茶道儀式引進更高等級的美學階段，被視為這項藝術的修復者。

　　想到古俗，烏克斯敘述「在荷蘭，茶不是用杯子喝，而是用碟子，而且要發出他人聽得到的吸啜及嗅聞聲音，來表示滿意，這是對女主人提供『好茶』的禮貌回報。」這不是與葡萄酒最早也是用酒碟喝，一樣的道理？

　　好水，也是成就一壺好茶的必備要件，酷愛《紅樓夢》的李曙韻老師曾到北京胡同利用冬雪煮茶，眾人讚好！讓我想起《紅樓夢》中，賈寶玉寫了冬夜即事詩：「御喜侍兒知試茗，掃將新雪及時烹」，敘述善於煮茶的妙玉是如何執壺以雪煮茶，是茶器與好水的講究，妙哉！

　　關於茶的一切，數不盡的千年風華。本書在三大主題中，我可以把它當作工具書，收攏聚合茶的知識，輔助我持續在清香流動的茶海優游，也在此推薦給您。

李絲絲 / The One 文化長

　　來自於茶葉家族的我，對茶葉所有的一切有著莫名的著迷，自己投資非常多的時

間與精力去爬梳世界茶歷史脈絡，講茶學院也致力於保存臺灣茶文化歷史資料而努力。過程中，彷彿在茫茫大海裡想找到方向般不容易，再加上現在的資訊爆炸，我們事實上不容易分辨知識的正確與否，當我從出版社拿到這系列書時，一翻開目錄，讓我內心充滿了興奮與雀躍。作者威廉‧H‧烏克斯於 1910 年代開始著手茶葉相關資料的收集，當時的時空背景是第一次世界大戰爆發、全世界都籠罩在動盪不安的年代，作者願意投資二十五年的歲月，來回穿梭於各國圖書館收集資料，並實地考察茶園，想必他對於茶本身的熱愛程度，遠遠超乎一般人對茶僅是簡單飲品認知的範疇，我真心覺得，這系列書是威廉‧H‧烏克斯用生命與行動完成的一部「茶知識寶典藝術品」，我非常感恩有機會能第一手拜讀這本經典著作。

如果你是感性的讀者，喜歡用文化與歷史來認識茶，這系列書對東西方的茶葉起源與歷史脈絡都闡述得相當完整，甚至於其他書籍鮮少提到的茶葉文學之美，其中包含中國、日本與歐洲等東西方文化對於茶的文學詮釋、各國喝茶禮儀等，都收集整理成非常珍貴的資訊，讓讀者更容易觀察出不同文化對於茶的情感。

如果你是理性的讀者，想要認識 1910 年代不同產茶國的種植技術、加工步驟（當然，目前有些機器有更新，但基礎的過程是一樣的），都有系統性詳盡的紀錄文字，甚至是地圖、平均氣溫、土壤成分表等科學的資訊，可提供給讀者。

如果你是對行銷感興趣的讀者，你可以從書中發現，一棵茶如何千變萬化的瘋迷不同宗教、種族與文化，小範圍到不同國家的茶葉行銷宣傳（跨越東西方世界，實在是太令人驚訝其資料的完整性），大範圍到十幾個產茶國與消費國的生產與貿易演進。

最後，我完全可以體會作者說出以下文字的心情，因為，畢竟他是生存於動盪的世界中，而經過疫情後，目前全世界何嘗不是存在精神、物質、國際關係方面的動盪呢？期待這本書能做為讀者們一個認識茶葉美好的橋樑。

> 茶不僅對一個國家的冷靜清醒有所貢獻，
> 還能在沒有烈酒所帶來的刺激下，
> 為社交界所有源於交談之樂趣賦予魅力。
> 茶是人類的救贖之一。

湯尹珊 / 講茶學院共同創辦人

看到這本書時，發現內容將世界各國茶相關的歷史文化、各國的茶葉加工特性、茶與器、茶與人的行為科學等等，統統都詳細敘述了。

不禁想起 1984 年，當時臺灣出國旅行是一件艱難的事情，我的老師吳振鐸拿了五千元臺幣，鼓勵我跟著茶葉親善大使團到美國，然後老師說：「幫忙買一本書，Tea of the world。」

然後一直到 2023 年，書還沒有買到，因為沒有老師要的內容，但這本書的出版，終於讓我可以了了這件長期歷在心頭之事，可以向老師報告：「書買到了！」

建議臺灣靠茶吃飯的茶友一定要買來深入研究，當你知道歷史上各國的茶葉發展因素、各地方需求什麼類型的茶葉，這樣才能正確的拓展自己的產業，尤其是教茶的老師，這是一本非常完整的教學教材喔。

藍芳仁／前亞太創意技術學院茶業技術應用系主任

「茶」字，由「人」在「艸」、「木」之間所組成，生長於天、地中的茶與人相遇，共筆寫下了無數傳奇，從柴米油鹽醬醋茶，到琴棋書畫詩酒茶，茶既是生活，也是藝術。這謎一般的植物，有著詩一般的身世，在時光流轉中溫熱地浸入人們的靈魂，在歷史扉頁間氤氳出漫天的風起雲湧，悄然魅惑了全世界，蕩漾出無盡若夢詩篇。

本書的作者像是一位時空旅人，悠遊於產茶國度阡陌間，巡航於萬千文獻史料中，展開一場壯闊的尋茶之旅，以時間為經、空間為緯，編織出一部令人驚歎的茶遊記。他從古老神話出發，如同偵探般地考究茶的起源，再條理分明地從歷史、技術、科學、商業、社會、藝術等觀點切入，層層解析茶的身世之謎，深入探討這東方祕藥如何令各國為之上癮，撼動了人類文明，重寫了全球經貿版圖，點燃了藝術家的靈光，改變了世界。

書中論及《茶經》的篇章寫到：「一個人所能成就的最偉大的事，便是對某事有所領會，並以最簡單的字彙表達此事。」作者梳理史料的清晰邏輯、資料論證的多元視角、流暢易懂的文字表述，便深切地體現了這樣的智慧。字裡行間沒有艱澀難懂的專業術語，也不見矯揉造作的繁複文句，關於茶的一切在他的筆下娓娓道來，如此平易近人，讓閱讀本書成為一種愉悅的知識享受。

閱讀一本書，就像展開一場旅程，讓自己走進更遼闊的世界，拓展認知的邊界。誠摯地推薦大家翻開這本茶的百科全書，漫步在暗藏茶香的書頁間，探索茶的多重宇宙，開啟一場橫跨數千年的超時空壯遊。

劉一儒／新北市坪林茶業博物館館長

Preface

序言

作者在近百年前首度造訪東方的茶葉國度，並開始為以茶為主題的著作收集素材，經過初步調查後，他到歐洲與美國的重要圖書館與博物館中展開研究；這項工作一直持續到西元 1935 年將最終定稿送到印刷廠為止。

在書籍出版的十二年前，作者就已經展開素材的挑選與分類，之後更為了修正並更新手邊的資料，花費了一年的時間在產茶國度之間旅行，因此原稿的實際寫作時間超過十年之久。

自從陸羽在西元 760 年至 780 年間創作《茶經》開始，已經有大量關於茶的著作出版。這些書籍大部分都與茶這個主題的特定方面有關，而且常常包含了宣傳內容。在關於茶的一般特性方面，數十年來未曾有過以英文撰寫的著作，而本書是第一本完整涵蓋了茶的所有面向的獨立作品，而且訴求對象包含了一般讀者和那些與茶直接相關的人士。

所有歷史文獻都已考證過原始資料，貿易及工藝技術章節也已由合格的權威專家審核通過，力求本書的內容詳盡徹底並具有權威性。

除了正式的致謝之外，作者還想要感謝所有協助這部作品的準備工作之人士。由於從事茶業貿易及相關行業內外人士美好而無私的合作，並以相關研究為茶方面的知識做出科學化的貢獻，才使得本著作有機會成形。

Contents

目錄

| **Part1** |
| **人們對飲茶的講究與宣傳** |

在不列顛群島、澳洲、北美和荷蘭，
消費的大多是印度、錫蘭及爪哇的紅茶，
喝茶的目的主要是為了茶的刺激效果，
其次是為了紅茶獨特的酸澀口感或刺激性，
這些口感是紅茶浸泡液中帶澀味的單寧酸和單寧化合物所帶來的，
其滋味在飲用時會變得美味可口。

| Part2 |
茶葉賣向全世界

包含許多調和暨包裝商號的大不列顛茶葉調和商，
廣泛分布在英國本地及海外的批發商和零售商中。
有些大型調和暨包裝公司，
甚至會做到在印度、錫蘭和東非等不同地區，
擁有自家大規模茶葉種植園的程度。

The subject in brief

主題簡述

　　茶是世界的珍寶。一開始，茶這種植物抗拒一切試圖將其移植到其他國家土地的嘗試，因此獨屬於中國所有。茶的飲用同樣獨屬於中國，而當飲茶這件事在後來被其他國家採納時，則必須配合當地條件進行修改。茶的飲用特別適合英國式的場景，而美國人對下午茶永遠無法擁有像英國人那樣的認知。茶就跟亨利衫（註：胸前半開襟的圓領上衣）一樣，是獨一無二的。

　　人類的文明發展創造出三種重要的非酒精性飲料：茶樹葉片的萃取物、咖啡豆的萃取物，以及可可豆的萃取物。茶葉和咖啡豆是世界上受歡迎的戒酒飲料的材料來源，而茶葉在所有消耗性飲品獨占鰲頭；咖啡豆居次，而可可豆則是第三名。為了精神上迅速的「爆發」，人們依舊求助於酒精性飲料，以及致幻麻醉劑和鎮靜劑之類的假性興奮劑。茶、咖啡和巧克力對心臟、神經及腎臟來說，是貨真價實的興奮劑；咖啡對大腦的刺激性較強，巧克力則是針對腎臟，而茶的刺激性巧妙地介於兩者之間，對大部分的身體功能都有溫和的刺激效果。因此，茶這個「東方的恩惠」，成為戒酒飲品中最高尚的一種，是大自然在自身實驗室中合成的一種純淨、安全且有益的興奮劑，同時是生命中主要的歡愉樂趣之一。

　　在這一系列書中，作者將從歷史、技術、科學、商業、社會、藝術等六個面向，來講述茶的故事。

　　《茶飲世紀踏查》第一章，從歷史觀點講述了西元前 2737 年茶的傳奇起源，以及西元前 550 年一份傳說由孔子編選的參考文獻，但最早提及茶的可信言論出現在西元 350 年。大自然原始的茶園位於東南亞，包括了中國西南邊境各省、印度東北部、緬甸、暹羅，以及印度支那（註：即中南半島）等地。

　　佛教僧侶將茶樹的栽種和茶飲文化，擴散至中國與日本全境。第一本茶指南是在西元 780 年左右所寫成的《茶經》，這份重要著作的摘要將在《茶飲世紀踏查》第二章中介紹。日本文學中對茶的介紹，最早可追溯至西元 593 年，而茶的種植則可追溯至西元 805 年。關於茶傳播到阿拉伯的最早記述，出現在西元 850 年；威尼斯人的記述則出現在 1559 年；英國是 1598 年；而葡萄牙是在 1600 年。荷蘭人大約在 1610 年時將首批茶葉帶到歐洲大陸；而茶的足跡在 1618 年來到俄羅斯；1648 年來到巴黎；並在 1650 年左右抵達英國和美洲。這些內容全都在後續的章節中。

　　《茶飲世紀踏查》第一部分中，還將介紹早期茶被中國、日本、荷蘭、英國和美

洲接受為飲品的時代，以及名聞遐邇的倫敦咖啡館故事、十八世紀倫敦茶飲花園的消遣、因不公平的茶稅而發動戰爭的國家、全球最大的茶葉壟斷企業，還有在荷蘭人統治下，茶在爪哇－蘇門答臘所獲得的驚人發展等等。

《茶飲世紀踏查》第二部分則從藝術觀點揭露了茶在繪畫、素描、雕刻、雕塑和音樂中如何被讚頌，並展示了重要的陶製與銀製茶具。此外，還有以茶為主題進行創作的詩人、歷史學家、醫學及哲學作家、科學家、劇作家、小說作家的作品摘錄引文。

《好茶千年秘密》第一部先從茶的字源學來探討，中文「茶」這個字的廣東話發音是「chah」，以廈門方言發音則是「tay」，而茶以後者的發音形式傳播到大多數的歐洲國家。歐洲與亞洲的其他地區則採用「cha」的發音形式。植物學章節則講述林奈於西元 1753 年將茶樹這種植物分類命名為 *Thea sinensis*，不過又更改為茶屬，現今這個命名已普遍被植物學家所接受。

第二部分蒐集了茶對健康的益處，以便利的摘要形式為茶道鑑賞家、茶葉商人和廣告商，提供科學界、醫界及一般大眾對茶的看法與評價。接著，講述早期飲茶的禮節與風俗，包括了以野生茶葉為食物及製作飲料原料的原始山族部落；敘述西藏當地攪拌茶湯及飲用這種茶湯的禮節；並且追蹤英國人每天不可或缺的優雅儀式——下午茶的起源。接下來是近代飲茶禮儀及風俗，包括為何下午茶在英國是「一天當中的閃亮時刻」，以及為何美國人在能充分領略茶的樂趣之前，必須先學會悠閒的藝術。

第三部分描述了全球的商業用茶，並討論這些茶的貿易價值、茶葉的特性，以及飲用價值，同時還包括了完整的參照表格。後續章節的內容專注在中國、日本、臺灣、爪哇、蘇門答臘、印度、錫蘭，以及其他國家實際進行的茶葉栽種與製作。

《賣茶如金‧席捲全球的秘史》第一部分介紹了泡茶設備的演進，從簡單的水壺到可能使大多數茶壺消失的元兇——美式茶包，並且探討了科學化的泡茶方法，以及提供給茶愛好者的購買茶葉及製作完美茶飲的建議。接著，呈現了從西元 780 年開始的茶葉廣告宣傳，一直到二十世紀初期的茶業宣傳活動與商業聯合活動。

《賣茶如金‧席捲全球的秘史》第二部分，從商業觀點講述茶葉在生產國及消費國之間所經過的管道；茶葉從到達一級市場開始，一直到被零售商送貨給消費者為止，是如何進行買賣的。接下來則是關於中國、日本、臺灣、荷蘭、英國本土及英屬印度群島、美國的茶葉貿易歷史、茶業商會。

附錄部分則是茶的年表，羅列了具歷史重要性的事件。

| Part 1 |

人們對飲茶的講究與宣傳

在不列顛群島、澳洲、北美和荷蘭，
消費的大多是印度、錫蘭及爪哇的紅茶，
喝茶的目的主要是為了茶的刺激效果，
其次是為了紅茶獨特的酸澀口感或刺激性，
這些口感是紅茶浸泡液中帶澀味的單寧酸和單寧化合物所帶來的，
其滋味在飲用時會變得美味可口。

Chapter 1
早期的飲茶歷史

在早期的幾個世紀裡，茶飲總是被當成藥物服用，而倡導飲茶的中國人和日本人將其視為所有人類病痛的治療藥物。

關於茶在社交方面的介紹，本章將回顧中國人從西南邊境山區部落習得茶飲使用一事。這些部落土著偶爾會在置於戶外火堆上的鐵鍋裡，滾煮野生茶樹未加工的綠色葉片，製成一種飲品。這是後來中國人和日本人所發展出的精緻優雅社會－宗教儀式最早且粗陋的起點。然而，在早期的幾個世紀裡，茶飲總是被當成藥物服用，而倡導飲茶的中國人和日本人將其視為所有人類病痛的治療藥物。

到了陸羽的時代，也就是西元 760 年至 780 年，中國人已經發展出嚴格的飲茶規則，使得其中指定的二十四件茶具成為所有上流社會家庭的必備器物。整組用來研磨、浸泡和上茶的工具，是由藝術家和技藝嫻熟的工匠製作出來的。在未使用時，它們會被存放在專門為茶具製作的精巧櫥櫃中，成為這個家庭社會地位的憑證。

在過去，指揮主持茶湯的招待，曾是一家之主的特權和責任。家中的妻子或其他家庭成員都無法覬覦這項榮譽。僕役為男主人送上烤過的茶葉球後，男主人會將茶葉球磨成粉；接著，僕人會遞上一壺滾水，再由男主人將水倒進裡面裝了茶葉粉末的壺嘴修長、形似酒罈的高挑茶壺內。在壺中水經過泡製之後，男主人會將冒著熱氣的水倒進以高嶺土製成的杯子內。（註：為便於區分，以「茶湯」指稱浸泡茶葉後的液體。）

飲茶在日本達到最高境界，首位偉大的茶道大師村田珠光，在前任幕府將軍足利義政的贊助下，編纂了茶道的規則；這位將軍在充滿變故的後半人生裡，專心致力於茶道哲學思考。日本茶道中準備茶湯的方法，是從宋朝時期的一種中國習俗衍生而來的，包括將茶葉磨成細粉、加入滾水，以及用竹製攪拌器將茶湯打出泡沫。

在茶道演進為一種社會宗教儀式的同時，所有上流階層都在孜孜不倦地模仿中國社交茶藝儀式，培養喝茶的社交技巧。茶在日本一開始是做為藥用飲料，被僧侶和一般人視為一種神聖的藥物，也成為所有場合中最受歡迎和最具社交正確性的飲料。

西元 1637 年，在波斯的荷蘭大使館擔任秘書的奧利留斯（Olearius）發現，波斯人和「印度人」會大量飲用中國茶。他寫道，波斯人會將茶煮沸，直到顏色變黑並發苦；但印度人會將茶葉放進精美的銅製或陶製茶壺中，在沸騰的水裡浸泡。

第一批歐洲的飲茶人士，是在十六世紀時前往中國和日本的耶穌會修士，他們從那些國家的人民身上學會喝茶和其他風俗習慣。十七世紀初，海牙幾位荷蘭東印度公司的尊貴顧客，將飲茶當作一種充滿異國情調且昂貴的新奇事物引進朝中。到了西元 1635 年，茶成為荷蘭宮廷中流行的飲料。等到了十七世

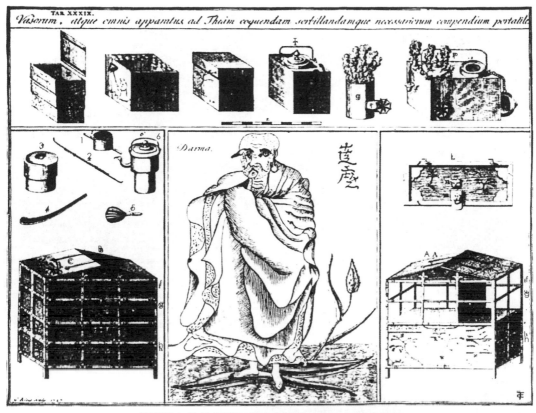

早期繪有茶的守護聖者達摩畫像的東方便攜式茶具

A-B －茶具組，設計成能讓僕役用一根桿子搬運，x、w、v －盛放茶具的木製箱子（1-6）；以及煤炭、燃料、碟子，還有和茶一起送上的食物；T －裝新鮮水的容器；q －可放進鑄鐵鍋（P）的炭盆。茶壺（6）裝在燒水壺的孔洞中（1）。L 是一塊側板。翻攝自西元 1692 年肯普弗（Kaempfer）的畫作。

紀中葉，英國的大人物們偶爾會飲用「中國飲料」，把它當作萬靈丹，或是用來招待某些大公顯貴。1680 年，荷蘭所有的家庭主婦都在家中設有茶室，好讓她在此處為訪客供應茶湯和糕餅。

西元 1661 年，查理二世那位愛喝茶的皇后，布拉干薩的凱薩琳（Catherine of Braganza）公主來到英國後，飲茶在英國宮廷的核心社交圈成為風尚。差不多在這個時期，英國東印度公司的董事開始在開會時喝茶，緊接著，茶很快就成為整個帝國中具有重要社會地位之家

庭所嚮往的奢侈品。到了西元 1702 年到 1714 年安妮女王執政時期，喝茶已經成為大英帝國所有社會階層的慣例。

在美國，富裕的荷蘭和英國殖民地居民，藉由提供精美的茶具組，還有讓飲茶成為具誇耀性質的社交功能等方式，盡力趕上母國的流行趨勢。

足利義政的銀閣寺,京都,其內設有最早的茶室
這裡原來是足利將軍義政的別墅。他退隱後在此消磨傍晚時光,練習茶道儀式。

酷愛茶道的足利義滿的金閣寺
這座廟宇是由足利將軍義滿在應仁之亂的第四年建造的。其中的茶室是根據金森宗和的概念進行設計的。

最早在日本實踐茶道的地點

Chapter 2
泡茶用具的演進史

　　在完整的茶具組發展過程中，最重要的因素來自於十八世紀後半葉，英國瓷器和奶油色器物的引進。

從西元紀年早期就開始在東方國家盛行，並且在十七世紀抵達西方土地的茶和咖啡，創造了不同於從前所使用的泡製與飲用類型器具的需求；而且這兩種飲料各自發展出了獨有的泡製和飲用器具。

　　根據郭璞在西元三百多年時所寫的，最早泡製茶的方法是滾煮。由此，我們可以做出「最早用於泡茶的器具，是原始的水壺」這個推論。然而，中國人很快便採用了浸泡而非滾煮的方法，而且肯定發展出了制式的用具。小水壺被用來將水燒熱，而形狀高挑、瓶狀、壺嘴細長的酒壺，被用來做為浸泡的容器。陸羽於西元八世紀所著的《茶經》中，有已知的最早茶壺圖畫，畫中顯示的即為具有這個特徵的壺。但中國人很快就發現酒壺型式的壺並不適合用來泡茶，因為對熱燙的液體來說，這不是夠穩定且安全的容器，而且它們細長的壺嘴會被茶葉堵住，由此，一種適合茶這種飲料的矮胖茶壺逐漸演變成形。

中國的紫砂茶壺

　　十六世紀初，從上海沿長江上溯數英里即可到達的宜興，其陶器因茶壺而聞名遐邇。

　　宜興的茶壺與茶葉一起抵達歐洲，以葡萄牙語名稱 boccarro（大嘴）為歐洲人所知，並被人們當作第一批歐洲茶壺的原型。

　　根據描述宜興茶壺的著作，《陽羨名壺系》的作者周高起所說，這些是小的個人壺（圖一，「A」）。

　　不過，早期的宜興茶壺在設計上並不是那麼保守，因為保存在不同博物館的藝術典藏中的範例，呈現出讓人眼花繚亂的各種型式，主題來自於動植物界、神話和古典藝術。麝香甜瓜（圖一，「B」）由於其球狀的外型，成為最受歡迎的茶壺原型之一。

　　宜興茶壺在中國依然非常受歡迎，不過相比於那些在明朝後期出現的茶壺，現代產品的製作粗糙且簡陋。

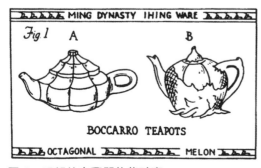

圖 1：明朝的宜興器物紫砂壺。

圖 2：獨特的西藏茶壺，供攪製茶用。

日本和西藏的茶壺

日本對宜興茶壺的偏愛甚至更為明顯，這類製品被稱為「紅泥」（朱紅色器物）或「白泥」（白色器物），而且《茶經》中提及的用具若少了紅泥或白泥製成的茶壺，便不能被視為完備。

日本有一種複製宜興陶器的器物被稱為「萬古燒」，不過它明顯比宜興陶器更輕且更粗糙。

關於日本人仿效中國茶壺這方面，意義最為深遠的一件事，便是對原型的改良，還有頻繁使用讓茶壺能被輕鬆拿取的架高提把。具有大量裝飾和釉料的甜瓜形茶壺，是最常見的。

與茶壺在中國的演進齊頭並進的，是西藏發展出為供應當地的攪製茶而設計的一種像大水罐的茶壺（見圖2）。

歐洲最早的茶壺

當荷蘭東印度公司和英國東印度公司開始進口茶葉時，也帶來了與喝茶有關的各種附屬器物，包括了茶杯、茶壺、茶葉罐。

十八世紀初期，在荷蘭、德國和英國或多或少都有成功模仿中國紫砂茶壺的努力成果。一開始，中國的茶壺原型就被接受並盡可能地模仿，這是因為茶飲在被西方採用後，關於喝茶的中國氛圍便被保留了下來，再沒有其他事物是可接受的。一直到十八世紀末期，歐洲的陶藝大師和銀匠才開始將頂級的藝術

最早的英國銀茶壺，西元1670年
壺身的銘刻顯示，這個茶壺在西元1670年被柏克萊（Berkeley）爵士喬治贈與尊敬的東印度公司。在英國使用此種類型茶壺的初期，茶是被放進咖啡壺中滾煮，接著裝在跟拇指頭差不多大的茶杯內上桌。

性應用在茶壺的設計和裝飾上，讓茶壺在西方達成它的顛峰之作。

英國現存最早的茶壺是產於西元1670年的燈籠形狀的銀製茶壺，收藏於倫敦的維多利亞與亞伯特（Victoria and Albert Museum）博物館。由於第一批茶壺是從中國藝術巔峰時期的產品複製而來，從這個最早的茶壺以及其他早期的茶壺，一直到喬治時代晚期精美絕倫的茶具組，我們可以看到非常傑出而顯著的技巧與技藝的漸進展現。

西洋梨形是歐洲茶壺與中國傳統茶壺間出現的第一個分歧。以西元1690年的一個小銀製茶壺為例，這個壺有一個以鏈條連接在壺蓋紐上的壺嘴塞，茶壺

圖3：十八世紀歐洲茶壺

代表了在茶壺演進史中，唯一像原始酒壺類型的復刻版（圖3-C）。

茶具組的出現

在完整的茶具組發展過程中，最重要的因素來自於十八世紀後半葉，英國瓷器和奶油色器物的引進。在那個時期，隨著藝術的進步提升，英國陶瓷工廠生產出越來越具美感線條與裝飾的整組茶具。一開始，「中國」茶具的時尚流行在所有社會階層都相當火熱，不過目前至少在富有的家庭中，這股風潮已逐漸消失。這些富裕的家庭帶著極大的熱情回歸銀器，而且創造出對這種美麗金屬所製作之完整茶具組的需求。英國和美國的銀匠在喬治三世統治時期的後半期，廣泛地製作這些茶具組。

對長輩來說相當珍貴、價值比銀稍低但實用性極高的金屬白鑞，也被用來製作茶具組。不過，茶具組中各種不同的器物，並未發展出新的型式，而且基本上，款式都是當時銀器的簡化版。

後來的歐洲與美洲茶壺

喬治時代（1714～1837）晚期，有兩種新興的茶壺型式在英國和美洲出現，也就是橢圓形和被通稱為「殖民地風格」的八角形銀製茶壺，這些茶壺有完全平坦的底部、簡單的C形提把，還有線條平直且呈圓錐狀的壺嘴。

的總高度約12公分。在安妮女王執政時期，也就是1702年到1714年，梨形茶壺（圖3-A）相當流行，而且受歡迎的程度一直維持到現在。

早期的茶壺壺嘴是鴨頸的形狀，不過這個雛形演變成更細長且優雅的天鵝頸，同時西洋梨的形狀被顛倒過來，如此一來，較大的部分是在最上方，而下端（是梨形較小的部分）安放在一個稍微墊高的底座上。

與梨形款式同一時期流行的，還有一類球形的銀製茶壺。這種茶壺的球形壺身安放在墊高的底部，還有以各種方式排列的提把與壺嘴，有時會看到壺嘴是直線形、圓錐狀或管狀的圓形茶壺，不過通常壺嘴都是鴨頸狀的。提把通常是木製的，不過也有銀製提把，提把會配上象牙墊圈做為隔熱體，嵌入它與壺身的接合處（圖3-B）。

接著出現的是優雅的甕形，或說花瓶形茶壺，壺身安放在高腳底座上，並用花綵、絲帶結和獎章圖樣，以路易十五的風格裝飾。這些茶壺有優美的天鵝頸壺嘴，以象牙隔熱的銀提把，而且

歐洲的陶瓷茶壺，由於結構強度相關的限制，在形狀變化方面都堅持使用球形或甜瓜形，不過在陶瓷原料可塑性的範圍內，仍然生產出許多極具藝術感的款式。

在壺蓋的演進過程中，有一段時期，蓋子是放置在壺身頂端的某種凹槽或小分隔裡。這種設計出現的時間早於蓋子安裝在壺身頂端的茶壺。時至今日，這兩種類型的壺蓋都被使用，而且都有一道很深的凸緣，以防止它們在倒茶時太容易掉落的問題。

恰當的茶壺結構永遠有一項基本原則，就是提供空氣進入，使液體在不滴落的情況下能順利倒出。這個條件可藉由壺蓋周圍的鬆動，或液面以上（通常在壺蓋上）的通氣孔來達成。

安裝在壺身進入壺嘴開口處的過濾器，其出現的年代比茶古老許多，可以追溯至大約西元前 1300 年。過濾器的概念早先被應用在咖啡壺的構造中，後來則應用在茶壺上。

茶壺過濾器的前身
附有壺嘴過濾器的壺（壺嘴被折斷），以及充填用的個別過濾器。巴勒斯坦，大約西元前 1300 年。

大約在西元 1700 年時，開始出現以錫和不列顛合金製成的茶壺與咖啡壺。在當時，以鍍錫鐵片或鋼片製成的錫茶壺，代表了最低成本與一定的耐用程度的結合。不列顛合金是一種由銻、錫和銅製成的銀白色合金，有時候合金內會加入少量的鉛、鋅或鉍。

形狀稀奇古怪的陶製鹽釉茶壺，是在西元 1720 年到 1780 年於斯塔福德郡（Staffordshire）生產出來的。這些形狀之所以能被製作出來，是因為使用了模具，而不是將茶壺置於陶輪上製作而成。以模具製作的茶壺形狀，有房屋、動物和其他古怪的物體。

以鍍鎳的銅、鍍鎳的不列顛合金製成的茶壺和咖啡壺，在十九世紀後半葉被引進，而且在它們因琺瑯器具和後來的鋁製器具而稍微失色之前，受到廣泛的使用。

琺瑯茶壺和咖啡壺是在十九世紀的最後十年開始被廣泛使用；它們的流行在很大程度上與其衛生的表面和易於清潔的特性有關。

目前（1936 年）在英國和美國最廣受歡迎的茶壺是英國製，有著棕色釉面，產自斯溫頓（Swinton）、伯斯勒姆（Burslem）、惠爾頓（Whieldon）等古老陶器重鎮的陶製茶壺。在德國、捷克斯洛伐克和法國，最普遍使用的茶壺是由硬瓷胎製成的陶瓷製品，而且配合所屬的餐具組和茶具組進行裝飾。

茶壺結構上最新的發展，是使用一種用於烹飪的耐熱玻璃材料，所製成的透明茶壺。

發明天才與茶壺專利

　　從茶壺被引進西方世界的時期開始，發明天才們就持續不斷地忙碌於進行它的改善工作。由於篇幅所限，無法在此回顧所有的茶壺專利，不過典型範例的摘要將能夠在泡茶器具進展的研究上有所幫助。

　　第一項英國茶壺的專利於西元 1744 年，被授與密德薩斯郡（Middlesex）的約翰·瓦德漢（John Wadham），專利內容是「茶噴泉」，茶壺中的水藉由一個鑄鐵材質的插入物保持熱度，如圖 4-A 所示。稍後的甕形的專利則以酒精燈做為加熱媒介（圖 4-B）。西元 1812 年，布里斯托（Bristol）一位商人的妻子莎拉·古皮（Sarah Guppy）夫人，因可懸掛在茶壺上半部並用來煮蛋的金屬吊籃獲得專利。

　　在十九世紀剛開始的時候，一位名為德貝洛依（De Belloy）的法國人，和

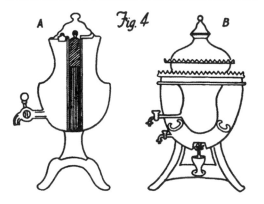

圖 4：獲得專利的茶甕
A：西元 1835 年；B：西元 1786 年

一名英裔美國人倫福德（Rumford）伯爵，在各自獨立工作的情況下，從古老的壺嘴過濾器發展出法式滴濾咖啡壺和咖啡滲濾壺。從這些咖啡壺開始，很快地便發展出能在茶壺中盛裝茶葉的內嵌式浸泡器。

八角形殖民地風格銀製茶壺

過濾器內嵌式茶壺

　　西元 1817 年，亨利·米德·歐格爾（Henry Meade Ogle）因附有放置於壺底之金屬茶葉籃的茶或咖啡比金（biggin），獲得一項英國專利（圖 5，1 號）。1856 年，查爾斯·卡里（Charles Carey）在英國為一個附加了裝有平紋細布過濾袋之金屬框架的茶壺申請專利，此過濾袋從頂端開口懸掛而下，延伸至接近壺底處（圖 5，2 號）。威廉·奧普戴克（William Obdyke）於 1858 年，因內嵌式滲濾壺獲得一項美國專利（圖 5，3 號），這個茶壺有活塞裝置安放在茶葉上，可用來壓榨出茶葉的全部溶出物質。

　　西元 1863 年，亞歷山大·M·布里

ᒪᒪᒪᒪᒪᒪᒪᒪᒪ LEAF-HOLDER TEAPOTS ᒪᒪᒪᒪᒪᒪᒪᒪᒪ

1. *English* 1817

2. *English* 1856

3. *U.S.A.* 1858

4. *U.S.A.* 1863

5. *U.S.A.* 1876

6. *England & U.S.A.* 1901

7. *U.S.A.* 1912
AIR FLOAT

8. *U.S.A.* 1911

9. *England & U.S.A.* 1911

10. *England* 1910-12

Fig. 5

ᒪᒪᒪᒪᒪᒪᒪᒪᒪ PATENTED 1817-1912 ᒪᒪᒪᒪᒪᒪᒪᒪᒪ

圖 5：各種英國和美國註冊專利的過濾器內嵌式茶壺
1. 歐格爾的茶或咖啡比金。2. 懸掛式過濾袋。3. 茶葉擠壓器。4. 雙倍濃度。5. 附在壺蓋上的可動式茶葉籃。6.SYP 顛倒壺。7.「倫敦茶鐘擺」。8.可上提茶葉托。9.氣閥式茶葉分離器。10.「抗單寧酸」氣閥式茶葉浸泡器。

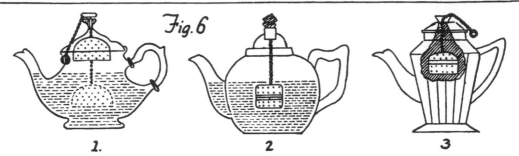

圖 6：可調式茶球茶壺
1. 蘭德斯、弗拉里暨克拉克；2. 曼寧暨鮑曼公司；3. 羅伯遜・羅徹斯特公司。

斯托（Alexander M. Bristol）在美國為一組有雙提把和雙壺嘴的茶壺註冊專利（圖 5，4 號）。一個壺嘴與壺的外層相連接，同時為了那些想喝特別濃烈茶湯的人，另一個壺嘴直接連通到浸泡籃的下半部。

　　另一名美國人約翰・W・布魯斯特（John W. Brewster），於西元 1876 年因附有固定在壺蓋上的可拆卸茶葉籃滲濾式茶壺，獲得專利（圖 5，5 號）。

　　1901 年，鄧唐納德（Dundonald）伯爵在英國和美國為 SYP（Simple Yet Perfect，即「簡單而完美」）傾倒茶壺註冊專利（圖 5，6 號），這個茶壺能在浸泡後藉由回到直立位置，自動將茶葉與茶湯分離。這種茶壺在 1907 年以「錫蘭茶壺」之名被帶到美國，在與錫蘭茶葉相關的宣傳活動中用來進行示範。

　　西元 1912 年，艾爾默・N・巴舍爾德（Elmer N. Bachelder）因「倫敦茶鐘擺」獲得一項美國專利，這是一種附水滴計時裝置的內嵌式滲濾茶壺，該計時裝置與沙漏相似，讓人得以在任何預先決定好的浸泡時間過後，將茶葉由

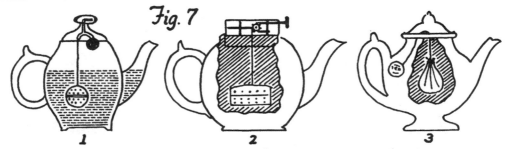

圖 7. 使用茶球和茶包的茶壺
1. 考克斯的平衡錘；2. 莫拉斯的鐘錶機械計時器；3. 一般茶壺與茶包。

茶湯中移出（圖 5，7 號）。在此之前的 1911 年，約翰・C・荷蘭茲（John C. Hollands）因附有可上提或下降之茶葉籃的茶壺，獲得一項美國專利（圖 5，8 號），而英國人雷納德・朗姆斯登（Leonard Lumsden）取得一項美國專利；L・L・格林瓦德（L. L. Grimwade）在滲濾式茶壺中，藉由鬆開壺蓋上的空氣閥，將茶葉從茶湯分離，並藉由這個絕妙點子獲得一項英國專利（圖 5，9 號）。排氣式空氣腔浸泡器茶壺發展的頂點，似乎是「抗單寧酸」茶葉浸泡器（圖 5，10 號），由 A・F・加德納（A. F. Gardner）和 T・沃里（T. Voile）於 1910 年到 1912 年在英國註冊專利。

市場上充斥著一種不具專利的內嵌式浸泡器茶壺，它們與超過一個世紀之前所使用的同類型原始茶壺，幾乎沒有區別。這樣的茶壺因其簡單和易於清潔的特性，迎合了大眾的需求。

將茶葉放在一個金屬製的滲濾容器內，並將其用小段鏈條、細繩或其他具彈性之媒介懸掛在茶壺內的想法，可以追溯到十九世紀；但直到最近，這種便利的裝置才在製造茶壺時被當成一種內建的特點。

西元 1909 年，康乃狄克州新不列顛的蘭德斯暨弗拉里與克拉克公司（Landers, Frary & Clark）開始製造茶球茶壺，並在美國和大不列顛為這種茶壺申請了專利。圖 6 的 1 號顯示了一個具有可調整到兩個位置之茶球的梨形茶壺款式。當茶球上提時可卡進壺蓋內，遠離茶湯。

羅伊爾（Royle）的自倒茶壺，曼徹斯特
壺蓋本身做成活塞，只要下壓壺蓋，就能在不將茶壺拿起的情況下將茶湯倒出。

西元 1910 年，麻薩諸塞州美里登（Meriden）的曼寧暨鮑曼公司（Manning, Bowman & Co.）為茶球茶壺註冊專利並開始生產，其專利範圍包括了將茶球懸掛在鈕上的方法，如此一來，在茶球被提起時，固定茶球的鏈條會完全被圈在鈕下方（圖 6，2 號）。

紐約羅徹斯特的羅伯遜・羅徹斯特公司（Robeson Rochester），製作了壺蓋中央有一個收納鏈條鈕之杯狀容器的茶球茶壺，而且茶球可以調整到任何想要的高度（圖 6，3 號）。

西元 1916 年，厄文・W・考克斯（Irwin W. Cox）因內部裝有平衡錘裝置的茶壺（圖 7，1 號），可以在旋鈕移動並釋放茶球時提起茶球，拿下一項美國專利。

西元 1917 年，迦勒・A・莫拉斯（Caleb A. Morales）試圖將茶球的移開過程變得萬無一失；他在美國註冊了一個茶壺專利，該款茶壺在壺蓋內裝設了鐘錶機械裝置，可在預定的分鐘數過後，將茶球從茶湯中提起（圖 7，2 號）。

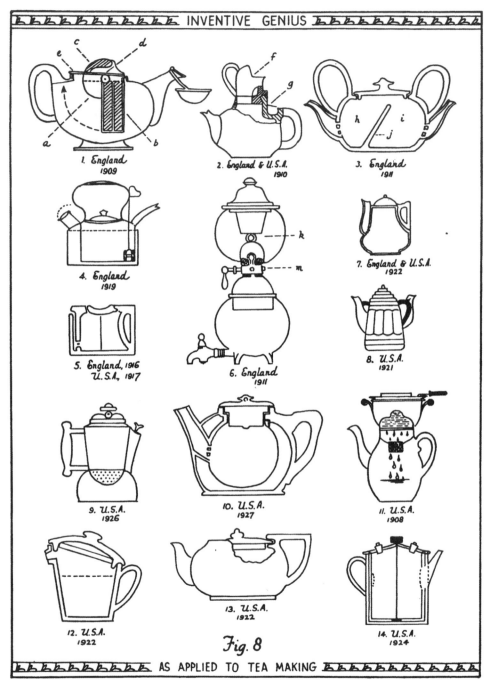

圖 8：應用在泡茶方面的發明天才

各式各樣的英國與美國專利
1. 全自動電茶壺。2. 組合式茶壺、牛奶罐，以及糖的容器。3. 自我稀釋壺。4. 組合式燒水壺及茶壺。5. 方塊安全茶壺。6. 有獨立浸泡腔和茶湯分配腔的茶甕。7. 安全壺嘴茶壺。8. 雙手柄及雙壺嘴。9. 笛音壺。10. 真空隔熱。11. 里奇海默滲濾壺。12, 13. 安全壺蓋。14. 茶與咖啡兩用壺。

獨特的茶包

泡茶裝置的最新發展，是個人茶包的出現。這項創新讓英國人產生了懷疑又驚慌不安的複雜情感，但在美國展開驚人的流行。

茶包在商業上被美國接受，可追溯到大約西元 1920 年，從那時開始，茶包的使用量便快速增加。

一開始，只有公共用餐場所會使用茶包，美國茶包總生產量曾有一度是 20% 用於家庭，80% 用於餐廳，不過目前有明顯朝向家庭使用增加的趨勢，表示上述比例正在被反轉。

茶包單純就是將一滿湯匙或更多的茶葉裝進布包內，而且被設計成可放進供一人飲用的茶杯內，或者可在茶壺中浸泡（圖 7，3 號）。浸泡完成時，便可藉由袋子上的細繩拉起這個小袋子。

其他浸泡器和小裝置

西元 1858 年，紐約的詹姆斯‧M‧英格拉姆（James M. Ingram）拿下了一項茶和咖啡浸泡器的美國專利，此浸泡器是將蒸氣鍋爐與一個浸泡容器連接在一起。

西元 1908 年，芝加哥的 I‧D‧里奇海默（I. D. Richheimer）提出了茶與咖啡滲濾壺（圖 8，11 號）。這是一個安裝在一般茶壺或咖啡壺上，結合了法式滴漏和過濾概念的鋁製裝置，並以日本的和紙做為過濾媒介。滲濾式茶壺與滲濾式咖啡壺的不同之處，在於茶壺的過濾腔較小、供水流過的孔洞較小，還有使用的濾紙較厚。

西元 1909 年，M‧馬爾澤蒂（M. Marzetti）在大不列顛為一款全自動電茶壺註冊專利（圖 8，1 號）。這是一個特殊的茶壺，有一個安裝在樞軸上可水平旋轉的蓋子（a），頂端有一個外部開口（d），茶葉可從這個開口放入壺內，還有兩個加熱電極（b）從茶壺底部延伸進入壺中。將冷水倒入壺內並開啟電流，一旦水沸騰，蒸氣壓就會作用在壺蓋凸緣（e），讓構成壺蓋的部分在平衡錘（c）的協助下順時針旋轉，藉此將茶葉倒進壺內，並將電極從水中抬起。

西元 1910 年，一位名叫湯瑪斯‧H‧羅素（Thomas H. Russell）的英國人在大不列顛和美國註冊了一個茶壺的專利（圖 8，2 號），這款茶壺的手柄正上方有一個放糖的容器（g），還有一個拉花杯形狀的可拆卸鉸鏈壺蓋（f）。隔年，G‧W‧艾金斯（G. W. Adkins）和 K‧L‧布朗維奇（K. L. Bromwich）在英國為一種自我稀釋茶壺註冊專利（圖 8，3 號），這個茶壺有一個熱水腔（h）及一個浸泡腔（i），兩者以傾斜的隔板分開（j）。將茶壺傾斜而使茶葉浸泡腔將茶湯倒出的動作，會讓熱水從隔板上流過來，將茶湯稀釋，不過倒熱水時不會發生反向的流動。

此外，在西元 1911 年，C‧H‧沃斯諾普（C. H. Worsnop）和 G‧查佩爾（G. Chappell）獲得一個茶甕的英國專利（圖 8，6 號），這個茶甕有一個上層浸

泡腔（k）及一個下層的茶湯分配腔，兩者間有閥門及過濾器（m）。

西元 1916 年和 1917 年，R・C・約翰森（R. C. Johnson）在英國和美國註冊了一個「方塊」安全茶壺的專利（圖 8，5 號）。這個茶壺的四邊、頂部和底部都是平的，是以包裝和存放的安全性為目的。1919 年，N・喬瑟夫（N. Joseph）以組合式燒水壺及茶壺拿下一項英國專利（圖 8，4 號），此燒水壺裡的熱水經由一個閥門被導入裝在茶壺內的茶葉上。

西元 1921 年，班・F・歐森（Ben F. Olsen）在美國註冊了一個有雙手柄和雙壺嘴之茶壺的專利（圖 8，8 號）。這種茶壺在人們手中傳遞時，不會有濺灑出來的風險。

西元 1922 年，一位名叫弗里茨・洛文斯坦（Fritz Lowenstein）的紐約客註冊了一個可以避免壺蓋掉進壺內的茶壺專利（圖 8，12 號）。同年，特倫特河畔斯托克（Stoke）的威廉・G・巴萊特（William G. Barratt）的茶壺，獲得英國和美國專利（圖 8，13 號），這款茶壺在手柄覆蓋壺蓋後半部的地方有一個突出部分，也是為了避免壺蓋掉進壺內。這個概念被許多其他專利權所有人進一步改善精良。此外，在 1922 年，特倫特河畔伯斯勒姆（Burslem）的亞瑟・H・吉布森（Arthur H. Gibson），在大西洋兩岸都憑藉一種壺身上有安全壺嘴的茶壺而獲得專利（圖 8，7 號）。

西元 1924 年，加拿大安大略省蘇聖瑪麗（Sault Ste. Marie）的約翰・A・凱伊（John A. Kaye），以附有可旋轉的隔間，能同時製作及供應茶和咖啡的組合式壺，為寄宿房屋的房東提供協助（圖 8，14 號）。

西元 1926 年，費城的史蒂芬・P・恩萊特（Stephen P. Enright）獲得蒸氣壓力茶壺暨咖啡壺的專利（圖 8，9 號），這個壺只要一達到沸點便會發出笛音。

西元 1932 年，位於康乃狄克州哈特福（Hartford）的哈特福產品公司，推出了被稱為「Teaket」的耐熱玻璃茶壺。這款茶壺在 1934 年獲得改進，加上了取得專利的茶葉抓取裝置，以防止茶葉隨著茶湯被一同倒出。Teaket 有二杯份、四杯份、六杯份和八杯份等不同容量的規格，茶壺搭配木製手柄，或是有扇形金屬外殼和鍍鉻的手柄。

「Teaket」耐熱玻璃茶壺

茶球和泡茶匙

茶球，或者歐洲國家中所稱的「茶蛋」，是在十九世紀前半演進出來的。

茶球這個概念最新的發展是滲濾式泡茶匙。泡茶匙的大小和茶匙差不多，而且裝有尺寸和形狀與木球（註：草地滾球遊戲用的木球）類似的蓋子。

圖 9. 防滴發明
1.「永不滴」；2.「愜意」壺；3. 馬斯頓的英國專利；4. 壺蓋托及海綿。

茶具雜貨

市場上有無數的茶葉過濾器，這要歸因於一般茶壺在倒出茶湯時，容易讓茶葉逸出。

最古老且最受歡迎的茶葉過濾器形式，是尺寸和形狀讓過濾器能夠在茶湯倒入杯中時，安放在茶杯上的類型。

從茶杯過濾器開始，十九世紀後半發展出連接在茶壺壺嘴上的搖擺壺嘴過濾器，但它最大的缺點是容易滴漏。

不過，壺嘴過濾器在滴漏這件事上，不是唯一的罪魁禍首，因為許多外觀看來無辜的壺嘴，都有從出口或壺嘴下方和壺身發生滴漏的情況。不過，發明天才們致力於解決這個問題，而且產生數種為了克服這個難題而獲得專利的壺嘴等設計（圖9）。

燒水壺

燒水壺（teakettle）的概念，與最早的茶葉和茶壺一起來自於中國。歐洲國家有為了各種目的而使用的無蓋及有蓋的煮水大鍋，不過中國人發展出一種類似暖鍋的小型「茶用燒水壺」（tea-water kettle），這種壺是可以安放在可攜式炭爐上的。陸羽在西元八世紀時曾提及這些燒水壺，而且日本人也保留了一些類似的燒水壺（圖10）。日本人通常用鐵來製作這種壺，不過有一些是青銅製的。它們有許多古怪的形狀，不過具有共同的特定特徵；即供傾倒和填充、相當寬的無蓋頂端開口、帶著某種形式凸緣的鍋身，這是為了讓它能放進風爐（也就是爐子的頂端），還有一對穿孔的把手，有提環嵌入其中，可用來將鍋子從火上提起。

有些人相信，常見的附有蓋子和壺嘴的歐式燒水壺，原本是泡茶的器具，事實上就是茶壺（teapot）。早期歐洲作家所出版並翻拍成圖11的中國茶壺素描，似乎為這個觀點提供了確證。

圖12顯示在十八世紀期間，歐洲發展出造型魁梧、有蓋子，而且帶有壺嘴

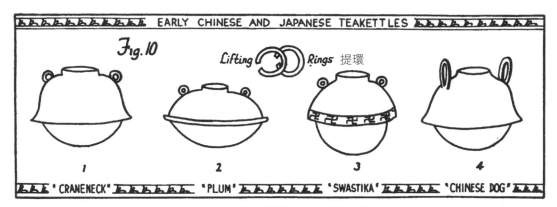

圖 10. 早期中國和日本的泡茶水壺
1.「鶴頸」；2.「李」；3.「卍字」；4.「中國犬」

的燒水壺。由左至右的前三個分別是銅製、鐵製、錫製的。圖中右側的壺是銀製的，而且配有酒精燈。小型銅製燒水壺在西元 1702 年的美國麻薩諸塞州普利茅斯（Plymouth）使用。最早的鑄鐵燒水壺是在 1760 年到 1765 年間，於麻薩諸塞州的普林普頓（Plympton，現在的卡弗〔Carver]〕）製造的。

歐洲餐桌上最早出現銀製燒水壺的時期，是在安妮女王統治時代。它們被放置在另外製作的支架上，並配有酒精燈。後來在十八世紀時，銀製茶甕取代了燒水壺在餐桌上的地位，而且燒水壺一直被排除在外，直到最近當代茶具組的流行，才讓它們再次出現。

與燒水壺相比，茶甕具有兩項優勢。

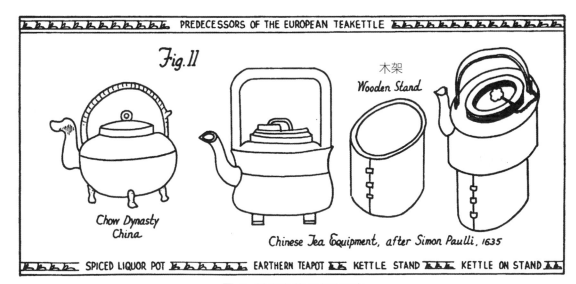

圖 11. 歐洲泡茶水壺的前身
左至右：中國周朝，五香酒壺。中國茶具，依西蒙・保利（Simon Paulli）所述，西元 1635 年，包含：陶製茶壺、水壺架、水壺置於架上

圖 12. 十八世紀的歐洲燒水壺
左至右：銅製或鐵製；鍍錫壺；鍍錫壺；放置在鐵爐上的銀製壺

其一是造型的優美，其二則是不需要提起來。就像應用於其他餐桌用品一樣，電爐現在也有可使用在茶甕、茶炊具和燒水壺的種類，不過酒精燈似乎像以前那樣具有相同的作用。

俄羅斯茶炊具的發展獨立於西方歐洲的茶水爐子之外。茶炊具通常是銅製的，藉由一根垂直延伸、從上到下通過茶甕中心持續燃燒的炭管來保持沸騰。

供公眾使用的大型茶壺和鍋爐

為了供應茶湯給超過一般茶壺容量的人數，創造出一批供公眾使用、容量更大的茶甕和燒水壺。這類器具最早且最簡單的是簡樸的圓柱形「茶會燒水壺」（teameeting boiler），加上簡單的平紋細布茶包，現在偶爾仍在大型聚會場合，像是教會、公共大廳和軍營中使用。不過，在達到高檔餐廳喝茶時間的公眾需求方面，則有只要打開水龍頭便能立即自動供應沸騰熱水，盡可能確保獲得最佳泡製茶湯的專利設備。這些機器所提供的沸水，會被倒入內部裝有恰當份量茶葉的茶杯或茶壺中。以此為特色的英式泡茶機器有，斯托得（Stott）、史迪爾（Still）、傑克森（Jackson）、桑默林（Summerling）等產品。

自動沸水加熱器，英國

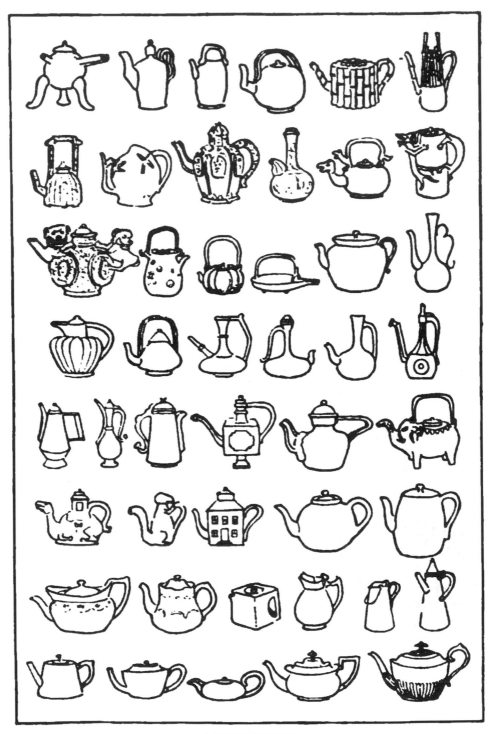

古代與現代的茶壺
由 T·鄧克利（T. Dunkerley）先生根據數個倫敦博物館收藏所做。

許多美國餐廳使用的是從鍍鎳咖啡甕的熱水套（hot-water jacket）中取出的熱水來泡茶，這麼做並不好的原因是，熱水套中的水很少是剛剛沸騰的，而且喝茶時間是在兩餐之間的休息時段，而此時爐子通常會為了節省瓦斯而關閉，使得留在熱水套中的水只有微溫。

英式方法和美式方法的典型差異在於，英國人會確保不使用任何沒有達到沸點的水，而美國的情況則恰恰相反。

茶葉罐的興衰

英國和美國的茶葉罐，是以往中國人及日本人用來保存少量成品茶的茶葉罐後代。

在十八世紀最後幾年和十九世紀初，齊本德爾（Chippendale）和其他大師級工匠製作出精美的小匣子，用來保存家裡的茶葉存貨。

當茶葉變得比較沒有那麼昂貴，而且不再具有家庭貴重物品的地位時，茶葉罐退化成廚房裡的錫製茶葉罐，這也是現在茶葉通常被存放的地方。

茶杯與茶碟的演進

就跟茶壺一樣，茶杯和茶碟的根源也在東方。在引進飲茶習慣的同時，人們也發現了中國純瓷器，開始生產小巧無柄且不附茶碟之陶瓷茶杯。茶碟演進的第一步，就是上漆的木製杯托的發明，它能夠保護手指免於被熱茶杯燙傷。後來，心靈手巧的中國人沿著茶杯底部周圍製作了一個環狀物，之後便出現多種杯托的全新樣式，並從這些樣式中逐漸演變出今日所熟知的陶瓷茶碟。

在十七世紀時，為出口到歐洲所製作的中國茶杯與茶碟，是精緻小巧的物品。茶杯的口徑約 8 公分寬，杯底的寬度約 3 公分，深度則約 4 公分。茶碟的直徑約 11.5 公分。

歐洲的陶工也複製中國的茶杯與茶碟，而且一開始製作的是尺寸微小的杯碟，不過，由於喝麥芽啤酒和牛奶酒的英國人習慣大啤酒杯和尺寸差不多的雙耳牛奶酒杯，他們很快就開始製作容量相當大的「茶盤」（tea dishes）。因為茶和牛奶酒都是熱飲，英國陶工開始為茶盤加上手柄；有些有兩個手柄和蓋子，但這些設計並不受歡迎，因為留存下來的是單柄茶杯。茶杯手柄無疑是西方的改良產物，因為即使偶爾發現有柄中式茶杯的例子，中國本地人所使用的傳統茶杯是完全無柄的（圖 13）。

卡多根（Cadogan）無蓋茶壺，英國
茶壺通過底部一個漏斗狀的管子注水。

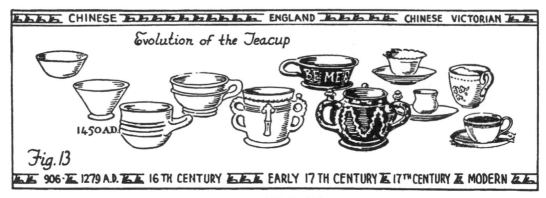

圖 13. 茶杯的演進

中國、英國、中式維多利亞風格；由左到右為：西元 906 年至 1279 年；十六世紀；十七世紀早期；十七世紀；現代

另一項發展是在西元 1800 年左右，由英國陶工所推出的杯盤（cup plates）。杯盤是用來托住茶杯和盛放任何清淡茶點的小盤子。大約五十年後，杯盤不再流行，直到最近才在俗稱的「橋牌茶具組」中捲土重來，用來在牌桌上供應茶湯和點心。再生後的杯盤是長方形或橢圓形的，比較像縮小版的大淺盤，而不是跟原始造型一樣是圓形的。

俄羅斯與其他斯拉夫國家以玻璃杯取代茶杯，則可追溯至從十八世紀早期開始。

在喬治時代，它們變成現在的尺寸，同時生產的數量也較多。關於茶匙最有意思的一點就是，茶匙製作者將不斷進步的工藝技術和藝術性帶入設計中，使得茶匙成為力量和優雅的結合。

茶匙的演進

茶匙是西方對茶具組做出的貢獻。歐洲從久遠的西元十三世紀開始，就開始使用各種不同形式的小湯匙，不過我們所熟知的茶匙，是在茶與咖啡被引進時髦的歐洲及英國家庭之後出現的。

最早的茶匙和小咖啡杯用的湯匙一樣小，而且兩者同樣稀少且珍貴；不過

Chapter 3
製作美味茶飲

　　為了將茶葉最好的特質帶到浸泡液中，有兩項必須遵守的最重要要點：第一、水必須是剛沸騰的；第二、浸泡時間不得超過五分鐘。

在講到正確泡製茶飲時，我們必須將每個地方的區域背景納入考慮。舉例來說，英國最流行的泡茶方法不見得需要推薦給美國人，或者大不列顛的專家與鑑賞家制訂出的理想方法，不見得最適合在美國採用。更不用說在巴西最受到喜愛的煮咖啡的拉丁習俗，對美國人而言也不見得是最好的。

　　現在，讓我們簡單地考察一下，在大不列顛和美國這兩大英語系國家，科學家和美食主義者對獲得完美一杯茶的最佳泡製步驟有何指示。我們會發現，關於氣候和民族特徵的考量，在英國人眼中代表的是一回事，而在美國人眼中代表的則是完全不同的事情。

　　在作者的邀請下，在科學方面與作者合作的 C・R・哈勒（C. R. Harler）先生，在泡茶這個議題上，貢獻了以下的討論內容：

　　很難以寥寥數語說明是什麼構成了茶的精華。

　　鑑賞家為了細緻的香氣與風味而飲用茶，並且對他來說，刺激和撫慰的特性都是次要因素。

　　在另一方面，堪稱全世界最重度飲茶者的澳洲「落後區域」居民，從他泡製茶飲的方法，可以判斷出，他一點也不關心茶的細緻特性。在這些窮鄉僻壤，把茶葉放進比利錫罐，並長時間燉煮是很常見的。這個做法會泡製出刺激、強烈、濃稠的茶湯，不過缺乏所有細心製作之茶湯會具有的細緻特性。

　　這種由孤獨的殖民地居民泡製的茶湯，與中國和日本人民平日飲用的茶相當不同。這些國家泡製出的茶通常很稀薄，使得它們只比解渴飲料強烈一些。

最基本的重點

　　在不列顛群島、澳洲、北美和荷蘭，消費的大多是印度、錫蘭及爪哇的紅茶，喝茶的目的主要是為了茶的刺激效果，其次是為了紅茶獨特的酸澀口感或刺激性，這些口感是紅茶浸泡液中帶澀味的單寧酸和單寧化合物所帶來的，其滋味在飲用時會變得美味可口。為茶提供刺激性的生物鹼咖啡因，在以藥用劑量服用時，會帶有些微苦味，但出現在一般茶飲中的少量咖啡因，基本上是沒有味道的。

　　攝入小劑量的咖啡因，能增加精神與肌肉的力量，而且不會為身體系統帶來服用後的抑制作用。

　　大劑量的單寧酸對口腔黏膜和消化道會造成有害的影響，但一杯仔細泡製的茶，裡面的單寧酸含量所造成的有害影響可以忽略不計。

　　那麼，理想的泡製茶湯方式，就是能萃取出最大量咖啡因和無過量單寧酸的方法。這樣的泡茶方法也能保留香氣

與風味;因為這類特性在粗心大意的泡製手法下,是相當容易消散的。

為了將茶葉最好的特質帶到浸泡液中,有兩項必須遵守的最重要要點:第一、水必須是剛沸騰的;第二、浸泡時間不得超過五分鐘。還有其他需要注意的重點,不過它們在本質上都較為次要,在後續將會順帶提及。

用來泡茶的水的種類是很重要的,但是這件事對那些必須從總管道取水的茶飲消費者來說,水的選擇超出了他可控制的範圍。茶葉採購員會根據茶葉將被配銷的地區來進行採購,而且通常會試喝由他所採購的茶葉預計販售之目標地區所取得的水所泡製的茶湯樣品。關於當地水質如何對茶葉採購員帶來影響的例子,或許可以講到有些品茶員認為,英國肯特郡含白堊的水與稍微帶高火味的茶葉最相合。不過,一般喝茶人的味覺能否察覺這些細微差異,是很讓人懷疑的。

鹼性水或是含有大量鐵的水,會泡製出色澤黯淡無光的茶湯。茶葉在軟水中比在硬水中更容易浸泡出味。小而厚、味濃的茶葉,需要使用軟水泡製;清新、味濃、風味十足的茶葉,則要用硬水沖泡。來自威爾斯山脈的利物浦水,據說水質是英國最軟的,而且是用來泡茶的最佳選擇。

從總管道取得的水是充滿氣體的,而且現代供給系統包括了藉由讓水流經波浪狀的障礙物來為供水曝氣。當水被加熱到沸騰,並持續滾沸一段時間後,溶解在水中的空氣會被趕出來,而水會變得「走氣」,也就是被脫氣(de-aerated)。這種水泡出來的茶,不會有那種用剛煮開的水所泡製出的茶湯的「鮮活」口感。

在火車站和船舶上泡製的茶通常品質欠佳,儘管調和的茶葉可能是品質良好的。茶湯品質欠佳的原因,通常可追溯到茶葉是被放在茶甕中燉煮的緣故,因此不僅會使得水「走氣」,而且還會萃取出過量的單寧酸,同時那些構成茶的香氣和風味的精油會被蒸餾出來,隨著蒸氣揮發而散失。在船舶上,水通常是藉由將蒸氣導入一種取代家用水壺的容器中加熱。在這種情況下,長時間持續的蒸氣可能會使水沸騰溢出並脫氣,導致即使茶是用單獨的茶壺泡製,還是無法泡製出最好的茶湯。船舶上的茶湯品質欠佳還有一個常見的原因,就是人造奶的使用。船上的牛奶,是由奶粉、奶油等原料在「鐵乳牛」中製作出來的,據說這樣的茶在一般船舶產品中,已經是極大的改善。

冒泡沸騰的水

如果要泡出最好的茶,用於泡茶的水之溫度應該確實在冒著泡泡的沸點。在水沸騰的溫度遠低於攝氏100度的高海拔地區,要得到一杯好茶很明顯是相當困難的。

泡茶所需的茶葉量的規則是「每人一滿匙,再加上茶壺裡放一滿匙」,但這個測量方法顯然是沒有根據的,不僅

歐洲與美國常用的一般泡茶用具

1.「倫敦茶鐘擺」茶壺，美國。2. 內嵌式浸泡器茶壺，美國。3. 茶壺與熱水壺，美國。4.「方塊」壺，
英－美。5. 瓷製茶壺，茶球，美國。6. 青柳圖案茶壺，瑋緻活。7. 瓷茶壺，美國。8. 玻璃製「Teaket」，
美國。9. 玻璃茶壺，美國。10. 鍍銀茶球，美國。11. 內嵌式浸泡器茶壺，英國。12. 粗陶壺，英國。
13.「抗單寧酸」空氣閥浸泡器茶壺，英國。14.SYP 顛倒壺，英國。15.「保溫」壺，英國。16. 瓷茶壺，
茶球，英－美。17. 防火粗陶壺，英國。18. 內嵌式浸泡器，粗陶壺，英國。19. 改良式 SYP 顛倒壺，
日本製造。20. 粗陶製內嵌式浸泡器，搭配安全壺蓋與防滴漏裝置，英國。21. 陶瓷製內嵌式浸泡器，
澳洲。22, 23. 琺瑯茶壺，捷克斯洛伐克。

因為茶匙大小變化多端，還因為那不管喝茶人數而額外多加的那一滿匙。飲茶者之間長久累積的經驗顯示，大約 19 公克的茶葉兌 940 毫升的水，是最佳的搭配量。

當水倒進茶壺內，必須留在其中以「萃取」茶葉中的成分，而在此同時，茶壺必須保持溫熱。要達成這一點的做法，通常是用某種隔熱用具（茶壺保溫罩）將茶壺蓋住，或者是在裝有茶湯的容器下方保留一簇小火苗，但後面這種做法並不推薦，因為茶湯可能會沸騰，而且必然會因此散發出一點蒸氣，從而損失部分精油。

為了協助茶壺在「萃取」過程保持溫熱，在加入茶葉前，以熱水充分讓茶壺濕潤是很好的方式。

五分鐘最佳浸泡時間

茶葉浸泡萃取的時間應該多長，是一個要靠經驗解決的問題，而且由經驗法則得到的一些結論，也經過實驗室的驗證了。

在發酵茶的情況中，以咖啡因和單寧酸濃度來說，五分鐘的浸泡時間能產生最好的結果，雖然前美國茶葉監督檢查員喬治·F·米契爾（George F. Mitchell），在數年前於美國農業部進行一系列測試後，得到的結論略有差異。這些研究顯示，從化學角度看來完美的一杯茶，與從消費者立場認定的一杯完美的茶並不一致。

從化學的角度看來，能獲得最大量咖啡因，以及萃取出最少量單寧酸的情況下，得到最大量總可溶物質的平均時長，是將茶葉泡在滾水中三分鐘。三分鐘之後，被萃取出來的是更多的單寧酸和微量的咖啡因。

但在大多數情況下，上述做法只能泡製出一杯非常「單薄」的茶，缺乏所有飲茶者想喝到的濃度和一定程度的刺激香氣；而且，如果這杯飲料中加入奶油或牛奶的話，將會剝奪了其中微量的刺激香氣，使得這杯飲料更沒有讓人想喝的欲望。

因此，米契爾得到的結論是，飲用時不加奶油或牛奶的茶，最好浸泡三到四分鐘；而加奶油或牛奶飲用的茶，要浸泡四到五分鐘，甚至是六分鐘，因為有些茶葉泡製成茶湯的真實風味，要在浸泡六分鐘之後，才會顯現出來。

米契爾先生的意見是美國人沒有消費更多茶的原因之一，因為他們用眼睛喝茶。一旦由完全發酵的茶葉泡製的茶湯中出現一點點顏色，他們就認為茶太濃了；而且他們未能將茶葉浸泡到足夠的時間，以獲得風味和濃度的全部益處。他們應該要學會不要從茶湯的顏色判斷茶的濃度，因為顏色深並不一定表示茶很濃，這全都取決於所使用茶葉的種類。（〈正確泡茶〉，喬治·F·米契爾著，《茶與咖啡貿易期刊》，西元 1930 年七月於紐約發行，第四十五頁。）

在茶葉浸泡五分鐘或更長的時間之後，應該將使用過的茶葉丟棄。如果在五分鐘的浸泡時間過後並未將全部的茶

湯倒出，但剩餘的茶湯要留待稍後飲用，應該先將其倒出來，與茶葉分開。

美思泡茶法

德國的美茵河畔法蘭克福的美思（Messmer）發展出一種泡茶的方法，在相當科學化的同時，似乎「對人類天然的每日食物來說，太過於聰明美好了」。美思泡茶法是將一茶匙茶葉放入預先溫熱好的瓷製或陶製茶壺內，倒入足量沸騰的水覆蓋茶葉，並讓所有茶葉在浸泡液中舒展。萃取五分鐘，然後將萃取液倒入一個較小的壺內。重複上述步驟，但浸泡時間縮短為三分鐘，將第二次泡製的茶湯加入第一次的茶湯中。接著，將茶湯倒入茶杯內，依照想要的濃度加入更多的滾水。用這種方法可以獲得最大量的刺激物質、風味及香氣，還有最少量的單寧酸這樣令人愉快的組合。

咖啡因與單寧酸的含量

一杯一般的茶含有約 49 毫克的咖啡因，以及 130 毫克的單寧酸。英國藥典建議的咖啡因藥用劑量是 5 到 325 毫克，而單寧酸的則是 325 到 650 毫克。由此我們可以發現，茶湯中最重要的這兩種成分都是以非常少量的濃度存在；特別是要記得，咖啡因是逐漸注入的，而且在通過消化道時，單寧酸是被蛋白質綁住的。

牛奶與糖

茶裡面應該要加牛奶，這不僅能讓茶的口感更柔和，並為茶湯增加濃稠度，同時牛奶中的酪蛋白還能讓單寧酸變得不可溶。在這種狀態下，單寧酸會喪失其澀味，從而消除了對口腔黏膜的有害影響。

單寧酸一直到抵達小腸才會被釋放，並表現出它的性質，不過飲茶者會發展出一定程度的耐受性。過量的牛奶或奶油會減損茶的風味特色，因此，很少有飲茶者添加的牛奶量會多到讓茶湯呈現琥珀色。

牛奶中含有 3.5% 的酪蛋白，而酪蛋白會讓單寧酸沉澱。目前的奶油、真奶油和德文郡奶油當中，酪蛋白含量非常少，酪蛋白大部分都留在脫脂牛奶內。美國的鮮奶油（cream）其實是增稠的牛奶，因而比英國所謂的「鮮奶油」含有更多酪蛋白，不過仍然比一般牛奶的含量少。因此，對美國人，我們可以說「加牛奶或奶油」，但對英國人就是「加牛奶」。「鮮奶油」（cream）一詞在英、美兩國具有不太相同的意義。

糖的添加與否是口味上的問題，而許多人不加糖的原因，是因為糖往往會遮蔽茶的獨特味道。俄羅斯人慣常添加的檸檬會為茶增添檸檬的風味，而在以這種方式喝茶的地方，茶通常會泡製得非常淡。

儘管肉類中的蛋白質被每杯茶裡平均兩格令之單寧酸沉澱下來的量可忽略不計，但最好還是不要在吃肉時配茶。

科學化泡茶的規則

　　泡製最佳茶湯的方法如下：

1. 水應該是第一次被煮滾的。
2. 茶壺應該以熱水濕潤來進行預熱。
3. 加入約 19 公克的茶葉，以泡製 940 毫升的茶湯。
4. 讓茶葉在保溫罩下萃取五分鐘。
5. 如果不是所有茶湯都會在「萃取」後立刻上桌，就要先將茶湯倒到另一個茶壺中，留待稍後飲用。
6. 不要為已經部分使用過的茶葉再「回沖」，而是再泡製新鮮的茶湯。
7. 牛奶的量應該加到使茶湯變成琥珀色即可。
8. 可以加糖。

寫給英國的飲茶者

　　長年喝茶成癮的英國飲茶者通常會喝濃茶，而且濃烈程度會以剛從壺中倒出的茶湯顏色深度來衡量。幾年前，採捻良好的原葉茶（leaf teas，指葉片完整的茶葉）在英國市場有很強勁的需求，這些茶葉在葉片舒展時，會緩慢地釋放出可溶性有色物質，而在這些物質耗盡之前，可以為茶壺回沖一或兩次。

　　但是，回沖會產生淡薄無味的茶湯，缺乏刺激性物質。人們有時候會在第二泡茶中加入一顆蘇打結晶「以帶出茶的濃度」，但實際上，蘇打會讓茶湯變成鹼性，從而形成褐色的去氧化單寧酸化合物，茶湯的精華會被削減，並生成「走

味」的茶湯，不過茶湯的顏色會被加深，因而在很多情況下被認為茶是好的。但不建議對茶葉進行回沖。

　　英國茶葉目前高比率的消耗量，有部分原因是由於碎葉茶取代了原葉茶而被廣泛使用。碎葉茶是在加工過程中經過重度揉捻，並在揉捻機中破碎的茶葉，因此得到的是片狀而非蜷曲的茶葉。片狀的茶葉能很快地浸泡出茶湯，而且大部分的精華在初始浸泡中便已經從茶葉中溶出，這種快速泡製的特性很適合現代的倉促匆忙步調。相較於原葉茶，對碎葉茶進行第一泡之後的回沖，會得到品質下降很多的茶湯。

　　在印度和其他炎熱國家喝茶，和飲用其他熱飲一樣會引起自然發汗，但對飲用者的最終影響是會帶來冷卻的效果。即使印度能夠取得冰，但比起冷飲，人們更偏愛熱茶。生理學的解釋是，從毛孔發生的後蒸散作用，遠超過能抵銷那些與茶一起吸收的實際熱度；事實上，冰水或熱茶的冷卻效果，都來自於後蒸散作用。據說，冰水除了能在飲用的當下能讓我們涼爽之外，之後還透過毛孔帶走了十五倍的熱度；而一杯熱茶從皮膚的蒸散作用帶走的熱度，是茶帶給我們的熱度的五十倍。

給愛茶者的建議

　　這些建議提供給想要瞭解更多關於茶葉和泡茶方式的消費者，或是渴望成為鑑賞家的茶飲愛好者。

▶茶葉的特色

　　一般說來，茶葉可以分為三個種類：一、發酵茶，即紅茶；二、未發酵茶，即綠茶；三、半發酵茶，即烏龍茶。茶樹植株在所有國家基本上是同一種植物，之所以有不同種類的茶葉，是由於加工方法的關係，還有當地氣候、土壤和種植條件。茶葉有上百種特徵，隨著國家、地區和莊園而有所不同；而可能出現的調和茶數量幾乎是無限多種的。

　　發酵茶，也就是紅茶，包含中國工夫茶，或稱「英式早餐茶」，可再細分為產自漢口的華北工夫茶（黑葉），以及產自福州的華南工夫茶（紅葉）；印度、錫蘭和爪哇（紅茶）。

　　未發酵茶，即綠茶，包括兩個主要的種類：中國茶和日本茶；此外，印度、錫蘭和爪哇也有可能生產這種綠茶。

　　半發酵茶（烏龍茶）是由臺灣和福州而來。

　　在茶樹葉片全年都可採摘的南印度、錫蘭、爪哇和蘇門答臘等紅茶產區當中，所能取得品質最好的茶葉如下：來自錫蘭，為二月、三月、四月、七月、八月、九月；來自爪哇及蘇門答臘，為七月、八月、九月。

　　北印度、中國、日本和臺灣的茶葉，是有季節性的。北印度發酵茶以六月和七月的二次萌芽，還有從九月開始的秋季萌芽所生長的葉片，製成的品質最好。華北和華南紅茶以四月到十月第一次採摘的品質最好。最好的中國綠茶是於六月和七月生產的，儘管它們從六月到十二月都可以取得。在日本，茶葉的產季是從五月到十月。期間有數次收穫，不過，五月及六月的第一批和第二批收成品質最好。在臺灣，有五批公認的收成，亦即春茶、夏茶和六月白（第二次夏茶）、秋茶、冬茶，產季從四月延續到十一月，其中，六月和七月的夏茶品質最好。

　　「橙黃白毫」（Orange Pekoe）是一個美國茶葉商人所使用的，讓人浮想聯翩的術語，這個詞與柳橙一點關係也沒有，也不是特殊種類或品質的茶葉，只是一種大部分由茶樹葉芽的第一及第二片葉片所組成，並在殺菁後通過特定篩網規格過篩，所獲得的茶葉之等級。由高地茶樹灌木生產的橙黃白毫，是非常優質的茶葉；產自低地生長茶樹的橙黃白毫，品質則沒有像山區茶樹一些較大葉片尺寸的那麼好，而且可能明顯較差。「橙黃白毫」這個詞在描述品質方面毫無意義，因為茶葉的茶湯價值完全取決於生產國家、茶樹生長的海拔高度、茶葉生產地區的氣候條件，還有茶葉所經過的加工程序。

▶該買何種茶葉

　　在小包裝茶獲得普遍接受之前，一般消費者只會向經銷商要求買 453 公克紅茶或綠茶，他們對這種商品的了解並不多，就將其餘的事情都留給經銷商處理。通常經銷商或消費者都沒有料到，紅茶之間的巨大差異，就像茶和其他飲料的差異一樣巨大，或者是跟咖啡和巧克力之間的差異一樣。如今，一般消費者必須安於專賣包裝商為其選擇的小包

裝調和商品，除非他希望成為一名茶葉鑑賞家，並且能夠進入茶藝師的店鋪。

茶葉商人可能提供多少種中國紅茶品牌？在仔細列舉種類和等級之後，我們的答案是大約五百種。有多少種綠茶呢？大約兩百種。而有多少種錫蘭和印度茶葉？超過兩千種。有多少種日本茶？大約一百種。爪哇、蘇門答臘和其他茶葉生產國提供了至少兩百種。現在，由於這三千種茶葉都可以進行調和，因此可以推斷出，獲得種類無比多樣的調和茶組合是有可能的。

因此，在數百年後，有這麼多人不知道如何找出適合自己的茶葉，也不知道找到後該如何泡製它，是值得注意的問題。總會找到適合每個人口味的茶葉或調和茶的。

「最適合飲用的是哪一種茶？」我們的建議是，先嘗試那些主要的種類，再決定哪一種是最適合自己的口感，然後飲用該種類最高等級的茶葉。每個種類的最高等級都同樣純粹且優質。我們會說，「飲用最好的」，這是因為購買風味和振奮效果都缺乏的低等級茶葉，是一件愚蠢的事。

453 公克茶葉可泡製出一百五十杯到兩百杯茶，因此在每 453 公克一美元的高價下，消費者每杯茶的花費從半美分到三分之二美分不等；如果不要求茶湯十分濃烈的話，花費會更少。453 公克茶葉五十美分的話，每杯茶的花費會從四分之一美分到三分之一美分不等，價格跟瓶裝水一樣便宜。

不過，認識到有範圍廣泛的調和茶，是件很有意思的事，而且如果我們願意不嫌麻煩地去找，將可以找到一種能帶給我們無上滿足的調和茶，但除非你想要成為鑑賞家，否則很少人有時間或意願詳盡地研究這個課題。

因此，我們準備了下列簡短的建議，放在每個知名茶葉生產國的標題之下，給那些希望開始享受喝茶樂趣的人，提供一份便利的指南。

▶ 中國茶

在中國的發酵茶當中，最有名的是華北工夫茶，也就是英式早餐茶。「英式早餐茶」是一種大眾化的說法，一開始是在美國用來描述殖民地時期，英國人在早餐時所喝的茶。雖然一開始這個名稱只用於中國紅茶，不過現在這個稱呼也被使用在包括以中國風味為主的調和茶上。

華北工夫茶是濃烈、醇厚且香氣馥郁的茶，要嘗試這種茶時，要找最著名的產區，如寧州或祁門的茶葉，浸泡時間四到五分鐘。

華南（紅葉工夫茶）的茶湯在杯中色澤明亮，最著名的產區是北嶺、白琳、坦洋，浸泡時間四分鐘。所有的中國發酵茶在上桌時，不一定要搭配甜味劑，不過一定要配上牛奶或奶油。中國綠茶被分為鄉村綠茶、湖州茶、平水茶，這些茶葉會被製成以下種類或形狀：珠茶、貢茶、雨前茶、熙春茶。想嘗試這些茶葉，要選購婺源珠茶或婺源雨前茶，並且浸泡五分鐘。原汁原味上桌。

有些中國茶葉會被製成以烏龍茶

（類似於臺灣烏龍茶）為名的半發酵茶，並且以運出這些茶葉的港口為名，被叫做「福州烏龍茶」和「廈門烏龍茶」。此外，中國還生產一種花香橙黃白毫，這是一種在加工過程中以茉莉花、梔子花或玉蘭花燻香的小種茶茶葉。

如果沒有辦法買到散裝的茶葉，就要求你的經銷商提供一些以中國茶為主要成分的優質調和茶。

▶ 印度茶

印度的茶葉主要是以產地來命名，像是大吉嶺、阿薩姆、杜阿爾斯、察查、錫爾赫特、特萊、庫馬盎、坎格拉、尼爾吉利斯、特拉凡哥爾。印度茶葉的種類會進一步由生產之茶園或莊園的名稱加以識別。它們以機器進行加工，並根據橙黃白毫碎葉、橙黃白毫、白毫碎葉、白毫、白毫小種、細碎茶葉、粉末微粒等貿易分類進行分級。

建議購買大吉嶺調和茶，這是最優質且風味最細緻的印度茶葉，應該給予五分鐘的浸泡時間。上桌時加糖或不加糖皆可，但一定要加牛奶或奶油。如果無法買到大吉嶺調和茶或任何散裝的其他印度地區茶葉，向你的經銷商要求一些包含了印度茶葉的優良品質小包裝調和茶。

▶ 錫蘭茶

錫蘭加工生產的茶葉主要是紅茶，分級的方式和印度茶葉一樣。錫蘭茶葉也是以生產的茶園或莊園為名，與等級無關。從茶湯特色進行考慮時，錫蘭茶葉大體上可以分為高地種植與低地種植這兩類。高地茶種植於錫蘭島內部的丘陵地帶，並以其細緻的風味與香氣聞名；而低地種植的茶產自靠近海岸的低海拔地區，茶湯較為普通且粗糙，而且欠缺風味。

選擇高地種植的錫蘭茶，或某些品質優良、以錫蘭茶葉為主要成分的包裝調和茶。錫蘭茶的浸泡時間應該要有四到五分鐘，上桌時加糖或不加糖皆可，但一定要加牛奶或奶油。

▶ 爪哇和蘇門答臘茶

種植在荷屬東印度群島之爪哇島和蘇門答臘島上的茶，就跟錫蘭及印度一樣，以機器工序加工製作，而且幾乎都是紅茶。它們的分級與印度和錫蘭一樣，並以生產的茶園名稱為名。爪哇茶葉可進一步分類為「阿薩姆爪哇茶」和「中國爪哇茶」；前者是產自從阿薩姆茶樹種子培育的植株，而後者則是產自從中國茶樹種子培育的植株。阿薩姆爪哇茶的茶湯特徵，與較溫和的印度種植茶葉類似，而中國爪哇茶表現出的則是中國原型的茶湯特徵。

選擇爪哇茶葉，或者包含了爪哇或蘇門答臘茶葉的優質調和茶，浸泡五分鐘，上桌時加糖或不加糖皆可，但要加牛奶或奶油。

▶ 日本茶

日本茶是未發酵茶，也就是綠茶。它們會被製作成以下的茶葉形式：曬青綠茶、釜炒茶（直葉）、玉綠茶（釜炒

捲葉）、竹筐焙茶、天然葉，但天然葉除了用來區分未經揉捻或處理過之茶葉以外，沒有其他特別的意義。日本茶依其獨特的類型，以及葉片形式與茶湯品質進行分級。通常在貿易中被認可的日本茶分級有：特級精選、精選、嚴選、優質佳品、中等良品、中品、一般良品、一般，此外還有茶葉尖、粉末微粒、細碎茶葉。日本茶應浸泡三到五分鐘，並以原汁原味或搭配檸檬上桌。

選擇「揉切り茶」，或稱為「美指」的茶，這是產自遠州地區、八王子或山城的優質茶葉，或者是任何優良的包裝調和茶。

▶ 臺灣茶

臺灣烏龍茶有著細緻的風味，而且香氣馥郁。由於臺灣茶屬於半發酵茶，具有部分紅茶的特色，再加上某些綠茶的茶湯性質，因此類似於兩者調和後的茶飲。

選擇臺灣的夏茶，或者任何優質的包裝調和茶，浸泡時間應該是五分鐘。上桌時加糖或不加糖皆可，不過無須搭配牛奶或奶油。

▶ 作者的選擇

作者同時喜歡大吉嶺茶和臺灣烏龍茶，也喜歡華北工夫茶且最好是祁門茶，同時又發現高地錫蘭茶令人難以拒絕。到荷屬東印度群島旅遊時，他發現爪哇茶是最令人滿意的，而在日本，似乎沒有其他事物比產自宇治地區的玉露茶，更能融入當地的景色。將 10% 到 20% 的臺灣烏龍茶與大吉嶺茶調和，可以獲得美味的茶葉折衷風味。

▶ 如何泡茶和端上桌

泡茶的藝術包括了三件事：

一、優質的茶葉；二、剛剛煮開的水；三、在恰當的浸泡後，將茶湯與泡過的茶葉分離。浸泡時間隨茶葉種類變化，由三分鐘到五分鐘不等。

其中還有數個重要的步驟，但是概括說來，一杯完美的茶只能從優質的茶葉產生，也不能沒有從水龍頭新鮮取得並加熱到冒泡沸騰的水。此外，泡製時，一定要使用具有可移動茶葉籃的茶壺，或是在適當浸泡後，能自動將茶葉由茶湯分離的茶壺，或者茶湯必須倒進另一個容器，而且不要再次使用泡過的茶葉。陶瓷茶壺是最好的選擇。

那麼，針對所有散裝茶葉，以下是最好的做法：

1. 選擇適合你的口味以及你選定之產地的茶葉種類，購買最高等級的茶葉。
2. 使用從水龍頭新鮮盛裝的，略微軟性或略微硬性的冷水。
3. 將水煮到冒泡沸騰。
4. 每一杯茶需要使用一匙圓形標準茶匙的茶葉。
5. 將新鮮沸騰的水倒在已預熱且裝入茶葉的陶製、瓷製或玻璃茶壺中，讓茶葉浸泡三到五分鐘，時間取決於所使用的茶葉種類。在浸泡的同時攪拌。
6. 將茶湯倒入另一個預熱好的瓷製容器內，絕對不要二次使用泡過的茶葉。

7. 為茶湯保溫,供應時加糖或不加糖皆可,同時可搭配牛奶、奶油,按照你想要的方式。如果需要加糖和牛奶或奶油,在倒茶之前先按照前述順序放進茶杯內。

至於以個人茶包泡製茶湯的方法:
1. 將茶包放進預熱好的茶杯內。
2. 用剛燒開且劇烈沸騰的水,將茶杯裝滿。配合個人口味泡製三到五分鐘。將茶包從杯中移走。
3. 以茶壺泡製:每二或三杯茶使用一個茶包。
4. 冰茶:泡製五到六分鐘。加入冰和一片檸檬。

▶ 茶的供應時機

早餐、午餐或是晚餐都可以供應茶,不過,茶在美國飲食中的獨特地位,可以在下午四點鐘左右看出來,茶在那個時段是家中或辦公室或工廠內,最能夠消除疲乏、提升效率,並且讓一天的工作能愉快且成功結束的提神飲料。茶的神奇特性也使得它被女主人認為是一種已在英國試行並獲得認可的社交風俗,而且肯定會在美國成為社交正確的事物。

泡製大量的茶湯

在為飯店、餐廳、冷飲櫃檯和一般團體服務泡製茶湯方面,最好的做法是準備可以提供大量調節好濃度之茶湯的濃縮茶。茶葉的用量必然是在單獨泡製的情況下,相同杯數所需之茶葉的茶匙數總和。

舉例來說,如果要製作可以供應二十四人飲用之茶湯的萃取液,就需要使用二十四茶匙的茶葉來製作。可以用常規方式以一個六杯份的茶壺進行泡製,將全部二十四茶匙的茶葉放進六杯份的茶壺內,再倒入完全沸騰的水,浸泡時間應該超過五分鐘;然後要攪動茶葉,待其沉靜後,再將茶湯倒入另一個茶壺或適合的容器內。

每杯茶會用到四分之一杯的濃縮液,剩餘體積應以滾水補滿。使用不同濃縮液比例時,也必須採用相同的步驟,以便符合每種情況的需求。這麼做能維持茶葉量與杯數之間的適當比例,並且確保在製作濃縮液時,茶湯不會發生浸泡過頭或浸泡不足的問題。至於冰茶的做法,則是將熱茶湯倒入放滿冰塊的飲用玻璃杯中。

一些茶飲的配方

當任何東西被添進茶飲或從茶飲中移除時,它可能還是一種令人愉悅的飲料,但它不再是茶。

然而,也有一些人喜歡變化版,如果最新的食譜不能滿足他們的需求,以下內容可能會有所幫助:

▶ 美式冰茶

以泡製熱茶的方式製作,不過加進杯中的茶葉量是一滿尖茶匙。將熱茶注

入放有三分之二杯碎冰的玻璃杯內,搭配切片的檸檬上桌,視口味加糖。有時候在製作過程中還會加入丁香、磨碎的橙皮、薄荷枝葉。

▶ 英式冰茶

每 240 毫升的水使用一茶匙茶葉。將水倒入已預熱且放入茶葉的茶壺中,靜置四分鐘。將茶壺注滿滾水,並且再靜置三分鐘。將一大塊冰放進罐子內,再把熱茶倒在冰塊上。

倫敦薩伏伊餐廳的主廚梅特·賴頓(Maitre Laitry),將這個做法變化如下,製作出倫敦冰茶:泡製相當濃烈的中國茶,而且在靜置一或二分鐘時,將茶湯過濾到裝有碎冰的玻璃杯內。除非有特別需求,否則不要加糖,並隨玻璃杯附上一片或兩片檸檬,不過不是真的放進茶湯裡。

▶ 茶雞尾酒和高球

以發酵茶的茶葉泡製特別濃的茶湯。要製作雞尾酒的話,將茶湯與三分之一量的果汁在雞尾酒搖杯中混合;以傳統方式搖勻,並倒在雞尾酒杯內,加上一顆櫻桃上桌。

高球(high-ball)則是以四分之一的茶,其餘部分加入蘇打水或薑汁汽水調製而成的。

▶ 茶潘趣酒

茶潘趣酒(tea punch)的種類很多。其中一種做法是,用兩茶匙茶葉加上一又四分之一杯滾水浸泡五分鐘,製成發酵茶泡製液。倒入一杯糖,待溶解後加入四分之三杯橙汁和三分之一杯檸檬汁;然後過濾倒入裝了冰塊的潘趣酒碗中。上桌前,再加入約 470 毫升薑汁汽水、一品脫蘇打水,還有幾片柳橙。

另一種做法:在壺中放入兩湯匙茶湯濃郁的任何種類發酵茶葉,再將一品脫的滾水倒入,任其浸泡五分鐘。另外,將兩杯水和一杯糖滾煮五分鐘,再將三顆檸檬和兩顆柳橙的果汁,與一品脫草莓或一罐切碎的鳳梨,放入糖漿中。糖漿冷卻後,加入泡製好的茶和碎冰。上桌時,將潘趣酒倒入高腳玻璃杯中,配上一枝新鮮薄荷上桌。

現代美國茶與咖啡的整套器具,殖民地樣式

▶ 俄羅斯茶

以三茶匙的發酵茶葉兌兩杯沸水,浸泡五分鐘。以熱或冰的狀態裝在玻璃杯內上桌,搭配糖、糖漬櫻桃或草莓,還有切成薄片的檸檬。一茶匙蘭姆酒、二或三種白蘭地浸漬的水果,再加上大麥糖,是古怪的變化版。

在另一種有時被稱為「櫻桃茶」的做法中,茶飲是裝在茶杯內上桌的,會

加入馬拉斯奇諾櫻桃，以及兩面都灑了肉桂粉的檸檬片。

▶ 檸檬茶

這是製作檸檬茶的新英國食譜，每人需要一茶匙茶葉和半顆小檸檬。將檸檬汁擠進罐子裡，並加入約 240 毫升的滾水，然後倒入已裝有茶葉且預熱好的茶壺中，靜置四分鐘。接著，以滾水將茶壺注滿，再靜置三分鐘。上桌時，倒入玻璃杯中，搭配放在一旁的切片檸檬。檸檬茶在冰過之後也是一種絕佳的夏日飲品。先讓茶湯完全冷卻。在每個玻璃杯內放入一小塊冰塊，再將茶湯倒入玻璃杯中。如果想要的話，可以用柳橙代替檸檬。

▶ 奶茶

英國有兩種製作奶茶的方法：一、每半品脫牛奶搭配滿滿一茶匙茶葉。將牛奶煮到沸騰，另外以滾水預熱茶壺後，放進茶葉，然後倒入沸騰的牛奶浸泡七分鐘。二、預熱茶壺，放進茶葉，再以沸騰的牛奶裝至半滿，靜置四分鐘，接著以滾水將茶壺注滿。這可以掩蓋某些人不喜歡的奶味。

▶ 茶冰淇淋

味道濃郁的紅茶泡製液，可以用來為一般的冰淇淋混合料調味，搭配磨碎的柳橙皮、肉桂，偶爾還會在冷凍前加入雪莉酒。

以下是京都所使用的儀式用茶冰淇淋的食譜，以細緻的宇治茶調味，這使得冰淇淋看起來像開心果，但有著完全不同的口味！

在一個大碗或類似的容器中，放入 940 毫升商務用低脂鮮奶油、470 毫升牛奶、一杯半的糖，接著徹底攪拌直到糖融化。另外，將一滿尖茶匙的抹茶（茶道用茶）放入杯中，再加入微溫的水到杯子容量的四分之三，然後將茶與水攪勻成稀薄的糊狀物。

接著，將上述糊狀物加入奶油、牛奶與糖的混合物中，並徹底攪拌均勻。以常用的方式冷凍。

▶ 日本茶調味粉

Tealate，即粉末狀日本綠茶與可可脂混合，並以模具塑形成立方體塊狀，做為苦味烹飪用巧克力的替代品，用於調味的目的，這是最近由發明人——東京的長崎晴三在日本與美國註冊專利的創新事物。

Tealate 除了是深綠色而非巧克力的顏色之外，與烹飪用巧克力類似；因此，在製作糖果、糕餅、布丁、醬汁、糖漿等食品時，添加 Tealate，能帶來細緻的茶色與茶的風味。

粉末狀的日本綠茶被用於冰和糕餅的調味及著色；也可用來製作不經過泡製的冰茶。

新發想的茶飲

以下是一些重要的茶的創新發想之敘述：

▶ 茶味西打

早在西元 1911 年，德國就已經知道茶味西打（cider，註：通常指發酵蘋果汁，此處指發酵飲料），而且據說是從東方引進的。西元 1933 年，爪哇和錫蘭開始實驗茶味西打的製作。

製作的工序相對簡單。以 43 至 57 公克的茶葉兌 3.8 公升滾水泡製成茶湯，在過濾掉茶葉後，加入 10% 的糖；也就是 453 公克糖兌 3.8 公升茶湯。

將混合液冷卻後，倒入開放式的防塵廣口瓶內。然後，加入發酵劑（酵母菌），它會將糖轉化為酒精，以及之後會逸散出去的二氧化碳；接著，酒精會被細菌轉化為醋酸。這些反應會為西打帶來它的特色。所使用的酵母菌似乎是一種真菌混合物，根據錫蘭茶葉研究所的 C·H·蓋德（C. H. Gadd）博士所說，其中只有兩種是重要的，一種是路德類酵母菌（*Saccharomycodes ludwigi*），另一種則是一種木質醋酸菌（*Bacterium xylinum*），能為茶味西打帶來獨特的氣味和風味。

加了糖的茶湯一開始是甜的，不過甜味會隨著酵母菌開始作用而逐漸消失，並且發展出酸味。甜度或酸度決定了發酵作用應該何時停止，但這端視個人口味而定。發酵作用需要的時間取決於溫度，而且可能長達二或三天。

當泡製液獲得正確的風味和口感後，人員就會以厚實的雙層布料將之過濾，並裝進容器內，徹底裝滿後再以木塞塞緊。這種缺乏空氣的環境，將會抑制細菌的作用，但酵母菌會持續作用並

產生氣體，讓酒帶有氣泡。西打應該塞好蓋子並存放在陰涼處。西打的酒精含量很少超過 1%。如果放任發酵劑持續作用約一個月，也可以製作出茶味醋，然後醋會被過濾、煮沸並裝瓶。

▶「Tabloid」與片狀茶

為了旅人、露營者等族群的便利性，多年來倫敦和紐約的巴勒斯·惠康公司（Burroughs Wellcome）都在加工製造商標名稱為「Tabloid」的茶。它是由小的圓形片狀茶葉組成，使用一或兩片就足以製作出一杯茶。

最近，爪哇萬隆的一家公司開始加工製作片狀茶，加糖和不加糖的都有。在上述兩例中，細碎或粉末狀的商務用茶葉，會以壓片機進行壓縮，這種茶葉壓片機與化學家用來製作各種片狀產品所用的打錠機很類似。

有一種使用茶的萃取液來製作壓縮「茶味芳香錠」的方法，被一家萊比錫（Leipzig）的工廠註冊了專利，其專利內容宣稱，製造過程只保留了「應有的理想香氣」，這些芳香錠易於以任何想要的濃度生產或去除咖啡因，以供在茶杯中泡製出恰當的茶湯，或者在更濃縮的型態下，做為糖果、口香糖等食品的調味劑。所採用的化學藥品在使用後是可回收的。

▶ 茶萃取液和茶汽水

過去已經進行過許多生產液態茶萃取液的嘗試，但大多數都是失敗的。最近，印度茶葉局紐約分部發展出一種製

作濃度相當高的液態茶萃取液的方法，
只要加入熱水便可立即以這種萃取液製
作出一杯茶，或者加上冰水做出一杯冰
茶。這種濃縮萃取液微帶甜味，而且據
說品質相當穩定。此萃取液也已經被用
於製作一種供碳酸水使用的茶味糖漿，
以及一種類似薑汁汽水的瓶裝碳酸飲料
之生產上。

Chapter 4
茶葉廣告宣傳史

直到 1656 年，茶的第一則報紙廣告才出現在倫敦的《水星政客》上。

很少有商品能宣稱自己比茶葉更早開始進行廣告宣傳，茶的廣告宣傳歷史已經超過一千一百年之久了。在那段期間，所有的已知媒體都被加以利用，包含書籍、大幅印刷的全開海報、收音機、飛機等等，其他還有由國家進行的宣傳活動，以及由商人發起的聯合廣告活動。這些手段加在一起，讓全球茶葉的總消費量成長到每年超過 8 億公斤。

最早的茶葉廣告

目前已知的最早茶廣告是以一本書籍（也就是《茶經》）的形式出現的，是中國的陸羽在西元 760 年至 780 年間創作的。中國茶商需要將日益增長的事業中的零碎知識整合起來，而陸羽將這個工作做得非常完美，就算後來中國商人為了竭力保守製茶機密而絕口不提時，「洋鬼子」還是能夠從《茶經》中拼湊出足夠的資訊，得以模仿中國人的做法。

接下來可算是茶的出色廣告的書籍是《喫茶養生記》，是日本的佛教住持榮西禪師於西元 1214 年所撰寫，強調茶的藥用功效，對茶的描述是「茶也，養生之仙藥也，延齡之妙術也」。

直到西元 1658 年，茶的第一則報紙廣告才出現在倫敦九月二十三日到三十日這一週的《水星政客》（Mercurius Politicus）上。這則茶廣告緊接在一則偷馬賊的懸賞逮捕令之後，廣告上寫著「傑出且被所有醫師認可的中國飲料，被中國人叫做 Tcha，被其他民族稱為 Tay，別名 Tee 的這種飲料，在倫敦皇家交易所旁、位於斯威亭斯（Sweetings）出租房的蘇丹女王頭像（Sultaness-head）咖啡店中販售。」

早期最有名的茶葉廣告之一是「菸草商、茶葉和咖啡的銷售商與零售商」湯瑪斯・加威（Thomas Garway）在西元 1660 年左右，以巨幅海報的形式發布的。這張巨幅海報的內容大約有一千三百字，基本上敘述了所有關於茶的已知資訊，相當豐富並具有教育性。這是良好的廣告宣傳，因為它試著簡單地講述故事，並且在潛在顧客心中建立良好的印象。

確實，其中有一些被加諸在茶這種飲料上的優點，後來都被其他人反駁；但加威相信那些是事實。當時並沒有多少人瞭解關於茶的事實。

其他開始銷售茶葉的倫敦咖啡館老闆，也開始宣傳這件事。在一份西元 1662 年出版的週刊《帝國通報者》（Kingdom's Intelligencer）中，出現一家位於交易巷的咖啡館所做的一則廣告，除了咖啡、巧克力、冰凍果子露之外，廣告中還建議讀者或許可以「基於茶的優點來一杯茶」，而且這是唯一一家發行帶有「茶」字樣之咖啡館業主代幣的咖啡館。

```
Mercurius Politicus,
COMPRISING
The fum of Forein Intelligence, with
the Affairs now on foot in the Three Nations
OF
ENGLAND, SCOTLAND, & IRELAND.
For Information of the People.
——— Ità vertere Seria { Horat. de
                        { Ar. Poet.

From Thurfday Septemb. 23. to Thurfday Septemb. 30. 1658.

                    Advertisements
A Bright bay Gelding stoln from Hatfield, in the County of Hertford, Sept.
 23. of about 14 hand high or something more, with half his Mane thorne
and a star in the Forehead, and a feather all along his Neck on the far side.
A young man with gray cloaths of about twenty years of age, middle stature,
went away with him. If any can give notice to the Porter at Salisbury house
in the Strand, or to the White Lion in Hatfield aforesaid, they shall be re-
warded for their pains.

☞ That Excellent, and by all Phyfitians approved, China Drink, called by the ☜
   Chineans, Tcha, by other Nations Tay alias Tee, is fold at the Sultanefs-head,
   a Cophee-house in Sweetings Rents by the Royal Exchange, London.
```

第一則茶葉的報紙廣告，西元 1658 年
箭頭所示即為茶葉廣告

　　茶葉商人很快就開始在報紙上打廣告。於是，「從西元 1680 年十二月十三日週一，到十二月十六日週四」的《倫敦公報》（London Gazette）刊登了以下廣告：「這是給上流人士的通知，有一小包無意中流落到私人手中，品質最為傑出的茶葉即將出售。不過，沒有人會失望，最低價是 453 公克三十先令，而且不會出售少於 453 公克的茶葉；因為人們希望它們附帶一個方便的盒子。請洽聖詹姆斯市場（St. James's Market）裡國王頭像（King's Head）的湯瑪斯·伊格爾（Tho. Eagle）詢問詳情。」

　　西元 1710 年十月十九日的《閒談者》（Tatler）雜誌出現以下這則廣告：「法維（Favy）先生的十六先令武夷茶，品質不遜於最好的外國武夷茶，由法維先生親自在恩典堂街（Gracechurch Street）的『貝爾』（Bell）銷售。」

透過書籍進行宣傳

　　西元 1722 年，倫敦的茶葉及咖啡商人亨福瑞·布羅德班特（Humphrey Broadbent）發行了一本名為《家庭咖啡師》的小冊子，內容是解說泡製茶、咖啡、巧克力和其他飲料的正確方法，並在標題為「茶」的段落中，列舉了許多茶的「優點」。

　　第一部針對咖啡、茶、巧克力的專門著作，是由菲利浦·西爾維斯特·杜福爾（Philippe Sylvestre Dufour）所撰寫的 De I'Usage du Cafe, du The, et du Chocolat，這本書於西元 1671 年在法國里昂出版，到了 1684 年，杜福爾再次於里昂出版更為完整的著作：Traitcz nouveaux et du curieux du Cafe, du The et du Chocolat。這本書被視為是那些飲料的單純宣傳活動，而且被證實是一則傑出的廣告，很快就被翻譯成英文和其他數種語言。

　　西元 1679 年，一位荷蘭醫師康奈爾斯·德克（Cornells Decker）以康奈爾斯·班德固（Cornells Bontekoe）的筆名寫作，在海牙出版了 Tractat van Het Excellente Cruyt Thee。一般認為，以促進歐洲人普遍飲用茶這件事來說，德克做得比其他倡導者都來得多。

　　西元 1785 年，由東印度公司茶葉部門一位匿名人士寫作的《茶葉採購者指南》在倫敦出版，這本書的目的陳述在古雅的扉頁上：「給女士和先生的茶桌上茶葉的採購者指南；茶葉知識與選擇茶葉的好幫手。同時，由一位在東印度

公司茶葉部門服務多年的大眾之友，分享將不同品質的茶葉調和的技藝，倫敦，1785 年。」

前言中還加上這本書「並非受任何一先令的金錢驅使而出版」的說詞。

十八世紀出版的茶葉相關文獻，大多數都是以英國東印度公司為靈感來源。這些文獻在當時的主要作用，就是將一種預計要用來取代咖啡的新興國民飲料，賣給英國民眾，而歷史的紀錄顯示它們的成效相當好。

美洲的廣告先驅

直到十八世紀初，美洲才出現關於茶葉的公開啟事。在西元 1712 年時，一位波士頓藥劑師扎布迪爾·博伊爾斯頓（Zabdicl Boylston）廣告宣傳「綠茶和武夷茶」，以及「綠茶和一般茶葉的販售」。兩年後的西元 1714 年五月二十四日，另一位波士頓人艾德華·米爾斯（Edward Mills）在《波士頓時事通訊》（Boston News Letter）上發布「超優質綠茶在他位於橙子樹附近的住宅中出售」。

At the Royal-Exchange TEA-WAREHOUSE,
Up Stairs on the North-Side, facing Bartholomew-Lane,
ARE SOLD
ALL SORTS of FINE TEA'S,
viz.
Superfine Wire-Leaf Hyfon Tea, ... Fine ditto, at 12 s.
at 17 s. per Pound. ... Superfine Singlo, at 11 s.
Fine ditto, from 15 s. to 13 s. ... Fine ditto, from 9 s. to 10 s. 6 d.
Superfine Bloom, at 13 s.
With Variety of other Sort of Green Tea, and all Sorts of Bohea,
fresh roasted Coffee, and fine Chocolate all neat fresh and genuine, at
the very lowest Prices, with Encouragement for Chapmen.

「對商販的鼓勵」
一則西元 1754 年的倫敦茶葉廣告。商販指的是叫賣小販或小攤販，銷售的通常是瑣碎的小玩意兒或廉價物品。

獨立革命時期的茶葉報紙廣告是純粹的「讀物」，不過在演進為傳單時，為了獲取注意力而採用了誇飾法。一張於西元 1784 年在麻薩諸塞州紐伯里波特（Newburyport）發行的這種印製精美的傳單上寫著，有「剛進口，即將在紐伯里波特渡輪街下面一點的喬瑟夫·格里諾（Joseph Greenough）廉價小店出售的最高品質熙春茶、小種茶、武夷茶」。

隨著美中貿易的誕生，《紐約晚報》（New York Evening）在西元 1803 年十一月二十一日發布以下訊息：「兩百零五箱上等熙春茶。沃特街（Water Street）一百八十二號，艾利斯·肯恩公司（Ellis Kane）。」這有可能是詹姆斯·李佛摩（James Livermore）和約翰·雅各·阿斯特（John Jacob Astor）在這個時期的一次皮毛及茶葉聯合貿易計畫中，從廣州進口之茶葉船貨的一部分，這個貿易計畫代表著阿斯特首次踏入茶葉這一行。

無論如何，阿斯特的商店和卸貨碼頭都在上述地點附近，等到了西元 1816年，當阿斯特這位知名人士變得家喻戶曉，而且是美國的主要茶葉進口商時，紐約的報紙上便經常出現以下告示：

拍賣會

約翰·雅各·阿斯特先生的船「海狸號」（Beaver）裝運的貨物於上週抵達，有兩千五百箱由最好的武夷和松羅地區於上一季出產的上等茶葉；拍賣會將以公開競價的方式，由拍賣人約翰·宏（John Hone）主持，拍賣會的地點定在自由街街底阿斯特先生的卸貨碼頭。

在鐵路造就了紐約至高地位之前的年代，費城是美國的主要城市。這個時期的費城報紙上，偶爾可以看到茶葉的廣告。西元 1836 年三月二十五日的《公共帳簿》（*Public Ledger*）上，就有一則占據了「首選」位置，緊接在結婚啟事和訃文後面的廣告。廣告內容寫著：

茶葉：最受歡迎的作物；不同規格包裝的雨前茶、珠茶和貢茶。還有接受寄賣的種類繁多的各種良質茶葉，在 m24 南前街十三號山繆·M·肯普頓（Samuel M. Kbmpton）處販售。

早期的美國茶葉及咖啡廣告
翻攝自西元 1714 年五月二十四日的《波士頓時事通訊》（*Boston News Letter*）。

後來的茶葉書籍廣告

除了少數寫給種植者的教科書之外，所有國家關於茶的著作，都帶有明顯的廣告特徵。以下是十九世紀和二十世紀時，茶葉貿易所帶來的較值得注意的文稿。

西元 1819 年，倫敦純正茶葉公司（London Genuine Tea）在倫敦出版了

英國茶葉廣告，西元 1800 年

《茶樹植株的歷史》，講述「從種下種子到為歐洲市場進行包裝」的過程。

茶葉經銷商史密斯（Smith）在西元 1827 年左右，於倫敦出版了一本論述茶葉的書：*Tsiology*，這是關於「東印度公司的舶來品及其他的報告。」

西元 1843 年，J·G·侯賽因（J. G. Houssaye）在巴黎出版了文筆優美、附有插圖的著作：*Monographic du thé*；侯賽因是一位中國與印度的茶葉及其他商品的經銷商。

西元 1878 年，山繆·菲利普斯·戴（Samuel Phillips Day）在倫敦出版了《茶的奧秘與歷史》，前言由中國駐歐洲教育使團秘書羅方洛以中文寫成。一份英譯文版本顯示，那主要是為霍尼曼（Horniman）的茶葉公司所做的宣傳。

倫敦布商兼茶葉商人亨利·透納（Henry Turner）在西元 1880 年出版了《論茶，其歷史、統計與商業》。作者寫得很有趣，不過他的預測有些錯誤；他預測了連鎖商店會早早沒落、指責並抱怨廣告宣傳，而且還譴責發送贈品的行為。1882 年，WB 惠廷安公司（W. B. Whittingham）在倫敦出版了《茶葉調和的藝術》一書，這是另一則貿易廣告。

A PERFECT LITTLE TEASE !

BUT THE MOST PERFECT OF ALL "MAYPOLE" TEAS
PRICE 1/ 1/2 1/4 AND 1/6 P.LB THE VERY BEST.
PURE FRAGRANT DELICIOUS
The best that money can buy
MAYPOLE DAIRY CO. LTD
SEE OTHER SIDE FOR ADDRESSES

一張西元 1899 年的維多利亞時代傳單

西元 1890 年，居住在印度的芝加哥茶商 I・L・豪瑟（I. L. Hauser）撰寫了一本名為《茶：起源、種植、加工與使用》的著作。兩年後，費城茶葉職人（tea man，註：茶產業相關人士）喬瑟夫・M・華許（Joseph M. Walsh）出版了《茶的歷史與奧秘》，後來還在 1896 年撰寫了《茶葉調和藝術》，這兩本書的目標讀者都是零售商。1894 年，倫敦茶商路易斯公司（Lewis）的一名成員出版了《茶與茶葉調和》。1903 年，美國茶葉經紀人約翰・亨利・布雷克（John Henry Blake）出版了《零售商茶葉須知》。1905 年，倫敦的反茶稅聯盟出版了赫伯特・康普頓（Herbert Compton）的《來和我們一起喝茶吧》。大約在同一時間，美國國家茶葉協會在紐約出版了該

協會主席湯瑪斯・A・費倫（Thomas A. Phelan）的著作《一些茶的秘密》。這本書在 1910 年由紐約的阿賈克斯出版公司（Ajax）重新修訂，以《茶葉秘密之書》的名稱重新出版。

西元 1907 年到 1908 年，曾經是美國茶葉專家局成員及美國國家茶葉協會主席的芝加哥茶商 E・A・紹耶（E. A. Schoyer），以小冊子的形式出版了一系列的《茶葉研究》，儘管目的是讓該公司的業務員在銷售茶葉時更容易一些，但這些小冊子都是嚴肅認真的作品。

西元 1910 年，印度茶葉協會（倫敦分會）出版了詹姆斯・白金漢（James Buckingham）爵士的作品《茶葉二三事》。1919 年，芝加哥的 JC 惠特尼公司出版了《惠特尼話茶》。1924 年，慕尼黑的茶葉及咖啡商人奧圖・施萊恩科弗（Otto Schleinkofer）出版了德文作品：Der Tee。《茶的歷史速寫》出版於 1926 年，是倫敦茶商 R・O・曼尼爾（R. O. Mennell）的著作。出現於 1929 年的《茶葉與茶葉交易》一書，是另一位倫

二泡茶的年代
西元 1890 年的英國報紙廣告

西元 1900 年期間的典型茶葉平版印刷品
著色的平版印刷品相當受歡迎

敦茶商 F・W・F・斯塔維薩雷（F. W. F. Staveacre）的作品。

西元 1933 年，C・R・哈勒博士在倫敦出版了《茶的種植與行銷》。西元 1935 年，厄文－哈里遜－惠特尼公司（Irwin-Harrisons-Whitney）在美國出版《茶的浪漫》。

著名的茶葉宣傳活動

除了總是設法避免去組織整合國內茶葉界知識分子的中國以外，主要的茶葉生產國都曾在過去五十年的某段時間當中，為了茶葉在重要消費國家中的利益，著手進行過不同類型的聯合宣傳活動。這些努力之中，有一些受到明智的引導，並獲得了明確的成果。

日本的茶葉企業從西元 1876 年起，開始斷續地為日本茶葉進行廣告宣傳，大部分都是在美國。1898 年到 1934 年，在所有國家廣告宣傳的大致總開銷是 279 萬日圓（139 萬 5000 美元）。

臺灣在英國、美國及其他國家廣告宣傳自己的茶葉，並且在二十五年當中，花費了 250 萬日圓（125 萬美元）在相關宣傳活動上。

錫蘭在歐美各個國家進行了二十三年的宣傳活動，花費 533 萬 5577 錫蘭盧比（192 萬 786 美元），其中大約有一百萬美元是用於錫蘭茶葉在美國的公關宣傳上面。

印度在四十多年間，已經花費了超過一百萬英鎊（大約五百萬美元）在舊大陸和新大陸的許多國家中，廣告宣傳自己的茶葉，在這段期間，印度茶葉不斷地擴張它廣闊的王國。在前述的總額當中，有超過兩百萬美元是於過去二十五年內在美國的開銷。

荷屬東印度的茶葉企業在超過十年的時間當中，花費了十二萬五千荷蘭盾

1890 年代的英國茶葉廣告

（五萬美元）在荷蘭和美國的茶葉廣告宣傳上，其中大約有兩萬美元是花費在美國。

日本和臺灣茶葉的廣告宣傳

日本的茶葉廣告宣傳始於西元 1876 年，其中包括了遠赴費城百年博覽會的展覽。

緊接著，日本為了刺激更高等級茶葉的生產，於西元 1877 年至 1883 年間，在東京、橫濱和神戶舉辦數場競賽性質的展覽會。1883 年，日本中央茶葉協會成立，成員包括了茶農和茶商，並在政府的補助下運行。日本中央茶葉協會除了改善生產之外，還會進行海外宣傳活動，尤其是以下於各地舉辦的博覽會：1893 年的芝加哥、1894 年的安特衛普（Antwerp）、1898 年的奧馬哈（Omaha）、1904 年的聖路易、1905 年的列日（Liege）及波特蘭、1909 年的西雅圖、1910 年的倫敦、1911 年的德勒斯登（Dresden）和杜林（Turin）、1915 年的舊金山和聖地牙哥、1926 年的費城、1933 年的芝加哥。在這些博覽會中，宣傳活動是在特別建造的日本展覽館和庭園中進行茶藝示範，現場還有穿著日本當地服飾的女侍。

西元 1893 年芝加哥博覽會的專員是山口鐵之助，由駒田彥之丞協助。舊金山博覽會的日本茶庭園是由西岩尾管理，他也負責主持 1926 年的費城一百五十週年紀念博覽會。1933 年的芝加哥專員是

三橋（S. Mitsuhashi），他的助理則是神宮（K. E. Jingu）。

日本在西元 1890 年代初期，警覺到英國競爭對手的廣告宣傳活動，因此在 1896 年時，大谷嘉平和相澤紀平為日本中央茶葉協會向政府爭取了七萬日圓（三萬五千美元）的年度補助，期限為七年，這筆補助是在美國及俄羅斯進行日本茶葉的廣告宣傳之用。

上述補助費用全都被中央茶葉協會用在西元 1898 年到 1906 年間，長達九年的第一次保護性宣傳活動期間，最終花費的總金額是十九萬日圓（九萬五千美元）。

西元 1898 年，中央茶葉協會開設了兩個分支辦事處，紐約辦事處由古屋竹之介管理，另一個芝加哥辦事處由水谷友長先生擔任專員。他們的活動一直持續到 1907 年分支辦事處歇業，同時所有推廣活動結束為止。

西元 1911 年，西岩尾被中央茶葉協會委任為美國及加拿大專員，執行一項廣告宣傳活動。

西元 1911 年，北美洲國家對日本茶葉的進口達到顛峰，並穩定地維持到美國消費者的口味從綠茶轉變成紅茶為止，而這導致了日本茶葉進口量的減少。印度和錫蘭茶葉取得的進展，讓日本茶葉職人再次感到焦慮不安，同時做出在美國重啟日本茶葉宣傳活動的決定。

西元 1912 年，第二次保護性廣告宣傳活動展開了，由西岩尾負責，歷時長達十年之久，一直到西岩尾於 1922 年辭職為止。

New vigor for the afternoon's work

When you relax this way
... at luncheon

When you've had quite enough lunch today, knock off the serious business of taking in nourishment and *linger* over a cup or two of Japan Green Tea.

Business will wait the extra ten minutes. In fact, it will welcome you twice as cheerfully when you do come back. For it will find you fresh as morning—ready for another full day's work before five o'clock. No afternoon fatigue for you. No dreary drooping at the end of the day. This restful noon-day drink

gives you a new start, a fresh supply of nervous energy.

Japan Green Tea is tea at its best. It's the *natural* leaf, uncolored and unfermented, with all the flavor-laden juices of the fresh leaves preserved by immediate sterilization.

Specify *JAPAN* Green Tea when you order. Packaged for the home in several grades under various well-known brands. Get one of the better grades; the best will cost you only a fraction of a cent a cup.

Today — at noon
JAPAN TEA
The drink for relaxation

At noon — each day
JAPAN TEA
The drink for relaxation

After a leisurely luncheon, rest back in your chair—and enjoy a steaming cup of JAPAN Green Tea. Drink it slowly—*linger* over it —and let tense nerves relax under its gentle stimulation. Then note how its tonic quality keeps you fresh and fit all afternoon. JAPAN Green Tea is tea at its best. It is the *natural* leaf, uncolored and unfermented, with all the flavor-laden juices of the fresh leaves preserved by immediate sterilization.

JAPAN Green Tea is put up for the home in packages under various well-known brand names in several grades and prices. The best you can buy will cost you only a fraction of a cent per cup.

Avoid nerve strain and fatigue with
JAPAN TEA
The drink for relaxation

It's like starting the day all over again when you get back from lunch—after a leisurely cup or two of Japan Green Tea. You're bright and fresh as the morning after a good night's sleep. Japan Green Tea gives you new pep and energy because it gives your nerves a rest. It relieves strain, blots out fatigue. It's tea at its best, the *natural* leaf, uncolored and unfermented, with all the fragrant juices of the fresh leaves preserved by immediate sterilization.

JAPAN Green Tea is put up for the home in packages under various well-known brand names in several grades and prices. The best you can buy will cost you only a fraction of a cent per cup.

At noon — each day

At noon — try this

Then note how fresh and fit you feel all afternoon

For just a few minutes—at noon —forget to watch the clock and take it easy over a cup or two of Japan Green Tea after luncheon.

Don't gulp it down. *Linger* over it. Each mouthful is a separate pleasure. Get it all the way down before you start the next. Feel its refreshing influence over your entire nervous system.

You'll find this as restful as an extra hour's sleep. Taut nerves relax, fresh and ready for an after-

noon's work. No worn-out feeling at four o'clock.

Japan Green Tea is tea at its best—the *natural* leaf, uncolored, unfermented, with all the fragrant juices of the fresh leaves preserved by immediate sterilization.

Specify *JAPAN* Green Tea when you order. Packaged for the home in several grades under various well-known brand names. Get one of the better grades; the best will cost you only a fraction of a cent a cup.

At noon — each day
JAPAN TEA
The drink for relaxation

西元 1926 年在日本茶葉宣傳活動中使用的報紙文案
由於「放鬆」訴求較不具爭議性，比起後來的「維生素 C」論點，更受到廣告人的偏愛。

西元 1926 年費城一百五十週年紀念博覽會上的
日本茶園仿真模型

　　這段期間的支出總金額是 24 萬 6000
日圓（12 萬 3200 美元）。

　　在西岩尾任期早期，西元 1912 年、
1913 年和 1915 年這三年，採用的是展覽
館展示和發放免費樣品的方法；後來，
在美國的宣傳活動集中於報紙和雜誌的
廣告上，一直到 1921 年，當時日本茶葉
在美國的進口量大幅下滑，從 1920 年的
1034 萬公斤，縮減到 1921 年的 784 萬公
斤，是五十年來的最低點，因此終結了
宣傳活動。

　　從西元 1922 年到 1925 年的四年間，
日本茶葉出口量間歇性地減少，針對海
外市場的推廣，由在日本的日本中央茶
葉協會直接管理，總支出費用稍微超過
10,500 日圓（52,500 美元）。

　　第三次的美國廣告活動於西元 1926
年展開，受到日本茶葉推廣委員會的監
督，並由日本中央茶葉協會和靜岡茶葉
協會聯合管理。推廣委員會的總部設在
靜岡縣的靜岡茶葉同業公會辦事處。
1925 年五月，在靜岡舉行的本國暨外國
出口商會議中，採納了對每半箱茶葉徵
收四十錢的出口捐（也就是稅金）的意

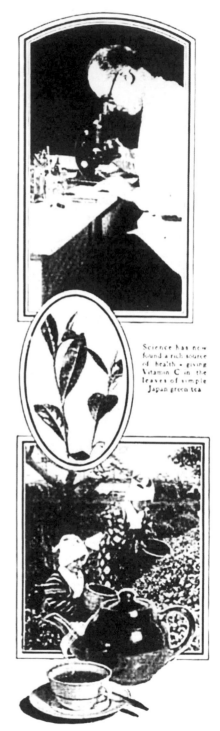

西元 1927 年在日本茶葉宣傳活動中使用的雜誌
文案

見，計入每年三十萬日圓的推廣資金中；透過對所有在日本生產之茶葉徵收的統一稅金提高結餘。出口捐的徵收由 1925 年五月二十三日起生效。

當日本茶葉推廣委員會於西元 1925 年七月十一日組織成立時，有十六位成員是由日本中央茶葉協會和靜岡茶葉協會安排任用的，貴族院成員兼日本中央茶葉協會主席大谷嘉平，成為第一任主席，貴族院成員兼靜岡茶葉同業公會主席中村 Yenichiro 則是第一任主任委員。除了厄文－哈里遜－惠特尼公司的弗列德·A·葛羅（Fred A. Grow）、N·戈特利布（N. Gottlieb）；齊格飛－施密特公司的 W·H·齊格飛（W. H. Siegfried）；還有美國茶葉出口商赫勒公司的 W·赫勒（W. Hellyer）之外，其他

用來宣傳日本茶葉的彩色商店會員卡

成員全都是日本人。靜岡茶葉同業公會董事宮本裕一郎和靜岡富士公司的董事石井誠一則成為理事。

西元 1926 年一月，宮本裕一郎和石井誠一乘船前往美國，與委員會的美籍成員一同在芝加哥、狄蒙（Des Moines）、底特律、明尼亞波利斯、聖路易、奧馬哈、托萊多（Toledo）、密爾瓦基（Milwaukee），安排報紙宣傳的廣告活動，支出成本為八萬七千美元。

西元 1927 年，由於大谷嘉平從協會主席的職位退休，茶葉推廣委員會有了一些變化。松浦浩平接任主席一職，並留任到 1931 年去世為止。1927 年，美國廣告活動的策略由報紙改換為雜誌廣告宣傳，支出成本為十三萬美元，而且在 1928 年四月一日開始的年度增加到十三萬七千美元。1928 年到 1929 年間的廣告宣傳，放在更受限的雜誌清單中，草稿是基於當時的發現，也就是日本茶含有「珍貴的食物元素，維生素 C」這一點，核定經費大約是十萬美元。接著是 1930 年的海報宣傳活動。

日本從西元 1930 年起，在美國和其他地方的廣告宣傳總支出詳列如下：

西元 1930 年，232,000 日圓；
西元 1931 年，142,000 日圓；
西元 1932 年，340,000 日圓；
西元 1933 年，171,250 日圓；
西元 1934 年，240,000 日圓；
西元 1935 年，125,000 日圓。

西元 1886 年，在政府的協助下，日

本中央茶商協會派出橫山孫一郎前往俄羅斯和西伯利亞，調查市場發展的可能性，但直到 1897 年，茶商協會才決定在俄羅斯進行廣告宣傳。

有幾位專員在西元 1907 年到 1919 年間被派往俄羅斯，推廣日本磚紅茶在當地的銷售，其中，西鄉正三兩度走訪俄羅斯，並成功奠定與俄羅斯進行大量茶葉交易的基礎。

西元 1898 年，日本茶葉開始在俄羅斯進行宣傳活動，並在那之後持續進行，直到 1921 年為止，除了 1905 年、1909 年和 1916 年之外。在二十四年的時間當中，總支出花費是 93,600 日圓（46,800 美元）。

西元 1905 年，澳洲的協會贊助了金額為 1,500 日圓（750 美元）的免費日本茶葉樣品發送，同年，一次小型報紙廣告宣傳活動以 284 日圓（142 美元）的成本，試探性地在法國嘗試進行。

由日本茶葉推廣委員會展開的最新宣傳活動，已經在日本本地開始。西元 1934 年為了這個目標，花費大約 10,500 日圓。

日本茶葉推廣委員會是由下列人士所組成：主任委員中村 Yenichiro 先生；以及 MJB 公司的中島兼吉；日本茶葉直接出口公司的本間儀三郎；三井公司的高桑豐次；富士公司的原崎源作；三菱貿易公司的中川有一；茶葉加工商影山茂木；來自靜岡縣政府的吉海正雄和荻原虎雄；齊格飛公司的 W・H・齊格飛；赫勒公司的 A・T・赫勒；厄文－哈里遜－惠特尼公司的 D・J・麥肯錫；宮本裕一郎、石井誠一、三橋城治；最後三位委員同時身兼理事之職。

在西元 1906 年和 1925 年之間，臺灣政府花費 2,052,000 日圓（100 萬美元）廣告宣傳臺灣茶葉，主要是用在美國、英國、法國、爪哇、華北、俄羅斯的博覽會上；以及在英國與美國的免費樣品、茶館、報紙和雜誌廣告；此外，還有在澳洲、南美洲，以及上述其他國家的展示與免費樣品。從那時開始，公關宣傳的工作便主要限制在美國，供美國宣傳使用的經費每年從一萬五千美元到五萬美元不等。

自西元 1898 年第一次美國廣告宣傳活動開始，在所有國家的廣告經費總額超過 279 萬日圓（139.5 萬美元），實施辦法是派出專員為臺灣的茶葉以外的產品，比如樟腦，進行宣傳活動。

臺灣（福爾摩沙）茶葉的藝術車體廣告

錫蘭的聯合廣告宣傳活動

錫蘭茶葉的宣傳活動開始於西元 1870 年代，而且持續超過四十年。

錫蘭種植者在西元 1879 年進行了第一次具組織性的聯合公關宣傳的嘗試，

他們委派《錫蘭觀察家報》（Ceylon Observer）的編輯 A・M・佛格森（A. M. Ferguson）擔任 1880 年到 1881 年在墨爾本所舉辦的世界博覽會的專員；緊接著，《錫蘭時報》（Ceylon Times）的編輯約翰・卡珀（John Capper）成為 1883 年加爾各答（Calcutta）博覽會的專員。茶葉在這兩場博覽會中都是宣傳重點。

西元 1886 年，政府援助的五千錫蘭盧比（一千八百美元），加入種植者的 5,742 錫蘭盧比（2,067 美元）資金，用來在倫敦南肯辛頓（South Kensington）所舉辦的殖民地和印度博覽會（名為 Colinderies）中廣告宣傳錫蘭商品。J・L・盧登－桑德（J. L. Loudoun-Shand）擔任專員，並組織了包含一百六十七座莊園的茶葉樣本的錫蘭專區。

同一年，H・K・拉塞福（H. K. Rutherford）發起錫蘭茶葉聯合基金（Ceylon Tea Syndicate Fund），目的是用來收集和發送茶葉樣品；募得的茶葉超過 30,391 公斤。西元 1887 年，J・L・盧登－桑德自費在利物浦博覽會上促成了錫蘭展覽，在此展示和銷售茶葉。1887 年，錫蘭種植者協會採用了拉塞福提出的設立錫蘭茶葉聯合基金的建議，這是莊園所有人和代理商之間的自願合約，從 1888 年一月一日開始，前六個月內，加入基金的莊園每採摘 453 公斤茶葉都要支付二十五錫蘭分的費用給協會。後來，茶葉聯合基金被併入新的茶葉基金（Tea Fund）當中。

對錫蘭茶葉基金的捐款在西元 1887 年到 1891 年是每 453 公斤茶葉二十五錫

著名的英國小包裝茶葉品牌

蘭分，加上 1892 年到 1894 年的每 453 公斤十錫蘭分，合計達到了 14 萬 6874 錫蘭盧比（52,875 美元）。

西元 1888 年，在茶葉基金的支持下，錫蘭茶葉在格拉斯哥（Glasgow）國際博覽會上獲得充分展示，J・L・盧登—桑德是這場展覽的專員；還有由休・麥肯錫（Hungh Mackenzie）擔任專員的墨爾本百年紀年博覽會；以及由格雷姆・H・D・埃爾芬斯通（Graeme H. D. Elphinstone）、J・L・盧登—桑德、李・巴普蒂（Lee Bapty）和 R・C・霍爾登（R. C. Haldane）監督所有安排的布魯塞爾博覽會。錫蘭政府為這些博覽會的花費，提供了兩千錫蘭盧比。

1890 年代的倫敦馬拉公車是絕佳的廣告媒體

西元 1888 年開始了一項大力推行的政策，即同意提供一定數量的茶葉，給願意在外國推動錫蘭茶葉銷售的個人和商號，讓他們在顧客之間發送。第一椿此類型的授予，是提供 1288 公斤茶葉給位於費城北十三街的錫蘭純淨茶葉及咖啡公司（Ceylon Pure Tea & Coffee）的 J・麥康比・莫瑞（J. McCombie Murray），他曾是錫蘭的咖啡和茶葉種植者。該年還有提供在紐西蘭和阿根廷發送之用的其他茶葉贈與。

在西元 1889 年的巴黎世界博覽會，以及 1889 年到 1990 年在但尼丁市（Dunedin）舉辦的紐西蘭暨南海博覽會中，錫蘭茶葉都獲得充分的展示。J・L・盧登—桑德、詹姆斯・惠特爾（James Whittall）和 W・馬丁・利克（W. Martin Leake）對於在巴黎世界博覽會組織建立錫蘭茶葉展覽館有濃厚的興趣，而肯尼斯・S・貝格（Kenneth S. Begg）則被委任為紐西蘭暨南海博覽會的支薪代表。

成立「錫蘭－美國茶葉公司」（Ceylon-American Tea Co.）的錫蘭種植者 R・E・波諾（R. E. Pineo），在紐約商人 S・愛爾伍達・梅（S. Elwood May）的建議下，於西元 1889 年將公司名稱改為「錫蘭種植者美國茶葉公司」（Ceylon Planters' American Tea Co.），並且由約翰・喬瑟夫・格林林頓（John Joseph Grinlinton）擔任總經理，企圖在美國推廣錫蘭茶葉，並在錫蘭種植者協會的贊助下進行貿易。

西元 1889 年間，提供茶葉免費發放的策略擴展到南愛爾蘭、俄羅斯、維也納、君士坦丁堡。裝飾精美的盒裝錫蘭茶葉，被呈獻給錫蘭的訪客法夫（Fife）公爵及公爵夫人，也因此開始了委員會向皇室成員和其他著名人士送上錫蘭茶葉禮品的策略；在後來的幾年中，這些贈禮對象包括了義大利皇后、俄羅斯的尼古拉（Nicholas）大公、德國皇帝、奧地利皇帝。

一幅讓人印象深刻的法國海報設計

西元 1890 年展開了重要的俄羅斯宣傳活動，這個活動有許多年都是由史蒂文森父子公司（Stevenson & Sons.）的瑞士籍成員摩里斯·羅吉夫（Maurice Rogivue）經營管理的。

西元 1890 年，茶葉基金委員會為塔斯馬尼亞（Tasmain）、瑞典、德國、加拿大和俄羅斯的商號，提供茶葉和經費，經費部分達到廣告費用的三分之一。

1891 年，委員會運用 15,150 錫蘭盧比來建造遊客碼頭附近的錫蘭茶葉售貨亭，目的是向來到可倫坡（Colombo）的遊客出售小包裝的茶葉和杯裝茶。不過，委員會立刻發現自己無法進行交易，因此，隔年將售貨亭交給錫蘭茶葉公司（Ceylon Tea），並在種植者協會贊助下營運的方式，解決了這個困境。

到了西元 1894 年年底，茶葉基金委員會繼續花錢補助摩里斯·羅吉夫的俄羅斯宣傳活動，以及提供茶葉給澳洲、馬來西亞霹靂州、匈牙利、羅馬尼亞、塞爾維亞、加州、英屬哥倫比亞等地，免費發送及廣告宣傳上。此外，還有二千三百錫蘭盧比用在倫敦帝國學院的錫蘭茶銷售準備上。

政府承諾捐款五萬錫蘭盧比，讓錫蘭得以為西元 1893 年在芝加哥舉行的世

一些知名的歐洲大陸之小包裝茶葉品牌

現代法國風格的茶葉海報
以紅、黃和藍色製作，這是最引人注目的廣告。

界博覽會做準備。1892 年一月，後來成為爵士的約翰・喬瑟夫・格林林頓被任命為錫蘭茶推廣專員並造訪芝加哥。錫蘭種植者協會通過一項由 H・K・拉塞福提出的，對茶葉徵收出口稅的建議；收入的款項將用於支付芝加哥的一座錫蘭庭園上。

結果，西元 1892 年十月，第十五號條例由立法會議通過，並從 1893 年一月一日起，開始實施每 45 公斤茶葉徵收十錫蘭分的初始出口稅率。

後來，在助理專員波－弗萊徹（Pole-Fletcher）的指示下，建造了美麗的錫蘭庭園，總共有六百萬人造訪，而且賣出了 459 萬 6490 杯茶和 106 萬 1623

包茶葉。錫蘭在博覽會的支出總計達 31 萬 9964.64 錫蘭盧比（11 萬 5187 美元）。

約翰・喬瑟夫・格林林頓在芝加哥斯戴街（State St.）十二號開設了「芝加哥茶葉商店」（The Chicago Tea Store），並在商店裡囤積了 11,793 公斤的茶葉存貨，但後來這項商業冒險失敗了。這位錫蘭茶推廣專員由於超過四十六年以來對克里米亞政府及錫蘭政府功績卓著的服務，在西元 1894 年被授予騎士爵位，後來於 1912 年去世。

在商會和種植者協會的建議下，第四號條例在西元 1894 年八月通過，從 1894 年十一月一日開始，繼續以調高後

現代英國風格的茶葉海報

用於展示廣告牌或明信片的四色設計
月亮是黃色的；天空是藍色；海是綠色；茶樹是深紅色；山和象是灰色的。

的每 45 公斤二十錫蘭分的稅率徵收茶葉
捐。由於預期出口關稅將繼續徵收，便
由六位商會成員、二十四位協會成員，
總計三十名組成委員會，而在年底時，
委員會在兩年內溢收了 57,277.37 錫蘭盧
比，超過芝加哥博覽會所需要的總額。

加上過去由茶葉基金委員會收取
的款項、政府的捐助、芝加哥博覽會的
花費，還有銀行利息，錫蘭在為時超過
二十年期間（西元 1888 年到 1908 年），
於茶葉廣告上的花費大約是 530 萬 7740
錫蘭盧比，也就是 191 萬 786 美元。

對三十人委員會來說，從西元 1894
年到 1908 年，主要的支出項目是由特

中國平底帆船海報，維也納

現代美國風格的茶葉海報

派專員在美國進行的廣告活動，以及如約翰・喬瑟夫・格林林頓所建議的，由一些茶葉進口商提供資助，還有在錫蘭茶推廣專員監督下，於俄羅斯以外的歐洲大陸上進行廣告宣傳活動。對摩里斯・羅吉夫在俄羅斯的努力工作之支援仍在持續，他在 1895 年到 1896 年收到一千五百英鎊，財物支援總額達到二千八百三十英鎊。他發送了五百萬包茶葉、刊登了許多報紙廣告、發行小冊

子，並且致力於下諾夫哥羅德交易會（Nijni Novgorod Fairs）的展示工作。

西元 1896 年間，泰特萊公司（Tetley）收到兩百英鎊，以用來在日內瓦博覽會上建造一個宣傳錫蘭茶葉的小木屋，並且在挪威、比利時、荷蘭提供免費發放的茶葉。1897 年，摩里斯・羅吉夫的業務轉變為一家名為「羅吉夫」的公司。羅吉夫與約翰・繆爾（John Muir）通力合作，並以舊公司的資本和商譽，取得新公司價值兩萬英鎊的股份。

對於摩里斯・羅吉夫的支援到此時基本上已經停止，改為採取協助出口商號的策略。

克羅斯菲爾德與蘭帕德公司（Crosfield & Lampard）因為在俄羅斯推廣錫蘭茶葉而獲得一千英鎊，而庫伯暨

美國街道列車和地下鐵卡片廣告的範例

西元 1904 年在聖路易的印度－錫蘭茶推廣專員、博覽會執行者、茶葉職人

庫伯公司（Cooper, Cooper Ltd.）則取得一系列補助金。

錫蘭茶葉種植者先驅威廉・麥肯錫（William Mackenzie）被任命為美國專員，並於西元 1895 年二月赴美，他在初步調查訪問之後回國，同時像波－弗萊徹在前一年提過的，建議錫蘭應該用綠茶來奪取美國市場。在美國，咖啡的人均消費量是 4 公斤，茶葉的人均消費量大約為 453 公克；而所飲用的茶有九成是綠茶。這導致了發放獎金以獎勵錫蘭綠茶出口的政策，獎金的發放始於 1898 年，一開始的比例是每 453 公克十錫蘭分，但在 1902 年縮減為每 453 公克一・五錫蘭分，最後在 1904 年停止發放，當時的比例則是每 453 公克三錫蘭分；六年內，有 99 萬 3051 錫蘭盧比（35 萬 7498.36 美元）獎金被支付給 1118 萬 2490 公斤出口的綠茶。

威廉・麥肯錫的美國專員任期延長超過十一年，一直到 1905 年年底退休為止，後來他於 1916 年去世。在麥肯錫任期內，花費了 141 萬 5185 錫蘭盧比（50 萬 9466 美元）在宣傳活動、報紙廣告、提供販售錫蘭茶葉的雜貨商名稱、發行小冊子、進行展示活動，以及補助那些為錫蘭茶葉廣告宣傳的商號。

西元 1888 年，H・K・拉塞福建議錫蘭與印度在一場美國的廣告宣傳活動中合作，同時，印度茶葉協會的約翰・繆爾於 1894 年提出在美國任命一位聯合常駐代理人的建議。這項提案未能實現，而 R・布萊辛登（R. Blechynden）繼續前往美國推動印度茶葉的銷售。不過，

威廉‧麥肯錫的指令書給了他和印度合作的空間，只要他認為這樣的合作對錫蘭茶葉是有利的即可，而在 1896 年二月，他寫下信件，大意是他正在與布萊辛登合作，同時在這一年，一則聯合廣告出現在二十八份不同的雜誌期刊上。

西元 1904 年，由史坦利‧波伊斯（Stanley Bois）擔任專員的聖路易世界博覽會結束後，錫蘭與印度聯合行動的議題更加具體成形，其中一個原因是自 1903 年四月一日起，印度推出了每 45 公斤茶葉二十錫蘭分的強制茶葉捐。1905 年三月，相關單位任命了一個委員會執行這項聯合方案，當時在倫敦受雇於印度茶葉協會的布萊辛登，獲得了為期三年的聖路易地區聯合專員一職。聯合宣傳活動以報紙廣告、提供櫥窗展示卡片、消費者明信片廣告，還有樣品的發送為重點。錫蘭在聯合宣傳方案中的花費是 175,500 錫蘭盧比。

一位錫蘭的茶農華特‧艾倫‧寇特尼（Walter Allan Courtney，簡稱華特‧寇特尼）繼威廉‧麥肯錫之後，成為美國的錫蘭茶推廣專員，不過他的任期只從西元 1906 年一月延長到 1908 年三月一日。然而，他在任內極其成功，進行了大量聰明的宣傳活動。他停止補貼為錫蘭茶做廣告的公司，而且發現其他公司都在類似待遇下開始從事宣傳工作。他聘請紐約的 T‧P‧威爾斯（T. P. Welsh）為助手，以確保重要錫蘭茶葉公司的利益；此外，他還聘請了一位原來的錫蘭茶葉專家 L‧貝林（L. Beling），為茶葉調和提供建議；以及一位造訪各

機構並介紹錫蘭茶葉的旅行者。貝林在 1893 年以約翰‧喬瑟夫‧格林林頓先生之秘書的身分來到美國，爾後則致力於自己的茶葉事業。《茶與咖啡貿易期刊》（*The Tea and Coffee Trade Journal*）的編輯威廉‧H‧烏克斯（William H. Ukers）擔任委員會顧問的角色。

委員會持續在歐洲進行廣告宣傳。咖啡種植者先驅暨鮑桑葵公司（Bosanquet）代理人 J‧H‧連頓（J. H. Renton）被任命為西元 1900 年的巴黎博覽會代表，並且繼續擔任駐歐洲永久專員，R‧V‧韋伯斯特（R. V. Webster）則是連頓在巴黎的助理。連頓的工作與媒體廣告、安排餐廳使用錫蘭茶葉有關，並且用廣告經費的三分之一為公司提供補助。連頓擔任支薪專員達十一年之久，不過他在 1911 年之後又停留在歐洲數年，為結束廣告活動事務進行收尾，並繼續發放小額補助。他於 1920 年過世。

西元 1906 年，茶葉捐制度瓦解。由於反對聲浪相當大，且大多數來自倫敦，因此，1906 年九月，三十人委員會建議，從 1907 年一月一日起，將茶葉捐削減為每 45 公斤二十錫蘭分，且宣傳活動工作開始收尾。在美國的華特‧寇特尼將監督貿易期刊廣告的職責交給了紐約《論壇報》（*Tribune*）的 R‧韋恩‧威爾森（R. Wayne Wilson）上校，貿易期刊的廣告宣傳一直持續到 1909 年底。

華特‧寇特尼於西元 1873 年一月七日生於蘇格蘭阿蘭橋（Bridge of Allan），在新罕布夏州康科德的聖保羅學校，以及新斯科細亞省溫莎的

在沃納梅克（Wanamaker）的費城商店中的錫蘭茶 Totam，西元 1907 年
這項展示的特點是「可仰面傾斜」的 S.Y.P. 茶壺在美國的首次使用。

國王學院接受教育。他在 1899 年以「creeper」（註，意譯為爬行者）的身分前往錫蘭，後來在擔任博加萬塔拉瓦鎮（Bogawantalawa）的艾爾托夫茲（Eltofts）莊園的主管職時，被任命為錫蘭茶葉專員。在 1907 年美國的廣告宣傳活動結束後，他在紐約以 W・A・寇特尼公司從事茶葉生意。

當公司在西元 1909 年改換為安德森暨蓋勒格公司（Anderson, Gallagher & Co.）時，華特・寇特尼退出經營，而且隨後成為美國鈔票公司（American Bank Note）的合夥人。

西元 1908 年，三十人委員會捐助三百八十八錫蘭盧比，給在大不列顛進行的一場反中國茶葉活動，因此僅剩餘兩千英鎊預留到 1909 年。

西元 1909 年，三十人委員會手中握有 28 萬 5338.74 錫蘭盧比，而這筆經費在各種支出之下逐漸減少。《錫蘭時報》的編輯 F・克羅斯比・羅爾斯（F. Crosbie Roles）是 1912 年紐約橡膠展示會的錫蘭代表，錫蘭茶葉在這場展示會中進行廣告宣傳。當世界大戰開始時，委員會手中仍握有資金，而且打算以愛國的方式花費出去，宣傳活動則是次要的利益。在一項准許此事的法令通過後，委員會將七萬五千錫蘭盧比捐獻給戰爭慈善機構，其中包括了為俄羅斯部隊採購茶葉的一萬五千錫蘭盧比。1916 年，委員會決定將資金的餘額用在採購茶葉並將之製成小包裝，接著，發送給駐紮

巴西的茶葉海報廣告宣傳
在里約熱內盧布蘭科（Rio Branco）大道上。

於可倫坡的澳洲和紐西蘭部隊，因此資金在 1919 年底用罄。

可倫坡碼頭上，第二座向遊客廣告茶葉的茶葉售貨亭，在西元 1929 年建立，並由錫蘭茶葉宣傳委員會經營管理。

為了替錫蘭茶葉的海外廣告宣傳提供資金，由錫蘭種植者協會、錫蘭莊園業主協會、錫蘭商會、可倫坡茶葉貿易商協會組成的聯合委員會，於西元 1929 年啟動了自發性稅捐計畫，並以 A・S・蘭伯特（A. S. Lampard）命名為「蘭伯特計畫」。計畫中包括了，對簽署者所擁有的每 0.4 公頃種植茶樹，收取八錫蘭分的自發性稅捐，這個計畫執行了三年。最初的保證是，將會提撥一萬美元給美國茶葉協會於 1929 年到 1930 年間進行的廣告宣傳活動，但在整個計畫存在期間，有眾多反對者對於「自發性稅捐並非由所有種植者分攤」的不公性提出抗議。這場騷動導致了錫蘭國務院在 1932 年六月二十四日通過一項法令，對所有從錫蘭出口的茶葉強制徵收「每 45 公斤不超過一百錫蘭盧比」的宣傳稅或宣傳捐，並創建「錫蘭茶葉宣傳委員會」，進行國內和海外的錫蘭茶葉廣告宣傳，此外，還規定支出預算需經過國務院的核准。

E・C・菲利爾斯（E. C. Villiers）是國務院所採取措施的倡議者和最活躍的倡導者，該法令將初始稅款定在每英擔（約 50 公斤）出口茶葉五十錫蘭分，帶來的年收入為一百二十萬錫蘭盧比（九萬英鎊）。

茶葉宣傳委員會的第一任主任委員是 G・K・史都華（G. K. Stewart），他代表錫蘭莊園業主協會。

原來的倫敦帝國商品局首席宣傳官員 G・赫胥黎（G. Huxley）被委任為首席專員。他乘船前往錫蘭，並在西元 1933 年一月與委員會進行商談，之後便宣布將在錫蘭本地，以及英國、南非、加拿大、澳洲、紐西蘭等地，展開初步廣告宣傳活動的計畫。

錫蘭茶農 F・E・B・古爾賴（F. E. B. Gourlay）被委任為加拿大的常駐專員；萊斯利・道（Leslie Dow）是南非專員；而原來在倫敦的澳洲貿易推廣部任職的 R・L・巴恩斯（R. L. Barnes）被委任為澳洲與紐西蘭的常駐專員。

至於大英帝國方面，宣傳委員會決定與印度茶葉協會合作，在西元 1933 年十二月組織成立的「帝國茶葉種植戶」的贊助下，進行一項聯合廣告宣傳活動。聯合專員包括了代表印度茶葉稅捐委員會的約翰・哈珀（John Harpur），還有代表錫蘭茶葉宣傳委員會的羅伊・威廉斯（Roy Williams）。進行活動的前提是，在前兩年中，印度茶葉稅捐委員會每年應提供一萬英鎊，而錫蘭茶葉宣傳委員會每年要提供一萬五千英鎊的支援。

G・赫胥黎在加拿大與南非展開積極的宣傳活動之前，走訪這兩個國家，並宣布要對「帝國茶葉」而非錫蘭茶葉進行廣告宣傳，而且著重強調品質。加拿大常駐專員古爾賴（Gourlay）在一次橫跨大陸的自治領之旅後，將總部建立在蒙特婁。

蒙特婁的考克菲爾德暨布朗公司

（Cockfield, Brown & Co.）被選定為自治領宣傳活動的廣告代理商，這場活動開始於西元1934年三月，利用了雜誌、報紙、農業出版品廣告，以及從英國請來的茶葉講師；也提供櫃檯、商店、櫥窗展示品給零售商，且經銷商廣告中還使用了電鍍物品與模型。據說每年大約有五萬英鎊將分配給加拿大的宣傳活動。

南非廣告宣傳活動的總部於西元1933年在開普敦設立，同時萊斯利・道在經過初步調查後，開始進行報紙廣告的宣傳。南非的大部分人口，都是比較喜歡飲用咖啡的本地人。錫蘭茶葉已經占有南非茶葉進口量的絕大部分，因此委員會覺得，不採取行動來維持並提高這個地位，是件愚蠢的事。

一些著名的美國之小包裝茶葉品牌

主要針對錫蘭當地民眾的本地廣告宣傳活動，是要教導他們如何製作和飲用茶，活動開始於西元1933年，由三輛特別配備了茶葉宣傳品及宣傳人員的機動卡車（也就是活動房車）進行。每輛活動房車都配有以塔米爾語和僧伽羅語書寫的發光招牌、發電機、對大批群眾演說時使用的無線接收器和擴音器、茶藝示範器具，還有準備給八名工作人員的附帶帆布的住房。

印度的聯合廣告宣傳活動

最早開始嘗試聯合廣告宣傳印度茶葉，是在西元1888年，約翰・E・馬斯格雷夫・哈靈頓（John E. Musgrave Harington，簡稱約翰・哈靈頓）被委任為布魯塞爾展覽會印度茶葉專員的時候。西元1860年生於普利茅斯的哈靈頓，曾經是一位爪哇咖啡種植者。他在展覽會上設置了攤位，也撰寫並分送許多關於印度茶葉的小冊子，還將它們從英文翻譯成其他四種語言。展覽會結束後，他便回到英國，並安頓下來開始進行自己的茶葉買賣。

第一場在美國廣告宣傳印度茶葉的活動，是在西元1893年的芝加哥世界博覽會上。一群熱心公益的人士募集了十五萬印度盧比的基金，這是民辦海外市場基金的開始，後來由印度茶葉協會收取款項和管理。他們設定的茶業業主捐款基準是，每0.4公頃生長中茶樹收取四安那，以及每孟德（約36公斤）所

五個國家的茶葉報紙廣告
上排包括了美國、德國和英國的宣傳實例，第二排則是英國和法國的實例。中間部分有美國、中國和英國的實例。下排是美國、英國和日本的複製品。

一些由英國、歐洲大陸和美國的包裝商所製作，讓人印象深刻的茶葉小冊子

加工的茶葉收取半安那（anna，註：一印度盧比等於十六安那）。從 1894 年到 1902 年，這項稅款的收取每年都得到了不同程度的回應，但簽署贊同的莊園業主所擁有的茶樹種植區域，都沒有超過總面積的七成。1893 年和 1903 年間所收取的全部款項是 75 萬 7378 印度盧比。基本上，這筆款項完全花費在美國。

第一筆十五萬印度盧比的資金，交由加爾各答印度茶葉協會的一個委員會管理，這個委員會還邀請印度茶葉協會（倫敦分會）一起合作。當時與加爾各答皇家植物園有聯繫的理查‧布來辛登（Richard Blechynden），被加爾各答委員會任命為芝加哥博覽會專員。布來辛登說服印度政府，在芝加哥博覽會建造了一棟適合展示並販售印度產品，以及示範茶藝的建築。布來辛登在博覽會結束後回到印度，帶著兩萬五千印度盧比的餘額，這筆款項成為民辦海外市場基金的核心。

在芝加哥的經驗讓加爾各答委員會大受鼓舞，以至於在數週內，布來辛登就受命回到美國，開始在紐約展開活動。在那個年代，生產者組織起來廣告宣傳自己的產品，是一個相當新穎的概念。在美國的貿易上，主要是期望專員在價格或商業區域方面提供優惠以換取支持。當時盛行財政補貼，但使用直接訴求的廣告卻不多。

美國的茶葉批發商不太瞭解印度茶葉，不過有從大不列顛前來的零售雜貨商，以「阿薩姆茶葉」之名瞭解到印度茶葉的價值。藉著直接接觸上述人士，

THE REGAL BEVERAGE.

Mr. President, may I offer you a cup of pure tea from Ceylon and India?

西元 1897 年印度茶葉廣告宣傳的方式
出現在西元 1897 年十月《女士之家雜誌》
（*Ladies's Home Journal*）的封底廣告。

以及透過示範展示、講座、設置茶館及
類似的方法接觸消費者，印度茶葉最終
得以在美國建立立足點。在此同時，印
度茶葉發貨商也已經建立了美國經銷處，
開始直接進行零售貿易。

　　西元 1894 年，芬利暨繆爾公司
（Finlay, Muir & Co.）的約翰・繆爾
（John Muir）爵士，從加爾各答抵達可
倫坡，力主錫蘭和印度種植者組成聯合
體，來推動茶葉在美國的銷售。加爾各
答的印度茶葉協會贊同這個想法，而這
個點子在錫蘭也受到歡迎。

　　西元 1896 年，威廉・麥肯錫以錫蘭

茶推廣專員的身分抵達美國，發現負責
印度茶葉宣傳活動的是理查・布來辛登。
一直到 1899 年的三年間，聯合宣傳活動
都是在麥肯錫和布來辛登管理下進行。

　　與此同時，印度民辦海外市場基金
獲得的支持越來越少，而大約始於西元
1897 年的支持政府稅捐運動則持續進
行。1899 年，印度撤回了在美國的所有
宣傳活動，只有少數由錫蘭資金捐助的
部分，還維持了一些刊登在報紙上的印
度茶葉和錫蘭茶葉廣告。布來辛登被錫
蘭的惠特爾公司（Whittall）聘僱為北美
代理人。麥肯錫繼續擔任錫蘭茶推廣專
員，而且從 1899 年到 1904 年這段期間，
印度和錫蘭兩個國家在美國的茶葉相關
活動，都是由他掌控。

　　印度國內的意見逐漸往贊成由法律
強制收稅的方向。西元 1902 年，加爾
各答印度茶葉協會的總務委員會，向總
督提出一份備忘錄，請求對所有茶葉強
制徵收稅率為每 453 公克四分之一派薩
（0.0019 美元）的茶葉捐。這份備忘錄
由三百六十六位茶業業主或公司親自或
派代表簽署，包含了 16 萬 8740 公頃的

LE THE "SALADA" EST DELICIEUX. ALPH. DADUST

在加拿大使用經銷商櫥窗宣傳小包裝茶葉

美國告示牌茶葉宣傳樣本

茶樹種植土地，超過當時印度所有用於茶樹種植區域的八成。這份備忘錄順利地被寇松閣下（Lord Curzon）接受。然而，由於寇松閣下對勸說印度人民喝茶的可能性一事持有強烈的看法，便將備忘錄的措辭從「在除了大英帝國以外的其他國家推動印度茶葉的銷售，並增加印度茶葉的消費」，改為「在印度及其他地區推廣印度所生產之茶葉的銷售，並使印度所生產之茶葉的消費增加」。

為了建立按建議稅率徵收稅捐的法律依據，當時是商業會員的蒙塔格·特納（Montague Turner）爵士於西元 1903 年一月三十日，在皇家立法會中提出一項法案。在法案通過之前，印度茶葉協會的總務委員會已經應政府的提議，制定出管理這筆資金的方案，規定要籌組由代表茶樹種植者和一般商業群體的二十一名成員所組成的管理委員會。如

今，茶樹種植者的代表是由以下協會所提名的：加爾各答印度茶葉協會（七名）；印度茶葉協會阿薩姆分會（兩名）；印度茶葉協會蘇爾馬（Surma）分會（兩名）；大吉嶺種植者協會及特萊（Terai）種植者協會共同提名（一名）；杜阿爾斯（Dooars）種植者協會

澳洲一份講述如何正確泡茶的摺頁

印度茶葉局為美國製作的典型雜誌廣告稿

（一名）；賈爾派古里（Jalpaiguri）印度茶樹種植者協會（兩名）；坎格拉（Kangra）河谷種植者協會（一名）；還有南印度聯合種植者協會（一名）。一般商業群體代表有四名；三名是由孟加拉商會提名，另一位則是由馬德拉斯（Madras）商會提名。

西元 1903 年，被稱為「印度茶葉捐法案」的九號法案，在三月三十日由總督於立法會中通過，並於四月一日開始實施，預計將施行五年。到了 1908 年，五年的執行期限終了時，稅捐徵收應延長五年的提議獲得同意。類似的法案在 1913 年、1918 年、1923 年、1928 年、1933 年皆曾實施。

從西元 1903 年直到 1921 年，這項稅捐是以每 453 公克出口的茶葉收四分之一派薩（大約一美分的二十分之一，

或四分之一便士的十二分之一）的超低稅率進行徵收。1903 年年初，立法機關應稅捐委員會之請，通過一項法案的修訂，使稅捐能以每 45 公斤八安那，也就是大約每 453 公克出口茶葉一派薩（約五分之一美分，或一便士的十二分之一）的最高稅率進行徵收。不過，當時並未按最高稅率開徵，因為每 45 公斤四安那（約每 453 公克半派薩）的稅率被認為已經足夠。

從西元 1921 年五月一日一直到 1923 年四月二十日，茶葉捐都是以這個稅率進行徵收。之後，稅率在稅捐委員會的要求下，調升為每 45 公斤六安那，目的是為了讓委員會能夠在美國進行廣告宣傳活動。每 45 公斤六安那的稅率一直維持到 1933 年九月，接著稅率被調升成八安那。

茶葉捐是由海關署收取，再由海關署轉讓給委員會。

同時在西元 1900 年，倫敦的印度茶葉協會召喚約翰·哈靈頓前往歐洲大陸，對提升印度茶葉銷售的前景提出報告。1905 年，哈靈頓被加爾各答茶葉協會選為第一任歐洲常駐茶葉專員，他也在安特衛普開設了辦事處。1906 年，他前往漢諾瓦（Hanover），後來走訪德國

印度茶葉局為美國製作的典型報紙廣告稿

印度茶葉局製作，結合熱茶和冰茶的海報

全境。他開設茶館、送出樣品、在百貨公司和博覽會的茶藝演示中提供茶湯，還發送小冊子，但這項工作因世界大戰而終止。戰爭期間的宣傳活動包括了提供茶葉贈品給難民、部隊、同盟軍隊，1914 年到 1918 年間，以這種方式花費了大約一萬四千英鎊。

印度茶葉在歐洲大陸的宣傳沒有更進一步的動作，直到 1922 年至 1923 年間，有一萬英鎊的經費提供給在法國的宣傳工作，這項工作一直持續到 1927 年三月一日。1923 年到 1927 年，分配給這項工作的經費總額為六萬七千英鎊。

在倫敦及加爾各答從事茶葉生意，同時已經在管理提高印度茶葉消費之廣告活動六年的哈羅德・W・紐比（Harold W. Newby，簡稱哈羅德・紐比）被選為茶葉稅捐委員會的首席專員，負責展開法國的廣告活動，後來他在 1924 年退休，從事茶葉股票經紀業務。H・W・泰勒（H. W. Taylor）曾經在紐比的手下工作，承接了法國宣傳活動業務，直到 1927 年三月一日宣傳活動結束為止。

在法國進行的宣傳活動主要是茶藝演示，專員要求製作一個字樣為「Ce Melange Contient du Thé des Indes」（意思是「這款綜合茶含有印度茶葉」）的官方印章，並添加印度茶葉稅捐委員會的「Administration pour la France」標誌。這個官方印記會提供給使用印度茶葉的包裝商，而且這些調和茶是經過專員測試並認可的。法國的宣傳活動遭到終止的原因是「那個國家為茶葉制定的高價，成為較貧窮階層購買此項商品的障礙，最多只能少量購買，同時，更多支出也被認為沒有任何用處」。

法國的宣傳活動結束時，有一萬英鎊被提供給考察德國茶業市場之用。約翰・哈靈頓再次被召來，並走訪整個德國，審查在德國重啟宣傳工作的可取性。他回國時提交了一份報告給茶葉稅捐委員會，但委員會一直到 1928 年才有所行動，決定每年花費一萬英鎊耕耘歐洲大陸市場，為期兩年，其中特別提到德國。

同樣的資金被表決通過要供第三年使用。一開始，有人提議透過一家倫敦茶葉進口商號，以大眾化的價格推出幾個純粹的印度茶葉品牌，但這個提議隨

後被修改，採用的計畫變成：對於在德國茶葉貿易中，同意提供廣告援助和鼓勵措施，給予推出百分之百印度茶葉品牌的商號。

印度茶葉在大英帝國的宣傳活動，在赫伯特・康普頓（Herbert Compton）的監督下於西元 1904 年到 1905 年間展開，後來在史都華・R・寇普（Stuart R. Cope）的管理下繼續進行。1904 年到 1907 年間支出的經費（四千英鎊），主要用來幫助支持反茶稅聯盟。反茶稅聯盟組成的目標，是確保沉重的英國進口關稅能獲得削減，聯盟積極的努力在很大程度上促成了每 453 公克茶葉減稅二便士。

在短暫的中斷後，印度茶葉宣傳活動於西元 1908 年在 A・E・杜欣（A. E. Duchesne）監督下，於大英帝國重新開始，一直到活動於 1918 年結束為止，這段期間都是由杜欣負責管理。廣告活動一開始的目標是要對抗當時正在進行的中國茶葉宣傳活動。這十年期間，支出金錢總額達到 39,750 英鎊（19 萬 3000 美元）。此外，在 1923 年到 1925 年間，也於溫布利（Wembley）舉行的大英帝國展覽會花費了四千英鎊。

到了西元 1931 年，外國茶葉在倫敦的銷售量達到讓人擔心的比例——九年內增加近三倍——促使印度茶葉協會（倫敦分會）、倫敦的錫蘭協會、倫敦的南印度協會發起一項運動，推出 1931 年到 1933 年的「購買英國貨」茶葉宣傳活動，還有英國茶葉優惠關稅的重新徵收。印度茶葉稅捐委員會藉由派遣當時的印度茶葉專員約翰・哈珀擔任大英帝國茶葉專員，以及每年撥款一萬英鎊支持這項宣傳活動的方式進行合作。稅捐委員會還保證，如果立法會通過徵收宣傳捐，錫蘭將會在法案通過時捐款。

最後組織起來在宣傳活動中合作的團體有：印度茶葉稅捐委員會、印度茶葉協會（倫敦分會）、倫敦的錫蘭協會、倫敦的南印度協會、帝國商品局、印度貿易專員、H・M・東非屬地首席專員，以及大部分重要的英國茶葉調和及包裝公司。

在「購買英國貨」茶葉宣傳活動中所使用的方法，包括了遊說者的工作、發放展示材料、報紙廣告、海報、茶葉傳單、授課演講、廣播。

當宣傳活動開始時，沒有一家大英帝國的企業專精於帝國茶葉的銷售，也沒有任何顧客打聽茶葉。但在西元 1933 年宣傳活動結束時，約翰・哈珀回報大約有五萬名英國雜貨商和茶葉經銷商進行展示，而且家庭主婦詢問茶葉是普遍的現象。宣傳活動開始時，幾乎沒有批發商推出特殊包裝的印度茶葉，到了兩年的宣傳活動結束時，有近七百種印度茶在市場上銷售。此外，大約一千五百個自治市採行了「在為公有事業的茶葉招標做廣告時，必須明確說明是帝國產品」的規定。

西元 1933 年十二月，帝國生產茶葉的宣傳活動，以「帝國茶葉種植者」之名重新組織；1935 年改名為「帝國茶葉市場拓展委員會」。

西元 1934 年，「帝國茶葉種植者」

在英倫群島展開一場新的帝國茶葉聯合廣告宣傳活動，所宣稱的主要目標是維持茶葉在英倫群島的消費，還有勸導消費更好的茶葉。這場活動與之前「購買英國貨」宣傳活動的顯著區別，在於排除了對於帝國茶葉和外國茶葉間的差別待遇。

倫敦新聞交流公司（London Press Exchange）和查爾斯・貝克父子公司（Messer. Charles Baker & Sons），被委任為宣傳活動的聯合廣告代理商，同時在廣告宣傳於西元 1934 年九月到十月間實際開始前，進行一次綜合市場調查。

這項調查使得三句標語被採用為廣告宣傳的基調：（一）「你需要的是一杯好茶」；（二）「上午十一點的茶」；以及（三）「茶是安全的提神飲料。」此外，一個名為「茶壺先生」（Mr. T. Pott）的吸睛人物，成為所有廣告和活動標語的紐帶。

印度茶葉稅捐委員會在西元 1934 年提撥一萬英鎊款項，給予在大英帝國進行的帝國茶葉宣傳活動，此外還撥款一千英鎊，用於支付在倫敦奧林匹亞的理想家園展覽會（Ideal Home Exhibition）上，舉辦一場吸引人的展覽之費用，以慶祝茶葉文化傳入英屬印度的百年紀念。

印度茶葉在美國的宣傳，原本只有少數使用錫蘭資金捐獻款項的工作，而且已在西元 1899 年終止，後來在 1903 年印度茶葉捐被採行之後，理查・布來辛登再次被稅捐委員會任命為專員，以籌備 1904 年在聖路易舉辦的世界博覽會，並為之後在美國中西部進行的定期計畫做準備。威廉・麥肯錫因健康狀況惡化而退休，為印度和錫蘭的聯合宣傳活動劃下句點。在聖路易博覽會上，每個國家都有個別的建築，而印度仿效十年前在芝加哥採用的方法，使用許多印度展覽品，還有印度侍者提供茶湯。同時，在聖路易地區也與批發茶葉貿易進行合作。

後一項工作在博覽會結束後持續進行，運用了報紙廣告、樣品、附有圖畫的明信片和展示卡。一名茶葉推銷員每天會跟著批發商店的不同推銷員外出，推廣印度茶葉。理查・布來辛登延續這種做法，直到戰爭使得宣傳活動結束為止，最後一筆撥款是供西元 1917 年到 1918 年使用的五千英鎊。

西元 1911 年到 1912 年間，稅捐委員會為了「布來辛登先生提出的，在南美洲展開印度茶宣傳活動之前景的報告」，提撥總計一千英鎊的經費。理查・布來辛登走訪南美洲的數個國家，也對此提出報告，但並未獲得進行宣傳活動的經費。

西元 1922 年到 1923 年間，稅捐委員會再次將目光朝向美國，通過了一千英鎊經費，供調查進行宣傳活動的可行性之用。當時負責延續法國宣傳工作的哈羅德・紐比在 1923 年二月前往美國，周遊東部和中西部的主要城市，並在四月份回到英國，並提出「在美國進行印度茶葉宣傳活動，最好的方式是報紙廣告」的建議。稅捐委員會為了這個目的，在 1923 年到 1924 年通過撥款兩萬英

鎊，並將這項工作委任給倫敦的廣告代理商查爾斯・F・海厄姆公司（Charles F. Higham，簡稱海厄姆公司）。1924 年，撥款金額加倍。查爾斯・海厄姆因這項宣傳活動而多次造訪美國，其中一次是與印度茶葉協會（倫敦分會）主席傑拉德・金斯利（Gerald Kingsley）同行。威廉・H・蘭金公司（Wm. H. Rankin）為海厄姆公司在美國處理公關工作兩年，之後的業務則是由海厄姆公司直接進行。稅捐委員會提撥了四萬英鎊供 1925 年到 1926 年使用，在 1926 年到 1927 年也提撥了相同金額的經費，並為了在費城一百五十週年紀念博覽會上進行茶葉展示，額外提撥了一萬零五百英鎊。

　　這場運動為查爾斯・海厄姆爵士帶來了驚人的公關宣傳效果，他製作出有效的報紙「文案」，而且有許多是為印度茶葉所做的。這些報紙在較大的城市中是循環使用的；舉辦了主題為「為何我喜愛印度茶」的作文比賽，第一名由紐約廣告推銷員卡爾頓・蕭特（Carlton Short）贏得；同時，任職於威廉・H・蘭金公司的海克特・富勒（Hector Fuller），以茶為主題進行廣播談話。活動接近尾聲時，包裝商的品牌名被當作文案的一部分一同印行，鼓勵消費者「使用印度茶葉或內含印度茶葉的品牌」。

　　一百五十週年紀念博覽會的展示，是由科爾曼・古德曼（Coleman Coodman）負責。展示場地就在印度展覽館中，進行的工作包括供應免費茶湯，還有販售以茶、果汁及薑汁啤酒調製成的印度茶「高球雞尾酒」，此外，也販

印度茶葉局所設計的茶葉包裝

賣以茶和果汁調製的茶「雞尾酒」，還有展示許多美國的小包裝茶葉。

　　西元 1927 年三月，在一場稅捐委員會舉行的會議中，通過了三萬五千英鎊的撥款，供 1927 年到 1928 年的美國宣傳活動使用。四月時，印度茶葉協會（倫敦分會）副主席諾曼・麥克勞（Norman McLcod）少校抵達美國，對宣傳活動進行審查，邀請了好幾個城市的貿易商。當他在五月返回英國時，提出了以下建議：（一）繼續進行報紙廣告，但要進行修改、增強及精簡；（二）在有限範圍內的雜誌上做廣告；（三）採用官方標誌來區分所有的印度茶葉廣告；（四）設立貿易局，或是任命在印度茶葉方面具有良好技術知識的貿易主管，來與廣告代理人合作；（五）聘請可靠的財政代理人或財務主管，來處理資金並總體照看整個宣傳活動。

　　西元 1928 年一月七日，查爾斯・海厄姆爵士從英國傳送了第一則用電話傳送方式跨越大西洋傳遞的廣告，那是為了印度茶所做的廣告。

　　茶葉稅捐委員會基於麥克勞少校的報告，於西元 1927 年十二月委派李奧

波德·貝林（Leopold Beling）擔任美國的茶葉專員，還有李奧納德·M·荷登（Leonard M. Holden）擔任財務主管，也就是財政代理人。貝林於錫蘭出生，在 1893 年首次前往美國，當時他參與了錫蘭在芝加哥世界博覽會的展示。貝林與錫蘭茶葉的官方連結，在最後一任錫蘭茶推廣專員華特·寇特尼於 1906 年請他出任茶葉專家時再次恢復。此外，貝林也曾與紐約數家茶葉商號有所聯繫。荷登多年來擔任加爾各答的麥克勞公司（McLeod）之美國分公司的經理，後來則是擔任數家美國加工商的出口代表。

李奧波德·貝林和李奧納德·M·荷登以印度茶葉局之名，在紐約開設辦事處，將西元 1928 年到 1929 年的四萬英鎊經費，花費在以包裝標記方式確保經銷商合作之計畫的第一階段發展上。從 1929 年到 1934 年，除了 1932 年提撥的經費是四萬四千英鎊之外，每年為美國活動提撥的經費為五萬英鎊。

西元 1929 年，由美國茶葉協會贊助的公關宣傳事業，獲得了一筆八千美元的特別捐款。紐約代理商巴利斯與佩爾特公司（Paris & Peart）準備了廣告文案，並將其投入業務中使用。

西元 1928 年，報紙和雜誌的文案重點，放在獲得授予印度地圖剪影標誌、產品中至少包含五成印度茶葉的品牌包裝商上，會特別介紹可取得的品牌名稱。一項免費下午茶的計畫開始進行實驗，茶葉局藉由在辦公大樓內的藥店或汽水供應器提供免費茶湯，鼓勵辦公室內的下午茶習慣，希望在供應幾次免費茶

烹飪學校為印度茶葉所做的安排

湯後，接受者會願意為此付費。隨後在 1928 年到 1929 年，在刊登印度茶葉廣告的報紙之贊助下，於烹飪學校中進行茶藝示範。

西元 1929 年四月，使用印度標誌的茶葉包裝商，受邀成為印度茶葉局在紐約舉辦之會議的座上賓，著名的茶業職人在這場會議中發表有趣的演說。大約在此時，茶葉局展開一項反對將「橙黃白毫」一詞視為茶葉品質同義詞的報紙宣傳活動。此外，茶葉局還開始印行《印度茶葉小竅門》，目的在於提供茶葉分銷商關於印度茶葉活動鉅細靡遺的詳細報導。

西元 1929 年到 1930 年期間，舉行了一項與汽水供應器有關的濾茶球標籤競賽。獎金會根據該商店所繳交的濾茶球數量，頒發給負責汽水供應器的店員。競賽的構想是希望在這些受歡迎的速食午餐機構，推廣茶的銷售。

西元 1930 年到 1934 年的宣傳活動，要求在全國範圍的貿易中，還有每日的

印度茶葉局的動畫「適合來杯茶」的單張劇照

報紙和雜誌上進行廣告宣傳，再加上烹飪學校的茶藝示範。每年大約有兩百萬名女性參加這些課程。廣播在有限的程度上被利用，並且加上有聲電影。其中一部是卡通動畫，名稱是《適合來杯茶》（Suited to a T），隨後這部動畫在其他城市受到大量觀眾的喜愛。

　　近年來，美國宣傳活動取得的顯著進展，就是茶葉局開始使用家庭主婦教育服務來拓展宣傳工作，讓印度茶葉的廣告宣傳得以進入公立高中的家政科學課程中。這個組織藉由提供預先準備好的教科書形式的課程，協助家政科學課

程的教師，並且發送資訊豐富、關於正確泡茶等事項的傳單，來補充課程的內容。只有真實、科學的材料會被發布，這或許解釋了這些教材擁有廣泛需求的原因。此外，茶葉局還進行廣泛的抽樣調查，藉此使教師能夠在課堂上製作和供應印度茶。透過學校計畫，茶葉局已經接觸了大約七千個美國城市中超過一萬六千名的教師。

　　在經銷商方面，茶葉局系統性地以櫥窗條幅、海報等商業援助，來為報紙廣告做補充。烹飪學校則透過寄送信件給重要的食品雜貨商，鼓吹他們儲存和展示印度茶葉，以協助這項宣傳工作。此外，貿易商在創立品牌、時髦的包裝設計，還有制定銷售計畫、櫥窗展示等的協同合作上，也受到茶葉局的協助。

　　西元 1934 年，為了確保對茶及其正確服務的更多關注，開始在飯店、茶館、餐廳之間展開促銷活動。結果讓印度茶進入五十個城市中超過一百家飯店的菜單內。這一年也開始進行一項每週在廣播上舉辦的「好茶」競賽，以教育消費者正確的泡茶方法。除此之外，一些重要的科學研究開始進行，以查明喝茶的生理效應之真相，同時有一種新的茶碳酸飲料正在逐漸完善中。

　　勸說印度的印度人喝茶的想法，可以追溯到茶葉捐開始徵收的時候。在西元 1903 年到 1915 年這段期間，稅捐委員會將少量經費用於在印度進行的實驗性行動，支出總金額不到七萬五千印度盧比。無論如何，哈羅德・紐比被選為 1915 年到 1916 年的印度專員，而且稅捐

教導印度當地人喝茶
拉合爾車站的茶攤，左邊供印度教徒使用，右邊供伊斯蘭教徒使用

委員會還提撥了總額為四千五百英鎊的經費。這筆資金在 1916 年到 1917 年增加為一萬一千英鎊。隨著二十八位代表分散在印度各地，紐比的想法是讓民眾開設販賣茶飲的茶店，再藉由電影娛樂、本地樂團、歌唱、遊戲、傳單、海報、夾板廣告牌等方法，為這些茶店吸引注意力，並在工廠、牛展、展覽會、宗教聚會的場合，舉辦茶藝展示。

隨著宣傳工作的進展，注意力轉向了煤礦場和印度軍隊；同時，開始為印度一些大型鐵路系統的三等艙乘客供應茶湯；茶店也演變成自助式；另外，增加了留聲機和方言唱片的使用，其中包括一段針對「喝茶的好處」的演講，以及一首〈熱茶之歌〉。

稅捐委員會通過了西元 1917 年到 1918 年撥款兩萬二千英鎊在印度使用，1918 年到 1919 年則撥款 23,333 英鎊。約翰‧哈珀被任命為哈羅德‧紐比的首席助理。他們免費發放以小信封袋裝的茶葉，信封上印有「將內容物全部倒進陶製茶壺中，並加入可泡製六杯茶份量的水。靜置八分鐘後倒出；按口味添加牛奶和糖。」的說明。銅板商店於 1918 年開張，而且被證實是最成功的。每一小包茶葉的售價是一派薩（半美分）。從那時開始，宣傳活動的關注點大多集中在商店街、鐵路、學校、工廠，還有其他大型聚會場所的茶藝展示上。

西元 1919 年到 1920 年，稅捐委員會為印度宣傳工作，增加撥款到 30,000

英鎊，1921 年到 1922 年是例外，提撥經費減少到 26,666 英鎊，一直到 1925 年至 1926 年，撥款都維持在 30,000 英鎊。1926 年到 1927 年的撥款是 33,750 英鎊；1927 年到 1928 年是 37,500 英鎊；而在 1928 年到 1929 年則是 39,375 英鎊。1929 年到 1930 年，撥款增加到 50,625 英鎊，而在 1930 年到 1931 年，經費中還包括了給緬甸的特別撥款，總額是 58,125 英鎊。1931 年到 1932 年的經費減少到 54,375 英鎊；1932 年到 1933 年的經費是 45,000 英鎊；1933 年到 1934 年也是 45,000 英鎊；而 1934 年到 1935 年則是 56,250 英鎊。

西元 1922 年，哈羅德‧紐比接手在法國的工作，而約翰‧哈珀被委任為印度的稅捐專員，他在這個工作崗位上一直待到惡劣的健康狀況迫使他於 1930 年退休為止。哈珀估計印度茶葉的年消費量超過 3084 萬公斤，從宣傳活動開始以來增加了超過 2268 萬公斤。

E‧W‧克里斯蒂（E. W. Christie）於西元 1931 年被任命為印度行動專員，同時在那一年，宣傳工作進入了新階段。不僅之前的茶店和鐵路工作繼續進行，還派出搭配了展示人員的茶葉稅捐卡車車隊，前往以前對茶葉一無所知的偏遠城鎮和村莊，灌輸並教育喝茶的習慣。展示人員會為村民端上一杯好茶，並講解茶的優點和價值。留聲機被用來幫助聚集群眾，晚上則有描述茶葉工業所有階段的幻燈片介紹。適當容量的小包茶葉會以低價供應。克里斯蒂於西元 1933 年辭職。

為了確保獲得的結果與支出的總金額一致，印度的宣傳工作正在改組當中，W‧H‧麥爾斯（W. H. Miles）在西元 1933 年底被任命為印度行動專員。

重新開始的活動中，有一部分包括了在麻紡廠為工人供應茶湯、北印度及南印度的茶藝展示、流動電影院、茶飲店、供應茶葉給鐵路系統、蔗糖工廠等等宣傳活動。

爪哇茶葉的宣傳活動

最早為爪哇茶葉創造新市場的聯合嘗試，是在西元 1909 年，當時有二千三百箱茶葉被運往澳洲，這批托運貨物被賣給負責管理公開拍賣與非公開招標的茶葉專家 H‧蘭姆（H. Lambe）。

西元 1917 年，在美國進行了類似的廣告宣傳爪哇茶葉的嘗試，負責管理的是承接蘭姆先生在巴達維亞（Batavia）茶葉專家局之茶葉專家職務的 H‧J‧艾德華斯（H. J. Edwards），巴達維亞茶葉專家局組織並資助了澳洲與美國的企業。資助美國企業的支出是一萬六千荷蘭盾（六千四百美元）。艾德華斯帶來的一萬箱茶葉，透過厄文－哈里遜與克羅斯菲爾德公司（Irwin-Harrisons and Crosfield）進行配銷。

西元 1921 年，艾德華斯再次造訪美國，進一步調查爪哇茶葉在當地的市場，這次調查讓茶葉專家局花費了一萬一千荷蘭盾（四千四百美元）。在 1923 年和

1930 年間，茶葉專家局在商業媒體上廣告宣傳爪哇茶葉的優點，並且在 1929 年為了美國茶葉協會的聯合茶葉宣傳活動捐出四千美元。

為了在本地及海外廣告宣傳爪哇茶葉和蘇門答臘茶葉，西元 1912 年成立了一個大部分由茶葉專家局成員自發捐款的茶葉宣傳活動基金。專家局成員每年捐出五箱宣傳用茶葉，在爪哇本地族群當中發送，近年來，已經有 22,680 到 68,039 公斤茶葉以這種方式發送出去。

西元 1931 年到 1932 年，為了教導村民如何製作和供應茶湯，採購了一隊塗裝華麗的卡車車隊，並且在這些車輛裝上專門的設備。他們使用留聲機和擴音器吸引群眾，人群聚集後，宣傳人員便展示泡製茶湯的過程，再免費贈送一杯正確泡製的茶湯和糖給聽眾，還會提供低價購買茶葉的機會。

早期荷蘭的小包裝茶葉廣告

最初，茶葉是贈送給當地人的，但因為不受歡迎，便停止了這種做法，現在所有宣傳活動的茶葉不是在茶藝展示中用掉，就是直接賣掉。

茶葉專家局希望將荷屬東印度群島的茶葉消費量，提高到大約 1814 萬公斤，並且表示有信心透過以專家局的宣傳活動逐漸增加消費量，達成這個目標。

從西元 1921 年開始，荷屬東印度茶文化協會（Vereeniging voor de Theecultuur in Nederlandsch Indie） 的宣傳局便為茶葉進行了一場頗具成效

為了讓整個歐洲瞭解爪哇茶葉故事而設計的宣傳小冊子

的宣傳活動，A・E・雷因斯特（A. E. Reynst）在 1922 年下半年成為宣傳局局長。相關宣傳活動包括了報紙廣告、講座、小冊子、電影，此外，還在國內外的展覽會、博覽會等場合，以正確泡製方法進行茶藝展示及樣品發放。宣傳局的年度預算在一萬到一萬二千美元之間。

　　在阿姆斯特丹市場所售出的全部茶葉所得的 1%，會被用作茶葉宣傳基金，以促進在荷蘭和周邊國家的茶葉銷售。在典型的一年中，這筆資金的總額大約是十二萬六千荷蘭盾（約五萬美元）。

中國茶葉的廣告宣傳

　　當中國茶葉協會在西元 1907 年組織成立時，設在中國的英國茶葉商號與其倫敦辦事處，便聯合開始進行中國茶葉的廣告宣傳。倫敦委員會的成員，包括了查爾斯・許利生（Charles Schlee，主

由中國茶葉協會製作的海報

中國茶葉協會海報，倫敦，西元 1912 年

任委員）、H・布魯姆（H. Bluhm），以及 F・E・西奧多（F. E. Theodor）；中國當地的委員會成員，有亞歷山大・坎貝爾（Alexander Campbell）、艾德華・懷特（Edward White）、詹姆斯・N・詹姆森（James N. Jameson）、H・麥克雷（H. Macray）。

　　廣告宣傳的目的是保護英國市場，使其免於印度－錫蘭茶葉的威脅，並且廣告內容主要在於推廣中國紅茶的澀味比大英帝國種植的茶葉輕，因此較不具危害性的概念。

　　C・德拉羅伊・勞倫斯（C. Delaroy Lawrence）是協會的第一任秘書，在他的指揮下，一場相當具侵略性的廣告宣傳活動，透過報紙和海報開始進行。

印度－錫蘭利益集團普遍反對這一方案，對於根據安德魯·克拉克（Andrew Clark）爵士向學生提出的「為了病人或你們自己，如果想喝杯無害而提神的茶，那就喝中國紅茶」之勸告，而把重點放在醫學方面的做法，提出抗議。

議會代理人兼公關顧問、倫敦沃特尼與鮑威爾公司（Watney & Powell）的查爾斯·沃特尼（Charles Watney）承接了 C·德拉羅伊·勞倫斯的協會秘書職務，不過該協會並不活躍。

資金是由商人會員提供。儘管部分商人與上海的中國茶葉協會活動相關之各個階段的宣傳活動中有所貢獻，中國各級政府仍然沒有提供任何協助，上海的中國茶葉協會的主任委員是 W·S·金（W. S. King）。

茶商聯合宣傳活動

由茶商團體進行茶葉廣告宣傳，已在數個消費國中嘗試進行。在英國，最著名的嘗試是西元 1909 年的優質茶葉宣傳活動，這是由四十多位調和商、批發商和零售商所推動的，目的是要抵制一項宣傳廉價茶葉的廣告活動。優質茶葉活動在大英帝國食品雜貨商協會聯合會秘書亞瑟·J·吉爾斯（Arthur J. Giles）的指揮下，持續進行了五年。

在美國，合作的概念以全國性茶葉廣告宣傳活動的形式展現。美時洋行總裁 J·F·哈特利（J. F. Hartley）於西元 1919 年積極推行這項宣傳活動。有人提

英國優質茶葉宣傳活動中使用的文案

出了向茶葉生產者、進口商、掮客和分銷商募集捐款的建議，於是舉行了數次會議，任命了一個籌款委員會，並考慮成立茶葉推廣委員會。隨後，美國茶葉協會的內部章程進行修改，准許協會根據籌款委員會的概述執行計畫，這是因為大型茶葉進口利益團體都認為，任何這類宣傳活動都應該由茶葉協會指揮管理。他們任命了小組委員會，以取得生產國茶葉出口商的捐款，捐款的基準是對所有運往美國的茶葉收取每 453 公克五分之一分金幣；此外，也要求茶樹種植者捐出相近的金額。一般認為，一年可能以這種方式募集到大約四十萬美元的資金。

厄文－哈里遜－克羅斯菲爾德集團（Irwin-Harrisons-Crosfield）的羅伯特·L·赫克特（Robert L. Hecht），接任了宣傳委員會主任委員一職，他於西元 1920 年前往主要的茶葉生產國遊歷，但

由大英帝國的帝國商品局所派發、給人深刻印象的海報

他發現這些國家對協會提出的聯合宣傳活動計畫無動於衷。委員會在美國募集資金，對業內宣傳「聯合協作所有美國茶葉推廣工作」的概念並鞏固新成員。文案無懈可擊，但結果令人失望。在花費數年時間試著讓計畫中的茶葉生產者產生興趣後，這個活動遭到放棄。

西元 1924 年，《茶與咖啡貿易期刊》發起一場全國性茶葉研討會，調查茶葉消費量減少的原因，找出誘導美國人多喝茶的可行計畫，並在貿易商和消費者間推動一場明智引導的整體茶葉宣傳活動。期刊編輯結合了這次研討會，前往茶葉生產國遊歷，並回報了一些調查結果。

西元 1928 年，由巴爾的摩的威

陳述關於橙黃白毫的真相

洛比·M·麥考密克（Willoughby M. McCormick）帶領的一群包裝商，組成了「茶葉俱樂部」，討論包裝商的疑難問題。根據這個團體的倡議，美國茶葉協會募集了一萬六千美元的資金，以雇請一家宣傳代理商，來發送關於茶葉與飲茶的新聞稿（即「讀物」）。隨後，茶葉協會再次展開向茶樹種植者募款的計畫。該協會從五個茶葉生產國募集了總計三萬四千美元的捐款，用於 1929 年到 1930 年的廣播宣傳與小冊子，但不包含新聞稿，原因是美國報業發行人協會、全國編審委員會和其他出版社及正規廣告代理商認為，免費宣傳代理商一事不符合道德倫理，使得新聞稿受到一些批判。茶葉生產國向企業捐款，捐款總額如下：錫蘭，一萬美元；印度，八千美

馬札瓦特公司（Mazawatte）製作的流行感傷元素文案

元；日本，八千美元；臺灣，四千美元；爪哇，四千美元。

有人建議，模仿咖啡貿易聯合宣傳委員會的組織，來設立茶葉貿易聯合委員會，並以所有階層的茶葉分銷商為其代表，就能以最有效率的方式處理茶葉在美國的聯合宣傳活動。

里昂公司（Lyons）免費提供給該公司代理商的櫥窗展示品

國際茶葉宣傳活動

　　國際茶葉委員會於西元 1933 年成立，除了執行國際茶葉管制方案之外，建議備忘錄中還賦予委員會應承擔為增加全球茶葉消費量而籌款的任務。

　　在採用何種募款方式仍懸而未決的期間，委員會已建議了各締約人的活動地區分配：錫蘭在南非、紐西蘭、澳洲和加拿大進行宣傳活動，並且與印度在大英帝國的一場宣傳活動中合作；印度繼續在美國的工作，將印度之名與其宣傳進行連結，並且使用印度地圖標誌以達到這個目標；荷屬東印度群島則會在荷蘭、比利時、盧森堡、德國、法國、瑞士、丹麥、義大利、瑞典等國進行宣傳活動。

　　大體上，這是對茶葉整體進行公關宣傳，並且一致認為，這三個國家都應避免任何對其他同業造成損害或招致反感的宣傳活動。

　　西元 1934 年末，一個由印度代表 J・A・密利根（J. A. Milligan）、錫蘭代表赫瓦斯・赫胥黎（Gcrvas Huxley），以及荷屬東印度群島代表 D・拉傑曼（D. Lageman）組成的調查委員會，被派往美國，以便為增加美國茶葉消費量的最佳方針提出建議。

　　荷屬東印度群島總督欽定，荷屬東印度群島的茶葉工業針對西元 1934 年國際茶葉宣傳活動捐款的金額是，每 100 公斤莊園生茶葉需支付三十九荷蘭分，以及每售出 100 公斤當地種植茶葉需支付十九・五荷蘭分。

一個精美的常駐貨攤，多倫多

　　當宣傳活動於西元 1934 年開始時，錫蘭的宣傳捐是每 45 公斤出口茶葉需支付五十錫蘭分，印度的則是每 45 公斤出口茶葉需支付八安那。

當代的廣告宣傳

　　歐洲的茶葉廣告宣傳似乎滿足於遵循常規，導致在報紙和雜誌、廣告牌、電子展示版上出現模式化定型文案。在美國也有同樣的現象，儘管無線電（也就是廣播）和有聲電影已經被加以利用，

里昂公司的巡迴廣告宣傳
Nippies 指的是為醫院收取捐款的女孩。任何在醫院捐獻箱中投錢的人，會獲得免費茶葉樣品。

但大體上來說，茶葉的公關宣傳缺乏辨識度。

一般說來，歐洲的茶葉包裝較具有美感，因此擁有較高的廣告價值；但在不久前，美國已經推出一些展現原創性的迷人設計。

茶藝展示是一種受歡迎的茶葉廣告方式。近年來，家政科學和烹飪學校講座本身已經成為一種廣告業務，而且沒有其他地方的效率比得上美國。茶藝展示成為報紙公關宣傳的輔助工具，已經成功地被幾位茶葉包裝商和印度茶葉宣傳活動的主管採用。

在美國，對於最佳新興廣告媒體是廣播或有聲電影，有著相當分歧的意見。

在哥倫比亞廣播公司方面，東部和中西部包含二十二個廣播電臺的基礎廣播網，晚間時段每小時要價 5600 美元，白天時段則是每小時 2806 美元。

紐約的 WABC 電臺，晚間時段的價格是每小時 950 美元，白天則是每小時 475 美元。

使用美國國家廣播公司「藍色」廣播網的完整全國連線，每小時要價 13,520 美元。同一家公司且連線程度相似的「紅色」廣播網，每分鐘要價 235 美元（每秒 3.92 美元），也就是節目成本每小時 14,120 美元。大西洋與太平洋茶葉公司的管弦樂節目〈吉普賽人〉（Gypsies），光是節目本身的成本，就高達了每週 3000 美元。

在商業動畫方面，成本取決於具體準備工作的性質和發行量。

這個領域的最新發展是對有聲電影

印度及錫蘭茶葉局所使用的廣告設計
左：印度茶葉地圖標誌；右：錫蘭茶葉局設計的標語

的贊助，一部八到十分鐘的有聲廣告動畫，製作成本是五千到一萬美元，再加上根據票房收入所收取的每千次發行量五美元的費用。從大西洋岸至太平洋岸的演出，每更換一次節目的平均發行量是五百萬。

帝國茶葉種植者的英國報紙文案

茶葉廣告的成效

　　就和咖啡的情況一樣，已經有許多關於茶的錯誤訊息被發表，使得廣告人應該小心謹慎地迴避有爭議的問題，同時讓文案呈現正面而非負面的效果。文案的訴求應帶有教育的性質，而且是基於以正確順序排列的事實。

　　茶與咖啡和好酒一樣，「好酒不怕巷子深」，它是一種古老且尊貴的飲料，而且早已「問世」。

　　無論是政府或協會的宣傳活動，抑或是為私人品牌進行廣告宣傳，正確的態度都是必須在做出任何舉措前，對市場進行明智的分析。分析完成之後，不論使用何種媒體或採用怎樣的方法，必須強調的事項有以下幾點：

1. 對茶的固有期望：從喝茶這個行為衍生出的真正樂趣。
2. 茶是令人愉悅的社交媒介：朋友間一場親密閒聊或更平常的聚會中，必備的一部分。
3. 正確恰當地供應茶飲是卓越社交的象徵，也是一位成功女主人的標記。

　　這三項見解應該被融入所有茶葉廣告的架構中；但永遠要記得的是，茶葉廣告聽起來一定要有教育性提示。

| Part 2 |

茶葉賣向全世界

包含許多調和暨包裝商號的大不列顛茶葉調和商，

廣泛分布在英國本地及海外的批發商和零售商中。

有些大型調和暨包裝公司，

甚至會做到在印度、錫蘭和東非等不同地區，

擁有自家大規模茶葉種植園的程度。

Chapter 5
茶葉的生產與消費

全球茶葉的總生產量接近每年 9 億公斤，產自面積大約 162 萬公頃的區域，超過四百萬名勞工從事茶葉種植、採摘和加工的工作。

全球茶葉的總生產量接近每年 9 億公斤，產自面積大約 162 萬公頃的區域，超過四百萬名勞工從事茶葉種植、採摘和加工的工作。沒有人確切地知道中國這個最大的茶葉生產國，對全球茶葉生產總量增長的貢獻有多少，而這項不確定因素會在確定全球茶葉產量上成為障礙。無論如何，主管機關將中國的收成定在大約 4082 萬公斤左右，而其他所有區域加總的官方統計數字，則顯示出大約相同的產量。西元 1931 年的全球茶葉產量是 8 億 3053 萬公斤，而 1932 年是 8 億 5547 萬公斤。

如此數量龐大的茶葉，如果用箱數來計算的話，足以建造一座體積為 104 萬立方公尺的帝國大廈兩倍半大的想像建築（參見 108 頁）。這個數量的茶葉，也可以分配給全世界所有人將近 453 公克的量，或者每年泡製兩百杯茶。如果把這些茶湯倒進一個巨大的茶杯中，全球最大的遠洋郵輪將能漂浮其上。

儘管總產量最多只是個估計值，實際上投放到全球市場的茶葉量則可由不同國家的官方報告中取得。根據這些報告，西元 1932 年在市場上銷售的茶葉有 4 億 4136 萬 798 公斤，也就是大約總產量的半數，另一半被保留供生產國本身消費之用，主要是中國。

這些出口數據是瞭解全球環境趨勢更好的指南，因為這些數據已經統計了許多年。

以西元 1900 年為起始點，當年的全球茶葉貿易總量為 2 億 7478 萬 6711 公斤；接下來的四年有一些變動，而從 1900 年到 1904 年的年平均貿易量為 2 億 8342 萬 3563 公斤。1905 年到 1908 年的貿易量則呈現穩定的增加，而戰前時期的 1909 年到 1913 年平均交易量，合計達到 3 億 4896 萬 1310 公斤。向上增加的趨勢一直持續到進入戰爭時期，西元 1914 年到 1918 年間的平均交易量是 3 億 8916 萬 9552 公斤。

然而，在戰後重建的那些年裡，伴隨著混亂的環境和下降的採購力，以及累積的存貨，見證了全球大勢的衰退，在西元 1920 年到 1924 年，年平均交易量為 3 億 2806 萬 228 公斤，這是自從 1900 年到 1904 年以來的最低點。接著，趨勢向前邁進一大步，年平均交易量在 1925 年到 1932 年這八年間達到 4 億 2020 萬 3889 公斤。顯然，1929 年是留下記錄的一年，這一年的出口總量達到了 4 億 4878 萬 1115 公斤。1932 年的總出口量相當接近 4 億 4136 萬 798 公斤。至於 1933 年，無法獲得從臺灣和法屬印度支那（即中南半島）的出口數據，還有英屬印度經由陸路出口的數據，但據估計，這些地方的出口量大約與 1932 年相同，再加上其他所有國家的官方數據進行計算，全球出口總量大概是 3 億 9099 萬 6622 公斤。出口量的大幅減少，是因為新的出口限制政策而造成的。

生產與消費表格 1 號

全球茶葉出口量

按西曆年（以一千磅為單位）

年	英屬印度 /*1	錫蘭	荷屬東印度群島	中國	日本	臺灣	法屬印度支那	總計（包含其他）
1900	192,301	149,265	16,830	184,576	42,646	19,756	427	605,801
1901	182,594	144,276	17,299	154,399	43,980	19,926	351	562,825
1902	183,711	150,830	15,637	202,561	43,333	21,892	360	618,324
1903	209,552	149,227	21,333	223,670	47,857	23,949	370	675,958
1904	214,300	157,929	26,011	193,499	47,108	21,735	721	661,303
1905	216,770	170,184	26,144	182,573	38,566	23,779	493	658,509
1906	236,090	170,527	26,516	187,217	39,711	23,018	724	683,807
1907	228,188	179,843	30,241	214,683	40,588	22,975	812	717,916
1908	235,089	179,398	34,724	210,151	35,269	23,357	674	718,940
1909	250,521	192,887	35,956	199,792	40,664	24,028	717	744,738
1910	256,439	182,070	33,813	208,106	43,581	24,972	1,168	750,273
1911	263,516	186,594	38,469	195,040	42,577	27,039	1,233	754,586
1912	281,815	192,020	66,610	197,559	39,536	25,066	961	803,637
1913	291,715	191,509	58,527	192,281	33,760	24,668	821	793,407
1914	302,557	193,584	70,344	199,439	39,163	24,932	1,080	831,441
1915	340,433	215,633	105,305	237,646	44,958	27,473	2,122	974,032
1916	292,594	203,256	103,747	205,684	50,719	27,460	2,025	885,937
1917	360,632	195,232	83,796	150,071	56,364	28,433	1,900	886,618
1918	826,646	181,068	67,135	53,895	51,020	29,027	2,290	711,832
1919	382,034	208,720	121,431	92,020	30,689	24,073	1,991	862.094
1920	287,525	184,873	102,008	40,787	26,228	15,170	787	657,922
1921	317,567	161,681	79,065	57,377	15,737	20,696	344	652,698
1922	294,700	171,808	91,605	76,810	28,915	20,352	1,121	686,300
1923	344,774	181,940	106,072	106,855	27,142	22,153	1,936	791,936
1924	348,476	204,930	123,287	102,124	23,845	21,995	1,668	827,388
1925	337,315	209,791	110,648	111,067	27,819	21,727	2,282	821,810
1926	359,140	217,184	157,299	111,909	23,775	22,927	2,530	896,068
1927	367,387	227,038	167,102	116,290	23,301	22,818	1,711	926,977
1928	364,826	236,719	176,544	123,469	23,814	19,598	2,065	948,593
1929	382,595	251,588	182,494	126,364	23,659	18,554	2,232	989,393
1930	362,094	243,107	180,473	92,540	20,319	18,541	1,206	921,070
1931	348,316	243,970	197,938	93,761	25,414	18,414	1,294	934,184
1932	385,395	252,824	197,311	87,141	29,539	15,259	1,364	973,034
1933	328,207/*2	216,061	179,666	92,501	29,487	-------	------	862,000/*3

*1 以該西曆年的三月三十一日財政年度截止日為基準。

*2 包括估計經由陸路的出口。

*3 包括估計從臺灣、法屬印度支那和印度的陸路出口。

這些趨勢顯示於表格一號和表格二號中。

全球有大量的茶葉種植在亞洲國家，而中國無疑是最大的生產者，以五年的平均數加以考慮，中國是近半數總產量的來源。印度供應了總產量的22%，錫蘭占 13%，荷屬東印度群島占9%，日本占 5%，臺灣占 1%，而所有其他區域則少於 1%。不過，在以出口為基礎時，上述國家的排序稍微有些不同。印度以 39% 獨占鰲頭；錫蘭以 26% 緊跟在後，荷屬東印度群島占 20%，中國只

生產與消費表格 2 號
五年茶葉出口年平均量（以一千磅為單位）

五年之年平均	英屬印度	錫蘭	荷屬東印度群島	中國	日本	臺灣	法屬印度支那	總計（包括「其他」）
1900-04	196,492	150,305	19,422	191,741	44,985	21,452	446	624,842
1909-13	268,801	189,016	46,675	198,556	40,024	25,155	980	769,328
1918-22	321,694	181,630	92,249	64,178	30,518	21,864	1,307	714,169
1923-27	351,418	208,177	132,882	109,649	25,176	22,324	2,025	852,836
1928-32	368,645	245,642	186,952	104,655	24,549	18,072	1,632	953,255

生產與消費表格 3 號
全球茶葉生產量及出口量（1928-1932）

生產量		出口量	
	平均全球總量占比		平均全球總量占比
中國	48.9%	印度	38.7%
印度	22.3%	錫蘭	25.8%
錫蘭	13.4%	荷屬東印度群島	19.6%
荷屬東印度群島	9.2%	中國	11.0%
日本	4.7%	日本	2.6%
台灣	1.2%	臺灣	1.9%
其他	0.3%	其他全部	0.4%
總計	100.0%	總計	100.0%

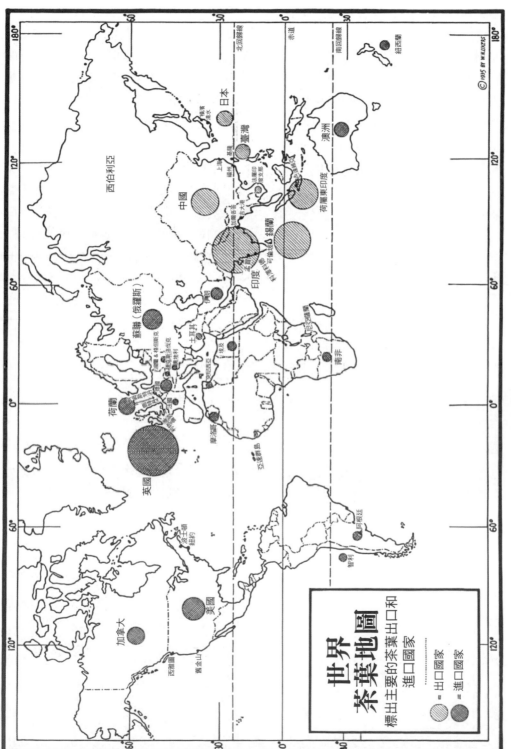

世界茶葉地圖

占 11%，日本占 3%，臺灣占 2%，所有其他區域少於 1%。

表格三號顯示上述不同國家在全球生產量和出口量中所占比例。

雖然有二十三個國家種植茶樹，不過那些列在前一段文章及表格三號中的國家，再加上被歸類在「其他所有區域」的法屬印度支那與尼亞薩蘭，是具有商業重要性的茶葉來源。世界地圖中顯示了茶葉生產中心的位置。

中國，最大的生產國

中國是茶的古老誕生地，但我們並沒有此地茶葉生產量的統計數據。或許出口量占產量的十分之一，剩餘的部分都用於國內消費。

中國曾一度是茶葉的最大生產國，也是最大的茶葉出口國。出口貿易在西元 1880 年代後期達到顛峰。1880 年，總出口量是 1 億 2683 萬 1684 公斤；十年後，出口量下滑至 1 億 72 萬 1546 公斤，在另一個十年內，衰退到 8372 萬 2265 公斤。

自從十九世紀開始之後，出口量在西元 1890 年和 1900 年，呈現增加的趨勢，尤其是世界大戰發生的前幾年，不過，印度、錫蘭和爪哇等地生產的紅茶，穩定地蠶食了中國紅茶在全球貿易中的份額。促成此種轉移的原因，是中國加工茶葉的百年古老方法、沉重的稅賦，還有缺乏組織與廣告宣傳，使其無法與這些國家的茶園所採用的現代化加工方法競爭。

中國出口的主要茶葉種類有：包含

生產與消費表格 4 號之一
從中國出口的主要茶葉種類　　　　　　（依西曆年，以一千磅為單位）

	紅茶葉茶	綠茶葉茶	磚茶	未殺菁葉茶	花香茶	粉末微粒	其他篩屑和茶梗等	總計
1925	43,927	42,827	18,922	1,924	97	2,192	1,178	111,067
1926	39,004	43,893	18,916	5,285	312	2,780	1,719	111,909
1927	33,181	44,429	23,086	11,851	159	1,639	1,945	116,290
1928	35,949	40,902	34,228	9,997	208	320	1,865	123,469
1929	39,275	46,674	32,357	6,040	169	669	1,180	126,364
1930	28,677	33,304	24,318	3,731	193	1,182	1,135	92,540
1931	22,862	39,137	22,219	7,116	229	1,170	1,028	93,761
1932	19,609	36,628	28,224	854	300	606	920	87,141
1933	21,646	38,466	25,786	630	782	3,508	1,683	92,501

生產與消費表 4 號之二

中國茶葉出口，主要目的地、進口量、轉口貿易量　　（依西曆年，以一千磅為單位）

	出口						進口	轉口貿易
	香港	俄羅斯 *	大英帝國	美國	其他國家	總計		
1925	12,513	36,602	6,394	14,520	41,038	111,067	7,024	3,813
1926	12,637	30,265	14,310	12,640	42,057	111,909	11,062	52
1927	15,678	40,132	11,814	11,816	36,850	116,290	9,376	567
1928	16,423	47,566	8,018	10,146	41,316	123,469	13,315	285
1929	15,252	49,771	8,377	7,718	45,246	126,364	5,050	40
1930	12,365	29,624	8,790	8,411	33,350	92,540	3,058	29
1931	12,037	32,110	7,525	8,794	33,295	93,761	3,358	2
1932	10,831	30,702	7,628	6,861	34,119	87,141	3,356	2
1933	6,694	31,512	7,860	8,586	37,849	92,501	720	10

* 包含歐洲和亞洲地區

葉茶和磚茶在內的紅茶與綠茶、未殺菁生茶、花香茶、篩屑、粉末微粒、葉梗。表格四號顯示這些茶葉現今的貿易，以及主要出口目的地。以種類進行更完整的分類，則包括了紅茶、綠茶、烏龍茶、花香茶、磚茶、茶餅、茶球、束茶。

香港並不是中國茶葉的最終目的地，而是將茶葉發送給最終客戶前的轉運站。俄羅斯（歐洲和亞洲地區）是中國茶葉的主要市場，在戰前年代，大約有三分之二的中國茶葉運往俄羅斯。大英帝國和俄羅斯是中國紅茶的重要市場，還有相當大量的紅茶運往美國，不過數量與戰前年代相比減少許多。歐洲大陸與東方的零星市場，吸收大部分的剩餘茶葉。

綠茶被大量運往俄羅斯、美國、阿爾及利亞、摩洛哥，以及鄰近國家，也在北非逐漸流行普及。

磚茶基本上全部被俄羅斯拿下，戰爭發生前，有高達 3628 萬公斤磚茶被運往俄羅斯，這樣的需求量大致維持到西元 1918 年，當時只有 456 萬公斤磚茶進入俄羅斯市場。1919 年的情況有所改善，但從那時起一直到出口量為 862 萬公斤的 1925 年，貿易總量極少超過 1361 萬公斤。

相比於 1929 年的 1451 萬公斤和 1928 年的 1542 萬公斤，1930 年的運輸量只有 1089 萬公斤。之後，1931 年的總量為大約 998 萬公斤，1932 年為 1270 萬公斤，而 1933 年則是 1089 萬公斤。

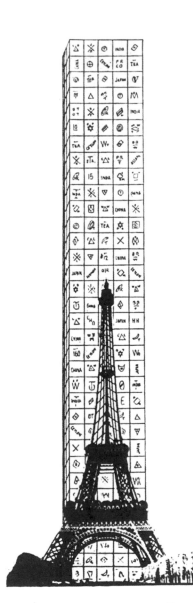

全球每年茶葉供應量,與艾菲爾鐵塔及帝國大廈相比較

辦公大樓帝國大廈從街道到塔頂的高度為約 380 公尺;從街道到第八十五層樓屋頂的主要部分高度為約 319 公尺,還有一座高 200 英尺(約 61 公尺)的塔樓。總容積為 104 萬立方公尺。但是,以一年茶葉供應量裝箱建成的塔樓,容積達 269 萬立方公尺,也就是整個帝國大廈容積的兩倍半。在相同比例下,這座塔樓的高度會達到約 523 公尺。它的尺寸在每個方位都比帝國大廈大八分之三,高度差則是約 143 公尺。至於直入雲霄約 305 公尺的艾菲爾鐵塔,則會消失在以一年茶葉供應量裝箱建成的塔樓中。以艾菲爾鐵塔的底面積 21 平方公尺來說,這樣一座塔樓的高度會到約 549 公尺,與艾菲爾鐵塔的高度差為約 244 公尺。

通常中國每年會從印度、日本、荷屬東印度群島等生產國，進口數百萬公斤茶葉。二十世紀前半葉，進口量達到907 萬公斤，不過有一大部分是為了轉口貿易而進口的，後來，由於進口貿易的衰退，幾乎所有進口茶葉都被留做本國消費之用。

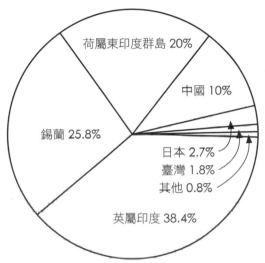

全球茶葉出口，五年平均，西元 1929 年到 1933 年

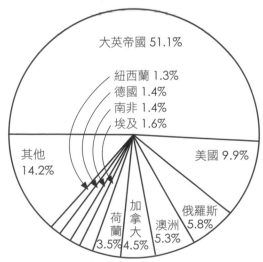

主要茶葉進口國家，五年平均，西元 1928 年到 1932 年

印度，主要的出口國

印度生產量的快速成長，是全球茶葉工業最顯著的發展之一，印度是主要的茶葉出口國，就生產量而言則位列第二。西元 1885 年到 1889 年的茶葉種植面積平均為每年 12 萬 5695 公頃；1932 年為 32 萬 6876 公頃，也就是增長了160%。1885 年到 1889 年間的生產量為4109 萬 6468 公斤，而在 1932 年，生產量達到龐大的 1 億 9670 萬 9080 公斤，是之前產量的將近五倍。

這樣的進展無疑是由於採用了最現代化的組織及行銷方法，並結合了生產方面的科學技藝所達成的結果。1932年，茶葉工業吸納了 4103 萬 7000 英鎊的資金，並雇用了 859,713 人，其中只有61,032 人是臨時雇員。印度茶葉絕大部分都是紅茶。

大英帝國是印度茶葉的最大買主，不過，在所有運往該市場的茶葉總量中，大部分會繼續運往其他海外目的地；西元 1925 年到 1932 年之間，運輸量從1885 萬 4020 公斤到 2489 萬 6778 公斤不等。相應地，運往美國與加拿大的茶葉數量不盡然正確，這是因為至少有 181萬到 317 萬公斤的茶葉是從大英帝國再輸出到美國，而輸出加拿大的茶葉量也差不多。

每年有 136 萬到 363 萬的印度茶葉，直接出售給俄羅斯。以西元 1933 年三月三十一日結束的年度來說，紀錄顯示有129 萬 5913 公斤茶葉運往俄羅斯，27 萬8505 公斤茶葉運往喬治亞，不過這僅僅

是戰前貿易量的九分之一。戰爭發生前五年，俄羅斯直接從印度進口的茶葉總量，達到每年平均 1343 萬 2684 公斤。此外，1932 年，248 萬 2057 公斤印度茶葉從大英帝國出口到俄羅斯，大約與戰前時期的平均數量相等。埃及、東非和南非都是很好的市場，而且在戰爭發生前數年都顯示出大量的增長。

進口到印度的茶葉大部分都是來自中國的綠茶，其餘的幾乎全都來自爪哇、蘇門答臘、日本、錫蘭。而再輸出到波斯、伊拉克及其他地方的數量，可忽略不計。

首要的茶葉出口港是加爾各答，其次是吉大港（Chittagong），只有 13% 左右的茶葉是經由南印度的港口運出。

錫蘭，茶在此繼承咖啡市場

西元 1837 年到 1882 年的錫蘭是咖啡之鄉，但當植物疫病將咖啡樹摧毀時，種植者轉向當時已在島上為人所知的茶樹。1880 年，用於種植茶樹的土地面積是 5773 公頃，而且在十年的時間內達到 95,423 公頃。

再過十年，發生進一步的擴張，到了西元 1900 年，用於種植茶樹的面積總計達到 16 萬 3899 公頃。茶葉如今是重要的產物之一，而供茶樹生長的區域大約有 18 萬 4943 公頃。

就跟在印度一樣，錫蘭的茶葉主要產自於莊園，錫蘭大約有 1,230 座莊園。這些莊園多半是在少數幾家公司的控制之下，雇用了超過五十萬名印度和錫蘭的坦米爾人（Tamils），以及五萬名僧伽羅人（Sinhalese）、摩爾人（Moors）和馬來人，來從事茶葉種植和加工的工作。大約 99% 的錫蘭茶葉都是紅茶，少數剩餘的是綠茶。沒有生產數據可循，但由於當地消費量或多或少是固定的，出口量便成為良好的產量指南。

錫蘭的茶葉出口總量從西元 1900 年的 6770 萬 5465 公斤，到了 1932 年達到 1 億 1467 萬 9037 公斤的高峰數字。出口量的將近三分之二是被運往大英帝國，供帝國的消費以及轉口貿易之用，隨後是澳洲與美國，但數量遠遠落後，緊接著的是紐西蘭。運往這些國家的茶葉基本上都是紅茶；只有數量可忽略不計的綠茶運往大英帝國，而且完全沒有運往澳洲和紐西蘭。

從西元 1925 年到 1930 年，每年運往美國的綠茶數量從 91,172 公斤到 26 萬 9887 公斤不等。1931 年和 1932 年的綠茶運輸量下滑到幾近於零，不過 1933 年則有 13,607 公斤茶葉的運輸紀錄。之前，俄羅斯接收了大部分綠茶：1927 年和 1930 年，有超過 45 萬公斤綠茶進入俄羅斯市場，但在 1931 年，運輸量減少到 36 萬 5595 公斤，1932 年再減少到 11 萬 6119 公斤，而 1933 年再無任何輸入。

奇怪的是，錫蘭每年都會將綠茶和紅茶運往印度，數量達 45 萬到 113 萬公斤不等。

除了那些已經提到的國家之外，紅茶還找到了進入其他國家的途徑，包括了南非、加拿大、埃及。

錫蘭進口的少量茶葉，大多來自於印度。這些茶葉偶爾會再輸出，不過在過去五或六年間，並沒有轉口貿易的相關紀錄。

荷屬東印度群島的產銷情況

荷屬東印度群島的茶葉工業呈現出顯著的進展，西元 1932 年的莊園總產量為 8193 萬 6018 公斤，其中包括從本地莊園採購的茶葉；而包括本地耕地及與其他作物間植的茶樹在內，茶樹種植面積達 18 萬 4943 公頃，超過了英屬印度之公頃數的一半以上。收獲量穩定增加，這也反映在出口量上。

茶樹在爪哇的種植已經超過一百年之久，但在蘇門答臘則是從西元 1910

世界茶杯和全球最大的船
統計學家談到每年全球喝下將近 8 億 6000 萬公斤的茶；但有多少人能真正設想這個巨大數字的意義？舉例來說，保守地將一百六十杯茶當作 453 公克來計算，每年有超過 3040 億杯茶被飲用，也就是足夠裝滿一個直徑約 2130 公尺、深度約 13 公尺的巨大茶杯，「諾曼地號」在這個茶杯中的樣子大概會如上圖所示。

年左右才開始發展。十分之九的茶園都位於爪哇，尤其是在爪哇島的西半部。1932 年登記在冊的三百二十五座莊園中，有二百八十四座在爪哇島上，而四十座則位於外圍屬地。

這些島嶼生產的茶葉，基本上都是紅茶，讓爪哇及蘇門答臘與印度及錫蘭一同被歸類為全球紅茶主要來源地。在官方出口退稅資料中，將出口茶葉種類分為「葉茶」與「粉末微粒」。

西元 1900 年的茶葉出口總量為 763 萬 3959 公斤；1910 年則為 1533 萬 7318 公斤，而到了 1920 年，出口總量達到 4627 萬 50 公斤，不過，在 1915 年、1916 年、1919 年的出口量超過了這個數字；從這些貨物中可以看出戰爭的影響。1931 年出口數字達到最高，有 8978 萬 3166 公斤茶葉出口，但這個數字基本上是與 1932 年的 8949 萬 8764 公斤持平。（這些數字代表的是包含包裝的毛重。以淨重為基礎來看，1932 年的貨運量比 1931 年稍高一些。）

大英帝國是主要市場，接下來是荷蘭。大量茶葉被運往這兩個市場，等待訂單及進一步的配送。大英帝國也是這些島嶼輸出茶葉粉末微粒的主要市場。舉例來說，有紀錄顯示，在西元 1932 年出口的 994 萬 7280 公斤茶葉粉末微粒中，有 524 萬 5342 公斤被運往英國市場。澳洲是荷屬東印度群島茶葉的重要市場；此外，這些茶葉也被運往東方、非洲、美國和歐洲的其他優質市場。

或許看來很奇怪，但在過去五年中，有淨重介於 181 萬到 454 萬公斤的茶葉

進口進入這些島嶼，而且大多數是從臺灣和爪哇進口的。

日本的產銷情況

　　日本的茶樹是做為附屬作物，以小規模進行種植的。除了最北部的兩個縣之外，種植區域或多或少延伸至島嶼各處。山坡上和高地鄉間的茶園，是日本著名的美麗景色中不可或缺的一部分。西元 1932 年，有 113 萬 2089 名生產者在面積為 38,019 公頃的土地上種植茶樹，收獲量則是 4037 萬 3395 公斤。與戰前相比，顯示減少了大約 10117 公頃，但與其說發生實際上的減少，更可能是由於不同的估算方式所造成的，因為生產者的人數增加超過六萬人。

　　西元 1928 年到 1932 年這五年間，日本本土的茶葉產量平均大約為每年 3900 萬公斤，比二十世紀開始以來的任何其他五年時間都多。超過半數以上的收成產自靜岡縣，而靜岡市則是其商業中心。幾年前，橫濱與神戶是主要出口港，但現在（1936 年）清水港是茶葉從日本離開的主要地點。

　　從另一方面來說，儘管根據官方統計數字看來，生產量有所增加，但出口量與世紀之初的早期幾年相比，卻呈現持續下滑的趨勢。舉例來說，西元 1900 年到 1904 年的年平均出口總量為 2040 萬 4852 公斤；戰前平均為每年 1815 萬 4581 公斤；1920 年到 1924 年的年平均為 1105 萬 5406 公斤；而在 1925 年到 1929 年則是年平均 1110 萬 1219 公斤。不過，過去三年間的出口稍微繁忙，1930 年到 1933 年的平均出口量為 1276 萬 7264 公斤。

　　戰爭結束後幾年出口量的減少，可能是由於戰爭期間大量輸出造成的結果；例如西元 1917 年的 3010 萬 2204 公斤。但近年來，出口總量反映出運往主要消費市場（也就是美國）運輸量的下降；該地的消費者正逐漸養成對紅茶的偏好。日本生產的茶葉大多是綠茶，但紅茶的加工量也逐年增加。此外，很明顯的就是，日本茶葉大約有六成是流向美國消費者手中，加拿大和俄羅斯居次。每年有超過 4.5 萬公斤茶葉被運往夏威夷，這個數字並未包含在美國的統計數字中。在印度和錫蘭的茶葉貿易數據中占重要地位的大英帝國，對於日本的綠茶興趣缺缺。

　　儘管有著日本生產過剩的茶葉供出口之用的事實，但每年的茶葉進口量還是在 45 萬公斤左右，這些茶葉來自中國和英屬印度，本國消費正在穩定增加。

臺灣的產銷情況

　　臺灣用於種植茶樹的區域約略超過 4 萬公頃，在西元 1932 年的報告中，茶樹種植總面積是 44,111 公頃，幾乎是 1900 年種植面積公頃數的兩倍。從 1900 年的 26,709 公頃到 1913 年的 36,017 公頃，顯然種植面積穩定增加，直到 1919 年達到總種植面積為 46,539 公頃。

年平均生產量大約是 125 萬公斤，比 1901 年到 1905 年時更少；換言之，假設公頃數和產出兩者的可取得數據是正確的，那麼每畝收穫量比本世紀初、甚至到 1919 年時都還要少。每 0.4 公頃的收穫量大約是 86 公斤，對照 1909 年到 1913 年的 168 公斤，以及 1901 年到 1905 年的 172 公斤。過去十年間，年度總產量一直在持續減少。

主要生產和出口的茶葉，是著名的烏龍茶和花香包種茶。烏龍茶約占總出口量的 45%，包種茶占 45% 至 50%，其餘部分是由紅茶、粗茶（番茶）、粉末微粒、茶梗和綠茶構成。包種茶的出口量只有到後來幾年才超過烏龍茶；事實上，它在第一次於 1920 年超過之後，直到 1926 年才再次超越。1909 年到 1913 年間，烏龍茶占總出口量的 70%，是包種茶出口量的將近二又四分之三倍。

近年來，烏龍茶貿易受到錫蘭、印

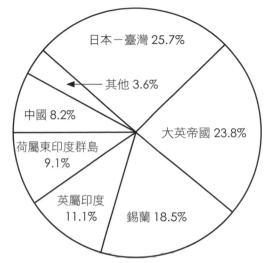

美國進口茶葉來源，五年平均，西元 1929 年到 1933 年

度和爪哇在美國市場激烈競爭的影響，過去美國市場一直是臺灣烏龍茶最好的消費者。以茉莉花和梔子花薰香的茶葉所製成的包種茶，在荷屬東印度群島和香港找到自己的主要市場。紅茶的加工也受到一些鼓勵。數家臺灣公司正試圖

生產與消費表格 9 號
台灣茶葉的英畝數、生產量、出口量，以種類區分 （依西曆年計算，以一千磅為單位）

	英畝數	生產量	出口量（千磅）			
	千英畝	千磅	烏龍茶	包種茶	其他 *	總計
1925	114	26,686	10,644	10,451	632	21,727
1926	113	26,316	10,560	11,880	487	22,927
1927	111	26,192	10,603	11,581	634	22,818
1928	105	24,264	9,117	9,823	658	19,598
1929	114	24,379	7,419	10,260	875	18,554
1930	113	23,025	7,009	10,200	1,332	18,541
1931	110	21,214	7,674	8,577	2,163	18,414
1932	109	19,450	8,424	4,841	1,994	15,259

* 包含紅茶、粗茶、粉末微粒、茶梗、綠茶
出口量包含運往日本及日本屬地的部分

台灣茶葉出口量，以主要目的地區分類；進口量　　（依西曆年計算，以一千磅為單位）

	出口量						進口量
	美國	荷屬東印度群島	香港	大英帝國	其他	總計	
1925	9,663	6,529	1,070	1,018	3,447	21,727	59
1926	9,321	6,963	2,133	1,197	3,313	22,927	57
1927	9,011	6,750	2,810	1,727	2,520	22,818	83
1928	7,905	7,516	1,603	1,180	1,394	19,598	71
1929	6,186	7,471	2,029	1,338	1,530	18,554	92
1930	5,459	6,716	1,786	2,200	2,380	18,541	86
1931	7,089	5,826	1,199	1,987	2,313	18,414	95
1932	7,880	3,564	1,135	724	1,958	15,259	35

出口量包含運往日本及日本屬地的部分

將它們的產品從烏龍茶轉換成紅茶；紅茶主要流入大英帝國和日本，少數會運往南美洲國家和美國等其他目的地。粗茶和茶梗主要運往中國和香港。

臺灣茶種植於島嶼北部，一般是由基隆出口。

少量外國茶葉會被運往臺灣，主要是來自中國；這些茶葉偶爾會有一些再輸出，但總數量只有數百公斤，其中的例外是西元 1920 年有 12,290 公斤茶葉再輸出。

Chapter 6
茶葉生產國的貿易概況

　　大部分的印度及錫蘭茶葉都被送往倫敦拍賣會，但加爾各答和可倫坡還是會定期舉行茶葉拍賣會。

將茶葉從莊園或茶園銷售到消費國家時，銷售管道與東方的其他貨品大同小異。一般來說，茶葉會從茶農手中交給派駐在生產國的代理人或出口商。具體的系統會有所差異，但這是常見的做法。

　　茶葉生產國家中，最重要的運輸中心包括了：印度的加爾各答、吉大港、杜蒂戈林（Tuticorin）、科澤科德（Calicut）；錫蘭的可倫坡；爪哇的巴達維亞；蘇門答臘的棉蘭（Medan）；日本的清水、橫濱、神戶；中國的上海、福州、漢口及廣州；還有臺灣的臺北州。

　　儘管大部分的印度及錫蘭茶葉都被送往倫敦拍賣會，但加爾各答和可倫坡還是會定期舉行茶葉拍賣會。

　　其他茶葉生產國的茶葉，有些會運往在倫敦及阿姆斯特丹舉辦的拍賣會，其餘的則會直接賣給來自不同消費國家的進口商。

1. 印度的茶葉貿易

　　加爾各答顯然是印度最重要的茶葉營銷與運輸中心。南印度生產的茶葉，有一部分會經由可倫坡進行運輸，而一部分會由科澤科德或杜蒂戈林直接運往消費國家。印度東北生產的茶葉，有一定數量會由吉大港運出，所有送往吉大港的茶葉，都是為倫敦的拍賣會所準備

的，並且會在有輪船可用時立刻運出。

　　印度的茶園通常屬於幾家總部設在倫敦、加爾各答、利物浦、格拉斯哥，或其他金融中心的公司；此外，還有茶農私有或由印度公司持有的茶園，這類茶園的數量逐漸增加，但仍然屬於少數。擁有茶園的公司，會在加爾各答或倫敦設有代理人或幹事。

　　當茶葉在茶園經過加工和包裝後，莊園經理會將茶葉送到加爾各答的代理人處，如果公司從倫敦進行遙控的話，代理人會根據收到的公司指令，對茶葉進行處置。

　　接著，茶葉會被送往由加爾各答港口委員會所管理的兩座倉庫其中之一；其一是海德路庫（Hide Road Warehouse），專門存放由鐵路運輸而來的茶葉，樓板面積為 26,320 平方公尺；而另一座新的基德波爾倉庫（Kidderpore Warehouse）則是存放從水路運送而來的茶葉，樓板面積為 22,761 平方公尺。每個倉庫的容積大約是十萬箱。港口委員會是由孟加拉商會指派任命，而雇員會從海外或是當地招募。倉庫的租賃費用則是支付給加爾各答港口委員會。

　　代理商處理茶葉發貨單的方式有兩種；他可能會將發貨單交給一位經紀人在加爾各答銷售，或者將發貨單送到倫敦的代理人手中，隨後這位代理人會將其交給一位倫敦銷售經紀人，並在倫敦拍賣會上銷售。假如他採用的是第一種

方式,身為賣家的代理商會通知經紀人,告訴他這筆發貨單正由茶園送出。加爾各答有四家經紀人事務所:J‧湯瑪斯先生公司(Messrs. J. Thomas)、卡里特‧莫蘭公司(Carritt Moran)、W‧S‧克雷斯韋爾公司(W. S. Cresswell),以及A‧W‧菲吉斯公司(A. W. Figgis)。預備銷售茶葉的經紀人,會指示倉庫將茶葉準備好接受檢查。當發貨單準備好之後,就會將箱子排成一排,並在每個箱子上鑽孔,從中取出數十公克的茶葉當作樣品。

如果樣品的狀態是一致的,就會以膨脹蓋將箱子上的孔洞密封起來,同時將全部的樣品進行分類,接著在拍賣會的幾天前,將少量樣品交給經認證的合格採購員。如果有的樣品狀態不太一樣,

就會把那箱茶葉單獨分隔出來,當作「特殊」商品銷售,或是把它們當作散裝貨物,取出新的樣本。這項工作是在倉庫完成的。接下來,就會重新包裝茶葉,並等待採購員下達如何處置這些茶葉的指令。

▶ 加爾各答的貨棧

加爾各答最著名的茶葉倉庫,就是位於胡格利河河岸,在城市下游約 3.2 公里遠的基德波爾倉庫,這是一座長約 200 公尺、寬約 36 公尺的狹窄磚造建築,內部有一排排的茶葉箱堆積如山,中間有一條狹窄的小徑。

另外,為了方便取樣,也為經紀人留下很大的空間,同時許多箱子的上方或底部都開有孔洞。

在位於密訓羅的茶葉經紀人協會拍賣場,舉行加爾各答茶葉拍賣會

加爾各答的基德波爾茶葉收發倉庫

▶ 加爾各答拍賣會

茶葉的拍賣或銷售會在當季的每週二舉行，曾經單日處理超過四萬包的茶葉。價格範圍由每 453 公克一安那六派薩到五印度盧比之間（註：當時一印度盧比〔Rupee〕等於十六安那〔anna〕，也等於一百派薩〔paisa〕；即四安那等於二十五派薩）。主要的交易月份是從七月到十二月，不過在六月、一月、二月也有部分交易。拍賣會由加爾各答茶商協會在位於密訓羅（Mission Row）八號的茶葉經紀人協會拍賣場舉行，由四家經紀人公司輪流主持拍賣。

每一家在拍賣日的四天前左右，會發布自家的商品目錄，並將這些目錄和茶葉樣本送給要進行採購的公司。拍賣由加爾各答茶商協會管理。

茶葉拍賣在上午十點開始，通常會持續到下午四點到五點間。然而，在莊園運來大量茶葉的繁忙季節，拍賣會大多持續到晚上七點或八點。

在西元 1925 年到 1926 年銷售季的後半，拍賣量被控制在每週三萬箱的規模，以期使銷售持平，同時更平均地將繁忙月份所提供的貨量進行分配。另一項有助於節省拍賣時間的措施，是將淨重少於 226 公斤的貨品單獨造冊刊印，在其他批次貨品售出後提供，因為這些貨品的量太少，不足以引起大批量採購員的興趣。

如果拍賣室中或拍賣後提出的價格，沒有達到賣家內心對茶葉設定的價格，他們可以拒絕交易，同時將茶葉留置在加爾各答，之後再拿出來銷售，或

是運往倫敦拍賣，希望在那裡能賣到比較好的價格。

加爾各答拍賣會的交易是以磅為單位，條件是倉庫交貨，而運輸則是以箱為單位。每箱的重量由 80 磅到 120 磅不等，包括了粉末微粒、近乎完整的細碎茶葉、包種茶，由於茶葉體積的關係，包種茶的分量是最少的。

在拍賣會上的茶葉競標喊價時，定價八安那以下的茶葉，每磅加價不得低於一派薩，而定價高於八安那的茶葉，每磅加價不得低於四分之一安那。每場拍賣會通常有四位拍賣商，他們大多會將目錄中的茶葉都賣光。

拍賣商以全速進行拍賣；事實上，拍賣進行的速度之快，使得採購員必須保持敏銳的警覺。

▸ 在加爾各答採購茶葉

採購員必須非常精準，要判定他可以負擔得起的部分，但在做到這一點之後，他也不能確定自己所做的工作是否大部分是徒勞，因為在有五十位採購員出席拍賣會的情況下，可能會有某位競標者的出價和他所設定的價格完全一樣，而他不敢再加價。

採購員參加拍賣會，盡己所能地進行採買，並且在聽到自己的採購價格僅以些微差距勝出時感到欣慰。

在採購員完成採購之後，接下來的工作是確保樣本盡快寄出，這代表每一批採購都要取出大量樣本以供郵寄。由於郵件是在週四投遞，採購員只有兩天的工作時間。

在茶葉出口前，必須繳納數筆費用，包括：每箱三安那的檢驗費用、取樣費用、印花費；每 41 公斤茶葉的港口委員會倉庫使用費是三安那六派薩；每 41 公斤茶葉的一週租金為九派薩；1% 的佣金；還有政府茶葉稅的浮動稅率，這些稅金將用於宣傳推廣印度茶葉。雖然這些費用是在運輸時收取，但都是由茶園負擔，會從採購員的清單中扣除。

▸ 加爾各答茶商協會

加爾各答茶商協會是由採購員、賣家和經紀人所組成，所有加爾各答的茶葉交易都受到此協會規章的規範與管理，協會的目標在於同步促進加爾各答茶葉市場買賣雙方的共同利益。

協會的業務是由九位成員組成的總務委員會管理。推選在委員會的成員時，是以憑卡投票的方式選出，每一層級的會員在每年十二月舉行的年度選舉中投票選出自己的代表。協會每年的會費為一百盧比，而入會費用則是十盧比。

茶商協會的規章及管理制度，將佣金費率訂定為賣家 1%、採購員 1%，無論茶葉是經由拍賣會交易或私下交易都是如此。每份茶葉樣本的報告和估價費用為二盧比，但若是那一批收穫中至少 25% 的茶葉是由申請報告的經紀人從加爾各答賣出，則不用收費。

經紀人不得直接接收發貨單。所有在加爾各答出售的茶葉，都必須由通過認證的代理商經手，如果有需要的話，這些代理商的姓名和地址必須提交給茶商協會。當具有未經過認證之茶園商標

加爾各答典型的品茶室
在前景中，靠著木塊的拍賣茶葉正按照品質被分類和整理。助理在採購員品茶時為他展示乾燥的茶葉。品茶通常會持續一整天，多達五百到七百杯茶會被品鑑。

的茶葉被拿來拍賣時，經紀人必須在接受茶葉進行拍賣前，請賣家提供茶葉的完整詳細情況以及茶葉的來源。

經紀人若是不遵守協會的規定，就得要面臨五千印度盧比的罰款，同時他必須提供二千五百印度盧比的保證金。經紀人不得直接或間接從任何茶葉採購或運輸中獲利，其他的商人或代理人也是如此。

除了茶商協會之外，還有為了照顧自己的利益，由四家加爾各答經紀人公司組成的茶葉經紀人協會。

▶ 交易量與貨運費率

印度茶葉貿易表格一號，顯示十年間加爾各答拍賣會售出茶葉的包數和平均價格。

值得注意的是，就平均價格而言，大吉嶺茶葉在整個十年期間都居於首位。

不像加爾各答和可倫坡，南印度沒有自己的茶葉初級市場和拍賣會；不過，南印度各地區生產的茶葉，會從南印度的港口運往可倫坡或倫敦的拍賣會，或者直接運送到消費國的採購員手中。從西元 1927 年到 1932 年的六年間，從南印度發貨的茶葉出貨量，顯示在印度茶葉貿易表格二號中。

如果是直接裝運的話，由加爾各答運出的茶葉需要五週才能抵達倫敦，抵達紐約則需要花費七週的時間。遠洋輪船以容積為收費標準，而非重量；因此，裝有 45 公斤茶葉的箱子與裝有 43 公斤茶葉的同尺寸箱子，運輸費用是相同的。從加爾各答到倫敦的海運貨運費率，大約是每 1.4 立方公尺裝一噸重的茶，收費二英鎊；運往紐約則是大約二鎊十五先令（編註：當時一英鎊等於二十先令）。

▶ 加爾各答的茶葉採購員

在印度，要成為一位成功茶葉採購員的必備條件，包括了他必須是一位優秀的評判者，並熟知適合世界上不同市場的茶葉種類，以及變化多端的市場形勢。他必須對金融、運輸及匯率有很好的瞭解；必須有果斷的性格、養成自己的看法，並讓客戶對市場的可能趨勢瞭若指掌。

他必須願意專注於繁重的工作，並在旺季時犧牲所有的外部利益。他必須身體健康狀況良好，若沒有健康的身體，就難以完成相關的繁重工作。

大多數茶葉採購員踏入此行業的起點，都是在離開學校後前往倫敦茶行，以學徒的身分工作數年，這段期間通常是無薪的。接著，他們會以助理採購員的身分前往印度，若是採購結果良好，最終才會成為資深採購員。最受歡迎的人才，是受過良好的通才教育（尤其是商業方面），以及具有容易接受培訓的性格之人。

他們在簽下為期五年的契約後，來到印度，而附約中包含了契約到期後三年的後續協議。薪水通常是保密的；不過有才幹的人能賺到的錢，跟從事其他行業的人一樣多。除了薪水之外，他通常能從利潤中賺取佣金，但很少會有宿舍配給。

沒有通用的茶葉採購員合約形式。

印度茶葉貿易表 1 號

十年間在加爾各答拍賣會中售出的茶葉包數及每磅平均售價

（備註：價格的呈現方式為：印度盧比－安那－派薩）

季節	阿薩姆		察查		錫爾赫特		大吉嶺	
	包數	價格	包數	價格	包數	價格	包數	價格
1923-24	237,189	0-15-10	95,759	0-13-10	97,291	0-13-11	50,492	1-2-2
1924-25	259,473	1-0-8	77,607	0-14-10	89,928	0-14-9	45,547	1-4-3
1925-26	229,626	0-14-9	81,248	0-11-6	100,237	0-11-10	45,730	1-0-0
1926-27	273,327	0-12-9	99,452	0-11-6	95,765	0-11-5	48,578	1-0-8
1927-28	269,913	0-15-5	69,233	0-13-7	93,030	0-13-4	49,425	1-3-0
1928-29	279,259	0-12-4	72,553	0-10-1	95,780	0-9-10	40,874	0-14-8
1929-30	305,239	0-10-10	59,925	0-8-5	100,504	0-8-2	47,664	0-14-11
1930-31	256,117	0-10-1	59,104	0-7-9	85,701	0-7-7	38,306	0-14-9
1931-32	251,855	0-7-10	72,352	0-4-9	116,482	0-4-9	28,866	0-11-5
1932-33	250,797	0-5-11	70,233	0-4-4	110,915	0-4-3	27,659	0-9-8

季節	杜阿爾斯		特萊		*特里普拉土邦		其他所有地區		總計	
	包數	價格	包數	價格	包數	價格	包數	價格	包數	價格
1923-24	255,262	0-14-7	37,253	0-14-2	------	------	10,167	0-13-4	783,413	0-15-0
1924-25	267,207	0-15-4	29,176	0-14-8	------	------	9,603	0-13-10	778,541	0-15-11
1925-26	224,548	0-13-1	30,806	0-12-0	------	------	10,771	0-11-10	722,966	0-13-5
1926-27	276,286	0-11-9	39,739	0-10-9	5,405	0-9-7	11,870	0-10-9	850,722	0-12-3
1927-28	269,281	0-14-8	45,040	0-13-5	7,890	0-12-4	14,143	0-12-9	817,955	0-14-10
1928-29	261,196	0-10-11	43,650	0-9-11	8,962	0-9-2	14,420	0-10-2	816,964	0-11-4
1929-30	273,923	0-9-6	52,864	0-8-6	12,596	0-7-4	10,744	0-8-0	863,459	0-9-11
1930-31	240,579	0-9-1	50,525	0-8-0	11,836	0-7-0	12,532	0-8-4	754,700	0-9-4
1931-32	206,378	0-5-11	48,976	0-5-2	11,841	0-4-6	9,617	0-6-11	746,367	0-6-5
1932-33	243,175	0-4-8	56,213	0-4-4	11,607	0-3-11	12,244	0-5-8	772,843	0-5-2

註：以上數據不含二手轉賣與受損的茶葉及粉末微粒。

* 特里普拉土邦在 1926 年到 1927 年之前是包含在錫爾赫特之中。

印度茶葉貿易表格 2 號
六年間從南印度運輸的茶葉

	1927	1928	1929	1930	1931	1932
往大英帝國	42,635,331	43,992,019	47,164,651	41,446,098	45,077,023	49,946,978
往澳洲	7,534	599	16,992	10,206	7,339	11,092
往美國	53,957	64,255	99,755	279,927	185,794	175,024
往可倫坡	3,922,879	3,776,240	4,109,209	4,846,876	2,928,373	3,243,313
往其他港口	994,343	814,021	893,638	854,302	1,024,656	1,137,159
總磅數	47,614,044	48,647,134	52,284,245	47,437,409	49,223,185	54,513,566

每家公司都有自己的協議形式，茶葉採購員和所雇用的其他助理人員，使用的是相同的協議。

在六月到十二月的旺季期間，茶葉採購員會在早上九點之前抵達辦公室，而且很少在晚上七點半前離開。關於這一點，我們必須記得此時的氣溫極度炎熱，而且濕度接近百分之百，這會讓長時間工作更加難熬。

每天的日常工作必須長時間站立，而且有非常多的品茶量，可能會高達每週兩千種茶葉。

接著，就是在週二舉行的公開拍賣會，時間從早上十點持續到晚上七點，而且結束時間通常會更晚。

週四是忙碌的寄件日，要發送採購樣本、簽署發貨單並處理匯款單。越洋電報是最重要的事物；每天有大量電報送來及發往世界各地，內容可能是每 453 公克四分之一美分以內的報價單。

除了週日之外，茶葉採購員基本上沒有休閒娛樂的時間，而在週日天候許可的情況下，他們可以享受高爾夫球、網球、騎馬等娛樂活動。

過去加爾各答的牛車運輸

將茶葉裝載到輪船上，加爾各答

　　休長假的情況根據服務年資而有所不同；一個初出茅廬的年輕人可能要等五年才能獲得長假，在這之後，每三或四年會得到一次休長假的機會，時間通常是六個月，不過，在三月到五月沒有舉行拍賣的期間，有些採購員會出差探訪不同國家的茶業事務。大多數人的旅費是可以報銷的，而且在休假期間可以領全薪。

　　一般認為，一個人在東方服務二十年就已經足夠，許多採購員會在二十年後返回家鄉並接受當地的邀約。不過，有許多採購員會繼續留在工作崗位長達三十年。

2 錫蘭的茶葉運銷

　　錫蘭的主要城市可倫坡，位於島嶼的西海岸，從加爾各答搭乘輪船的話，需要六天的航程，從倫敦搭乘郵船，則需要二十一天到二十三天的航程，從墨爾本出發則需要二十一天的航程。錫蘭和南印度的鐵路，以阿哈內甚科迪（Ahanershkodi）和塔萊曼納爾（Talaimannar）間跨越莫馬爾（Mommar）海峽的一小段渡輪設施連接。良好的公路網連接起可倫坡與錫蘭的主要城鎮，而鐵路則延伸至絕大部分的種植地區。

　　可倫坡港通常被稱為「東方的克拉珀姆（Clapham）轉運站」，那些要前往印度、澳洲、海峽殖民地（註：指馬六甲海峽周圍）和遠東地區進行貿易的遠洋郵輪和貨輪，都可以在可倫坡停靠、裝貨或加油，因此，茶葉不僅能直接運往英國和歐洲，還能直接送往澳洲、紐西蘭、非洲、北美洲及南美洲、俄羅斯、西伯利亞等地。可倫坡港配有貨物轉運的特殊設備，可在海關官員的監督下，直接在船隻間操作，或者原料可被運到岸上並存放在轉運倉庫中，直到要再次運輸時。通常可倫坡與杜蒂戈林等南印度的港口間，會有穩定的交通來往。

　　在茶葉的加工程序於茶園完成並累積到適合的量之後，茶葉就會被裝進箱子裡並送到可倫坡，再直接運往倫敦處置或在可倫坡的市場銷售。在當地銷售的茶葉，通常會被送往其他殖民地及美國，而有數量相當可觀的茶葉也會從大不列顛再運送到那些市場。

　　運輸時，通常是以原莊園的包裝大量裝運，不過，部分於可倫坡購買的茶葉，會依照採購員的要求進行調和。可倫坡每週都會舉行由錫蘭商會和可倫坡茶商協會主辦的茶葉拍賣會。

　　到目前為止，大不列顛是錫蘭茶葉最大的消費者，占了總運輸量的61%左右，澳洲與美國的消費量緊追在後，分別占總運輸量的9%和7%。紐西蘭和南非也是重要的銷售地，而埃及、伊拉克及小亞細亞則是相當具前景的市場。

▶ 可倫坡港

　　可倫坡港幾乎完全被陸地包圍，港口南邊和東邊都與陸地接壤，而北邊和西邊則是防波堤。有遮蔽的水域面積為260公頃。裝卸貨物是利用駁船完成的。碼頭和防波堤的總長約3200公尺，裝配

可倫坡碼頭全貌，包括登陸碼頭和位於中央的海關

有最新的電動起重機、蒸汽起重機等設備。倉儲設施的面積有 54221 平方公尺。有一個港口委員會負責管理可倫坡港。

就跟在印度與爪哇一樣，大多數的錫蘭茶園屬於當地公司或英資公司，這些公司的代理人負責打理產業並處置產業的產出。

茶葉在茶園經過加工和包裝後，經理人會藉由鐵路運輸將茶葉送給可倫坡的代理商。接著，這些貨品可能會以下列四種方法之一進行處理：一、被送往英國交付給倫敦拍賣會；二、被交付給可倫坡的拍賣會；三、如果這批茶葉已進行遠期銷售，則會被直接出口到消費國；四、這批茶葉私下在可倫坡出售。所謂的遠期銷售，是指依照良好平均品質（f.a.q.）類型進行轉售，這是錫蘭最新發展的方式，但不像在爪哇那麼盛行。

▶ 可倫坡的茶葉拍賣

錫蘭所生產的大半茶葉，會在可倫坡的拍賣會進行銷售。有六個固定的銷售經紀公司：薩默維爾公司（Somerville）、E·約翰公司（E. John）、R·戈登公司（R. Gordon）、富比士與沃克公司（Forbes & Walker）、巴特利特公司（Bartleet）、基爾與瓦多克公司（Keell & Waldock）。

這些公司會為了每一場拍賣會，印製各自的目錄。代理商會將手中待售茶葉的詳細情況，提交給其中一家經紀公司，經紀公司便會將其列入目錄中。接下來，經紀人會將茶葉樣本和目錄交給當地的出口商號。這件事必須在舉行拍賣會之前的週五早上十點之前完成。

從這一刻開始，接下來的程序和加爾各答拍賣會的程序幾乎相同。每週二

每週一次在商會舉行的可倫坡茶葉拍賣

在商會的拍賣場舉行拍賣。大批量的茶葉被稱為「布瑞克」（break），大布瑞克是指 453 公斤及以上的茶葉；少於此數量者被視為小布瑞克，而可被列入目錄的最少量茶葉標準是 136 公斤。小布瑞克會以下列方式條列於目錄中：

開設於約翰‧瓊斯暨合夥人公司的茶園帳戶

MARABOOLA：發貨單編號 16
B&H（當地原裝）
36 － 322 － 15 半箱／橙黃白毫碎葉 820
37 － 329 － 16 箱／橙黃白毫 1285

　　「茶園帳戶」（On Estate Account）這個用語的意思是，發貨單屬於原始生產者的資產；換句話說，就是擁有茶園的公司或個人業主。在公司或茶園會計年度開始時，發貨單會從一號開始編號。其中的第一個數字「36」是指批號；第二個數字「322」指的是經紀人的樣本盒。「B & H」代表的是「大批量並加箍圍住的」；最後一個數字「820」則代表磅數。

　　茶葉的包裝方式可能有以下四種：
　　一、以當地原生木材製成，並在錫蘭進行加工的「當地原裝」；二、由日本產的冷杉（もみ）包裝；三、專利膠合板箱，比如由 Venesta、Luralda、Bobbins、Acme 及其他廠牌所生產的膠合板箱；四、以輕金屬覆蓋在木製框架上製成的金屬包裝。

　　一般代理商銷售茶葉所收取的佣金是 1%，不過以牛車運送茶葉到商店、取

樣、儲存及保險，都會另外收費，費用通常介於每453公克0.5%到1%，其中也包含了經理代管的管理費、事務費用等支出；為管理工作收取的代理費是相當微薄的，並不足以支付錫蘭籍職員的薪水。茶園代理商必須聘請有經驗的前任茶農，這些前任茶農能夠要求高額薪資，而且通常是代理商公司的董事或合夥人。即使倫敦代理商公司控制的土地公頃數，可能比當地代理商公司多兩倍，還是有為數眾多的當地代理商公司存在。

儘管在可倫坡拍賣會上的茶葉供應量，明顯多於售出的量，這並不代表所有供應的茶葉無法在可倫坡找到現成的市場。代理商公司通常會和銷售經紀人制定「限額」，同時如果他們的茶葉沒有賣出，銷售經紀人在獲得投標人同意的情況下，可以登記他們的投標價，因此這個價格會在拍賣會次日下午一點確定。反過來說，決定好報價的採購公司，可以選擇用銷售經紀人可擔保的任何預付價格，要求茶葉的所有權，並以此方式免除進一步的出價，以確保取得茶葉。在拍賣會中剩下的茶葉，大多都會在接下來的幾天內以私下方式售出。

▶ 特殊銷售合約

有少量綠茶是在錫蘭生產的，而且大部分會銷往美國和俄羅斯。這種綠茶很少會被放進拍賣中，而是以遠期合約的方式進行銷售。這是一種包含了綠茶的購買及販售的特殊合約形式。

紅茶也有以遠期合約銷售的特殊契約形式。錫蘭商會每年會指派數位茶葉

專家。如果發生爭議，會從相關當事人之中選出仲裁人。

▶ 全年無休的市場

在錫蘭，茶葉一整年都可以大量生產。在印度，茶葉的生產會在每年春天暫停三個月。這段休息時間是非常令人愉悅的，因為這為疲憊不堪的茶葉採購員帶來徹底的變化，而且對於健康來說，這種變化是必要的。但錫蘭的同業人員就沒有休息的時間，必須一整年不斷地辛勤工作。他必須費力地完成每週一千五百到兩千份樣本的工作量，只有在耶誕節、復活節之後的週三，還有當地稱為「茶葉貿易假期」的九月其中一個週三等，少數幾天能暫時獲得喘息。

加爾各答的許多採購員每年都會前往英國；但在可倫坡，慣例是滿三年才會有六個月的假期。然而，有時採購員必須等待更長的時間才會有假期；這是因為熱帶地區的生活比其他地方的不確定性更高，在一位採購員做好所有要回家的安排後，卻因同事生病或過世而必須取消，是很常發生的情況，而這也表

可倫坡的牛車運輸

可倫坡茶葉出口商倉庫內一景
上：品茶；下：大量堆放的茶葉

示他得再多等一年才能離開工作崗位。

　　可倫坡的茶葉專家為了對茶園送來尋求建議的樣本提出報告，也需要對茶葉加工的科學方面有所瞭解。在品鑑茶葉時，他們會取重量等同於六便士銀幣的茶葉，放進一個小壺內，並將約 70 毫升的熱水倒在茶葉上。將壺蓋蓋上，靜置五到六分鐘後，再將所有液體倒進一個小瓷碗內。接著，輕拍壺身，將浸泡過的茶葉倒在翻轉過來的蓋子上。品茶員會根據茶湯的味道、浸泡後茶葉的氣味與外觀，還有樣本的乾茶葉外觀進行評鑑。

　　就跟在加爾各答一樣，採購員必須確認樣本在拍賣結束後以第一批郵件寄出。郵件截止日通常是隔週的週二和週四，因此他動身取得樣本的時間只有兩

天，但他所買下的茶葉可能存放在數英里之外。

▶ 茶葉關稅與地方稅

　　可倫坡之所以無法成為重要茶葉調配中心的原因，主要在於每 453 公克進口到錫蘭的茶葉，要收取二十五錫蘭分（約八美分或四便士）稅金。因此，這裡週期性地發生支持允許茶葉以保稅方式進口和調配的運動（註：保稅是指運抵國境的進口、轉口等貨物，在通關放行前，暫免或延緩課徵關稅）。這個運動的倡導者認為，這個方案能讓可倫坡成為錫蘭、印度、爪哇，或許再加上中國茶葉的重要茶葉調配及分銷中心。

　　然而，在目前的安排中，產自南印度的茶葉有相當可觀的數量會在可倫坡的每週拍賣會中售出；銷售時是根據從大批量貨物中選取的樣本，這些貨物未經完稅，仍存放在轉運倉庫中。錫蘭的實際茶葉進口量少到可忽略不計。

　　從西元 1932 年四月起，每 45 公斤茶葉都要徵收二・三七錫蘭盧比的出口關稅。除此之外，還有對所有出口茶葉徵收每 45 公斤十錫蘭分的地方稅。這項稅則是為了支持茶葉研究所，在茶葉利益團體的鼓動下開徵的。此一條例（西元 1925 年第十二條條例，被稱為「1925 年茶葉研究條例」）於 1925 年十一月十二日開始生效。

　　後來，由於原來的十錫蘭分稅率需要用來償還政府資本性貸款，不足以供茶葉研究使用，因此，西元 1930 年，在倫敦的錫蘭協會、錫蘭莊園業主協會、

可倫坡港裝貨景象
上：以駁船運送到輪船上；下：艙口之下。

錫蘭種植者協會、低地產品協會的一致
同意下，將 1931 年到 1933 年間的地方
稅增加為每 45 公斤茶葉十四錫蘭分，並
一直延用到 1934 年。

西元 1932 年，為了提供資金給由新
近成立的錫蘭茶葉宣傳委員會所主導的
廣告宣傳，對茶葉課徵了每 453 公克半
錫蘭分的稅金。

自西元 1933 年開始，茶葉限制方案
中的每 45 公斤茶葉已新增了十四錫蘭分
的稅金，如此一來，茶葉出口所需支付
的關稅總額達到三‧一五錫蘭盧比。

▶ 港口捐及倉庫租賃費

對盒裝或箱裝茶葉徵收的港口捐，

是根據每種包裝內容物的淨重而定。包
裝為 23 公斤或以下的茶葉，收費為每包
三錫蘭分；23 到 45 公斤包裝的茶葉，每
包收費六錫蘭分；而每增加 9 公斤或不
足 9 公斤的部分，收費一錫蘭分。在支
付上述費用後，茶葉會被允許在碼頭存
放三個結關日（即工作天），但週日和
民俗假日除外，除非接收貨物的船隻獲
得在這些日子裡工作的特別許可。屆滿
三天之後，接下來的每一天或未滿一天
都會收取類似的租金，包括週日、民俗
假日，還有出貨當天。

這些寄存在保稅倉庫等待出口的茶
葉，每週或未滿一週都有義務支付等同
於出口稅的租金。

▶ 貨運費率

戰前，每噸茶葉運往大不列顛的平
均運費大約是 35 先令，但這項費用在西
元 1916 年躍升到 245 先令，並在 1917
年達到 300 先令的頂點。1919 年初的運
費是 130 先令，同年後期攀升到 175 先
令。1920 年中期的貨運費率維持在 175
先令，然後在 1921 年中期下跌至 65 先
令，到了 1921 年底則跌到 60 先令。

運費從西元 1923 年四月到 1925 年
六月一日，都維持在 52 先令 6 便士，之
後上漲到 57 先令 9 便士，並扣除了 10%
的貨運回扣。

運往澳洲的貨運費率是 71 先令 3 便
士，到美國（紐約、波士頓或費城）的
運費是 67 先令 6 便士，送往歐洲的馬
賽、安特衛普、阿姆斯特丹、鹿特丹、
漢堡、不來梅、義大利港口的運費，是

錫蘭茶葉貿易表

年份	當地拍賣會 售出磅數	均價 盧比‧分	年份	當地拍賣會 售出磅數	均價 盧比‧分
1923	82,956,852	1.02	1928	117,940,469	0.85
1924	95,613,729	1.04	1929	132,805,644	0.81
1925	100,958,076	0.96	1930	119,773,827	0.75
1926	105,277,310	0.99	1931	110,058,150	0.57
1927	113,271,778	0.94	1932	111,560,761	0.42

57 先令 9 便士，到南非德本（Durban）的費用是 62 先令；而到開普敦的運費則是 72 先令 10 便士。

▶ 拍賣的數量與價格

　　十年期間，在可倫坡拍賣會上銷售的茶葉數量及平均價格顯示於附表中。

▶ 商業協會

　　可倫坡茶商協會有四十二名會員，由可倫坡茶葉市場的採購員和賣家、茶園代理人、所有未受任何公司聘雇但代表各自利益的獨立採購人，以及茶葉經紀人所組成。

　　為了保護茶葉貿易的利潤，協會在錫蘭商會的贊助下成立，負有監督茶葉拍賣會之責。

　　可倫坡經紀人協會是由前述六類人士及股票經紀人共同組成，此協會的目標在於保護該會成員的利益。

　　錫蘭商會大約有一百名成員，目標是推廣、促進及保護錫蘭的商業貿易，所使用的方法包括：收集並分類所有商會需要並感興趣的資訊；使不平控訴獲

可倫坡的一間現代化品茶室

得補救賠償，同時撤銷有害的限制；針對當地風俗習慣的差異，組成調解法庭，為願意遵守調解法庭裁決的當事人進行仲裁調解；與公共機構、其他地方的類似協會及個人，溝通協調商事；藉由紀錄商會的活動和決策，建構能簡化且便利商業交易工作條例的規定。錫蘭商會的會長或副會長，根據職權而言也是可倫坡茶商協會的會長。

▶ 可倫坡的茶葉採購員

在可倫坡，要成為一名成功的茶葉採購員，需要具備各種條件。他必須對客戶個別的口味有詳盡的瞭解；對貨品所運往的市場，以及所有茶葉生產國的狀況，有概括的認識；也必須瞭解茶葉的加工，以及不同生產方式如何製作出不同種類的茶葉。

在身體方面，為了能面對嚴酷的氣候，以及最重要的維持敏銳味覺的必要性，他必須擁有良好的健康。

一名從業人員會透過進入倫敦的茶葉營業處之類的場所，做為準備成為茶葉採購員的起始點。他會花費大約一年的時間學習營業處運作的例行公事，然後轉調到採購員辦公室，成為採購員助理，並藉由為採購員抽取樣本以及為一批批茶葉秤重，獲得倉儲程序的知識。

他以這種方式學會鑑別不同等級的茶葉、嗅聞要出售的每一種茶葉、開始與採購員品嚐不同批次的茶葉、秤量調和茶、將樣本送出、照看儲存的茶葉、維持庫存，並在任何幫上忙的位置提供協助。

他會參加茶葉拍賣會並取得報價。此外，他會將採購員於拍賣中品鑑過的部分，依照不同等級或地區進行安排，以便進行分批品茶。

他的職責範圍會逐漸增加，在初始階段過後，進步情況大多取決於該人員的能力以及養成味覺的速度，平均學習時間由三到五年不等。

這位新手在抵達錫蘭的時候，成為一名菜鳥採購員，品鑑不同批次的茶葉並瞭解以全新貨幣計算的價值。他會參加茶葉拍賣會並購買少量茶。隨著他學到的越多，責任範圍也逐漸擴大。

最受歡迎的人選是上過中學和公學的人，這些人通常富有熱忱、身強力壯、有著可能以真誠打動客戶的個性，並具有實踐此種真誠的能力。

一名資淺採購員一開始的薪水，可能是每個月四百錫蘭盧比到五百錫蘭盧比不等，以及之後的三到五年期間，每年增加六百到一千錫蘭盧比。他的月薪會隨著時間增加，達到一千五百到二千錫蘭盧比之間，實際金額取決於生意的規模和需要擔負的責任。除了薪水之外，有些採購員會從銷售中獲得佣金，佣金是沒有上限的。

如果他服務的公司擁有附屬的平房或公寓，則提供的住宿會計入其薪水的一部分。

茶葉採購員沒有通用的契約格式。若要成為一名採購員，可能會簽署所服務之個別公司的標準格式協議，或者只是達成紳士協議。

資淺採購員的日常大概如下所列：他會在上午七點抵達工廠，並安排當日的計畫，然後在上午八點半到九點間抵達辦公室，通常會在那裡待到下午四點半到五點之間。他離開辦公室的時間並不一定，在郵件截止日和茶葉拍賣日通常會忙到下午六點或甚至更晚。

一般說來，他要提早在四點半到五點離開也不困難，因為大多數公司的政策是鼓勵資淺成員間進行體育競技活動。戶外休閒娛樂活動會從下午四點半或五

可倫坡一間茶葉採購員的小平房

點持續到六點或六點半。晚餐時間通常
是晚上八點或八點半，而十點或十一點
則是就寢時間。

　　資深採購員偶爾會以監督的身分造
訪工廠，在上午九點或九點半到下午四
點或五點間都會待在辦公室，不過在拍
賣日的前一天，他會留得更晚。早上的
時間，他通常會用來品茶，而下午則是
用來進行通信聯繫。主要的休閒活動包
括了各種戶外運動，像是足球、英式橄
欖球、曲棍球、板球、網球、高爾夫球、
帆船比賽、游泳、划船、馬球及羽毛球，
還有慣常的室內娛樂，例如跳舞、撞球、
橋牌等等。

　　在錫蘭，通常在服務第一個五年結
束時、隨後的四年結束時，還有之後的
每三年，都會同意給予休長假。休假通
常有六個月，而且會事先安排，雖然有
時候會因意料之外的狀況而需要改變。
公司通常會提供回鄉頭等艙的來回票，
再加上休假期間支領半薪或全薪。

　　服務的年限有極大的變化，不過
大多數採購員會服務十五到三十年，在
四十五歲到五十歲時退休。

3. 荷屬東印度的茶葉運銷

　　荷屬東印度之主要城市兼群島茶葉
市場的巴達維亞，位於爪哇島的西北角，
從其港口丹絨普里克（Tandjong Priok）
往內陸約 10 公里處。

　　距巴達維亞更遠處，聳立著巴達維
亞行政區與皮恩格（Preagner）行政區，
爪哇大多數的茶葉皆生產於這兩處。

　　在爪哇，會將茶葉包裝在以鉛或鋁
為襯裡的木製箱子內，每箱約可容納 45
公斤茶葉。雖然這些箱子有一部分是在
茶園製作，不過由三夾板製成的專利箱
子也越來越受歡迎。工人將茶葉包裝好
之後，會以卡車或運貨馬車運往最近的
火車站，再由此處經鐵路運輸送往巴達
維亞。

　　丹絨普里克港是由長碼頭圍繞著外
港所構成。水域面積大約 142 公頃，並
且有三座內港。每座內港大約有 1100 公
尺長，但寬度不一；第一座內港約 180
公尺寬、第二座約 150 公尺寬，而第三
座則是約 215 公尺寬。所有的內港都配
備了現代化的電力移動式起重機。毗鄰
碼頭的是港務局和私人運輸公司的倉庫。

　　巴達維亞與港口之間，有路況良好
的公路與雙線鐵道連接。

　　茶葉會被送到巴達維亞火車站，從
該處起以鐵路進行運輸。將茶葉運往阿
姆斯特丹的現行（1936 年）運費，是每
50 立方公尺三十七弗洛林幣；運往倫敦
則是每 50 立方公尺三十八弗洛林幣，但
每趟皆少收 10% 的費用。

　　巴達維亞的茶葉採購幾乎完全掌握

在英國公司手中，大約有七到八個英國公司設立在此，或是在當地有代表處。而銷售上則完全相反，主要由荷蘭人主導，但另外有三家英國商號及一家德國商行掌控大批茶園，還有少數中國人和阿拉伯人也供應了一些茶葉。

爪哇的茶園大多數都屬於總部設在阿姆斯特丹或倫敦的公司，這些公司有些在巴達維亞有代理商，有些則沒有。關於茶園經理人應如何處置茶葉的指令，會直接由公司董事發出，或是由在巴達維亞的代理商傳達。

指令通常是根據董事們的總體策略而定，內容可能是讓全部貨品在阿姆斯特丹、倫敦或巴達維亞銷售；或依照不同茶葉市場的主流市場價格進行處理。如果巴達維亞有代理商的話，這些代理商會向茶園所屬公司收取處理茶葉的實際費用，以及經由他們售出之茶葉總收入的一定百分比所組成的佣金。

茶葉於爪哇的任一茶園中加工完成後，會發送到以下三處之一：一、送到倫敦進行拍賣；二、送到阿姆斯特丹公開銷售；三、送到巴達維亞，經由個別契約或協議販售，之後這些茶葉會出口至消費國。我們在此最關注的是最後提到的銷售管道。

巴達維亞沒有舉行拍賣會，茶葉會私下販售給設立在巴達維亞、代理茶葉消費國各種利益的公司。負責採購和販售的經紀人，會從採購員和賣家兩方面各抽取 0.5% 的佣金。港務局的倉庫並沒有供茶葉混合以及存放大批茶葉的能力。處理茶葉所需的費用如下：

為遠洋郵輪裝載茶葉，丹絨普里克港，巴達維亞

	巴達維亞	丹絨普里克
交貨給採購員	每箱 17.5 分	每箱 20 分
倉儲費用	每箱 6 分	每箱 6 分
火險	每月 0.5%	每月 0.5%
統計出口關稅	0.25%	0.25%

▶ 預先採購

大部分的銷售都是以遠期交貨為基礎進行的，交易內容可能是某個茶園一年或多年所有等級的所有收穫，或是一個月、三個月、六個月等不同期間內，所出產之特定等級的茶葉，或包括了乾季所生產的優質茶葉，又或是濕季所生產的品質較次等的茶葉等等，全都取決於採購員的需求。

整體而言，荷蘭籍的生產者在所有情況下都很樂意出售，因此在實際操作層面上，大量的茶葉在送離茶園之前就已經售出了，並隨後運往採購員開設於巴達維亞的商店，或者採購員也可能會指示將茶葉直接送到港口。

遠期合約是根據 f.a.q. 標準，也就是商標與產季的良好平均品質所訂立的。用這個方法進行茶葉採購並不是件簡單的事，而且在樣本方面還會遇到銷售現貨時不會發生的難題。舉例來說，一名採購員若要在十二月定下購買某座茶園隔年六月到九月間產出之茶葉的合約，必須對任何一座特定茶園會生產何種品質的茶葉，有非常敏銳的認知。

賣家也必須小心不能讓他的標準下降，因為所有以遠期合約方式在巴達維亞銷售的茶葉，都是以「商標」進行交易，如果賣家讓商標的價值下降，將會損失一項貴重的資產。茶園商標被全球各地的採購員所熟知，當消費國家的採購員對某個商標下的許多茶葉不滿意時，就會指示在巴達維亞的代理商不再購買那個商標的產品。

因此，即便由茶園所生產的茶葉之品質可能有所改善，但因三年或四年不良貨品所造成的損失，仍然需要數年的時間才能彌補。

偶爾會發生茶葉採購員覺得送來的貨品未能達到預期的良好平均品質，在這種情形下，賣家通常會將問題提交給茶葉專家局或告知經紀人，並透過這些管道達成令人滿意的解決辦法。不過，如果賣家被告知該批茶葉應該被視為符合良好平均品質，這個問題便會被提交到仲裁庭面前進行聽證及裁決。

▶ 銷售量

巴達維亞每年的茶葉銷售量達到了平均約 2668 萬公斤，主要市場是英國、澳洲和美國。

茶葉的品質逐年有所變化，但爪哇茶大略可分為兩種類型，一種是六月到十月所生產的良質茶，即乾季茶；還有一種是十一月到五月所生產的次等茶，即濕季茶。通常年初幾個月的出貨量較大，從七月開始的出貨量較少。

▶ 蘇門答臘

蘇門答臘似乎是所有茶葉種植國家中最具發展前景的一個，可以肯定的是，

茶葉種植面積會在十到十五年內增加兩倍。位於東海岸的棉蘭對蘇門答臘來說，就像巴達維亞之於爪哇一樣。

棉蘭是主要的商業中心，同時與相距約 20 公里的波拉萬德里（Belawan Deli）之間，有鐵路及路況良好的公路連接。蘇門答臘東海岸在發展所取得的巨大進展，讓位於波拉萬島上的波拉萬河口得以興建港口，而通往港口和河流本身的通道，則藉由疏浚來持續保持暢通。

波拉萬港在舊的沿海建築中，擁有約 750 公尺長的碼頭，在新建築中的碼頭則有約 185 公尺長，可供吃水深度達約 8.5 公尺的船隻使用，同時有兩座加煤碼頭，每座的長度約 30 公尺。除此之外，還有一處獨立的內港，即所謂的「椰子葉港口」，供當地的小漁船使用。最新的改進是建造約 915 公尺長、帶棚子的碼頭。這座碼頭可容納退潮時吃水達約 12 公尺的遠洋輪船。

所有種植在東海岸的茶葉，分別屬於英國、荷蘭、德國的大型公司所有。出口程序與爪哇大同小異，那些運往爪哇、新加坡和檳城的貨物，會再被

在波拉萬德里裝載茶葉，蘇門答臘

運往澳洲、歐洲及美國。沒有茶葉會留在蘇門答臘使用。平均說來，茶葉從巴達維亞運抵美國需時七週，送往倫敦需要三十三天，而抵達阿姆斯特丹則需要三十三天到三十四天。蘇門答臘的茶葉運輸時間通常會少幾天。

▶ 相關協會

設在巴達維亞的茶葉專家局，是與爪哇茶葉貿易息息相關的獨特組織，儘管它是茶農協會，卻對巴達維亞的市場有著深遠且重大的影響力。茶葉專家局的目標，是在將茶葉從茶園發送出去之前，檢測所有寄售貨物的樣本，並提供種植者關於市場需求的專業建議。T·W·瓊斯（T. W. Jones）是負責這項工作的茶葉專家，繼任者是 H·J·O·布勞恩（H. J. O. Braund）。

專家局的秘書和行政作業則由一般進出口公司吉歐韋里公司（Geo. Wehry）負責，其辦事處遍布在專家局所在的巴達維亞市內。

茶葉採購員有自己的特殊同業協會：「巴達維亞茶葉採購者協會」，宗旨是提升巴達維亞市場中茶葉採購員的共同利益，會員由八家公司的代表所組成。所有巴達維亞的茶葉採購員都有參加的資格。

除了確實存在於巴達維亞茶葉貿易行業內的協會組織以外，還有巴達維亞商業同業公會（Handelsvereeniging te Batavia）這個商業組織，它擔任了代表所有行業及企業的角色，但會將協議的細節部分留給特殊的行業工會，例如茶

在茶葉專家局進行樣本測試

葉採購者協會、橡膠協會,以及其他相關協會處理。所有的巴達維亞商行在商業同業公會中都有代表。

在蘇門答臘,那些對批發生意有興趣的人,自發成立了棉蘭商業同業公會(Handelsvereeniging te Medan)組織,類似於在巴達維亞所成立的相對應機構。

▶ 爪哇和蘇門答臘的茶葉採購員

要在爪哇和蘇門答臘成為成功的茶葉採購員,必須具備的能力有一般商業學識才能、茶葉的廣泛知識,以及與外國客戶聯絡往來。他以助理的身分入職,為成為採購員做準備。那些接受過良好教育,尤其商業相關教育的人,特別受到歡迎。

他們有不同的薪酬,有些人屬於公司成員,得以分享利潤;其他人則獲得薪水及佣金。沒有特別針對茶葉採購員設計的合約類型。

爪哇和蘇門答臘的茶葉採購員,通常在上午九點到下午四點或四點半會在辦公室。他們主要的休閒娛樂活動有網球、高爾夫球、橄欖球、橋牌和俱樂部生活,每三年會獲得六到八個月的長假,或者在與商業任務結合時,能夠獲得更頻繁的休假。他們在休假期間通常能夠支領全薪及出差費。有些採購員會在爪哇停留一段時間,然後前往別處,像是可倫坡、加爾各答或澳洲。

4. 中國的茶葉運銷

以茶葉生產國來說,中國、印度和錫蘭的主要差別之一,在於後兩者的茶葉是種植在大型生產公司所擁有,並由歐洲人進行管理的大規模茶園中。而在中國,茶葉是當地農人在小塊農地上種植生產的。這些農人同時種植其他作物,而且在採摘茶葉時並不會特別仔細注意。

當地茶葉經理人,或者說收茶人,在銷售中國茶時的慣常程序,是走訪各

一名茶葉採購員位於蘇門答臘棉蘭的住所

個農場,收購每戶農人的少量存貨,並將其帶往距離茶葉生產地區最近的市場上,該市場通常是一個位於水路航道上的大型村莊或城鎮。三月時,當地的茶葉採購員會進入這些城鎮設立總部,並建立財務上的業務往來關係。這些採購員通常來自設立在漢口、上海或福州等核心城市的中國茶行,也有上海和福州的經紀人提供資金協助,而這種情況同樣適用於九江茶和綠茶。漢口的茶葉職人在資金方面通常是自給自足,因此不依賴任何經紀人,反之還能為所有經紀人提供樣本,並支付佣金給銷售員。

中國的倉庫被稱為「行」,因為這些倉庫是由一系列的房間所組成的,而這個字現在被用來泛指所有類型的商業機構。這些茶行的獲利龐大,但隨著印度、錫蘭和爪哇進入全球茶葉市場後,這些獲利已經大幅縮水。

茶葉會透過當地的茶葉經紀人提供給外籍出口商,而不同批次收成的茶葉樣本會被放在小罐子裡,罐子外面有中文戳記。外籍品茶員會對樣本的色澤、葉形及茶湯進行測試,而中國經紀人會從茶葉銷售中獲得 1% 的佣金。

進行杯測時,會取出重量等同六便士銀幣的茶葉,放在一個杯子內,並在杯中注入熱水,讓茶葉靜置約五分鐘;時間會以沙漏或五分鐘鬧鐘控制;接著倒出浸泡液。如果品茶的採購員感興趣的話,就會要求送來半箱,如果箱中茶葉符合樣品規格的話,就會訂購整批貨物,並送入貨棧中進行檢驗。偶爾採購員會發現大宗銷售的茶葉未符合樣品規

茶葉的檢查與估價,中國

格,就會拒收,或是跟經紀人討價還價以降低採購價格。

中國全境的所有方向都有道路貫通,但全都維護不良。在中國內陸及南方省份,道路寬度很少超過約 1.5 公尺,幾乎不可能有靠輪子運作的交通方式。馱獸稀少,因此在缺乏運河或水路航道之處,就需要利用人力運輸。

有一些近乎直線的主要商業道路和驛道,而在平原地形,這些道路的路面平均寬度在約 6 到 7.5 公尺間。

全中國只有大約 12,000 公里長的鐵道,因為鐵道的擴展延伸被近年的派系內戰延誤了。

中國的貨物運輸在很大程度上需要仰賴河流與運河,主要水路有五條:西江、閩江、漢江、揚子江(註:即長江,以下皆稱長江),還有大運河。

長江是中國最重要的水路,在貫穿流過華中地區的約 5150 公里路程後,大約在北緯 31 度流入黃海。長江可供航行河段的沿岸,星羅棋布著許多富饒且人口稠密的城市,例如鎮江、南京、九江、漢口、武昌、漢陽、宜昌、貴州、重慶、瀘州。長江流域是土地肥沃富饒的地區,

包含了 181 萬平方公里的土地，有兩億人口居住於此。長江下游可供大型郵輪行駛的部分有約 160 公里；特製郵輪可再往內陸行駛約 480 公里，而平底帆船又可再往內陸多行駛約 320 公里。長江對中國的經濟生活極其重要。

　　重要性居次的是大運河，始於杭州，向西北行至天津與海河匯流，等於是由此延伸至北平（及北京）附近的通州。大運河與長江在鎮江交會，而蘇州則約介於杭州與鎮江的中途處。

▶ 稅金與關稅

　　沉重的出口關稅和國內賦稅在過去半個世紀以來，為中國茶葉帶來極大的不利條件。出口關稅一開始在西元 1842 的《南京條約》被確定下來，隨後於 1858 年的《天津條約》中再次被規定為每石（約 60 公斤）二兩半，這代表了稅率為 5% 的從價稅（註：以價格 × 數量 × 稅率來計算）。但是，茶葉的價格絕對無法達到每石五十兩的高價，到後來，茶葉價格的下降導致了出口關稅的從價稅上漲到 10%。1902 年，關稅降低至一又四分之一兩；1914 年又再降至一兩（一兩等於七十美分）。

　　當茶葉市場在西元 1918 年明顯開始出現危機時，數個當地組織要求暫停收取出口稅金，所得到的回應是從 1919 年十月十日起，暫停收取稅金兩年的命令。到了 1921 年底，情勢依舊糟糕，稅金暫時停收的時間展延一年；隨後在 1923 年再次延長停收的時間到 1925 年，最後在 1927 年被永久廢除。

　　中國的茶農必須負擔一連串被稱為「釐金」的國內賦稅，而這些釐金的總和會達到相當龐大的數目。茶葉的每次移動，包括從一個省份到另一個省份，還有同省份之內的搬移，都要被課徵釐金。釐金並非根據制定好的確切數額進行徵收，大多是取決於當地政府的命令。從一石茶葉的釐金很少低於一兩這個事實，可以看出這項稅收高到不合情理，而將一石茶葉由田間運往漢口的花費，需要二又二分之一兩或更多的情況，是很常有的。如今，中央政府的釐金稅率已經完全失控，而且看來沒有立即將其廢除的可能性。

　　上海泛太平洋貨運局的成員，最近要求上海的中國茶葉協會注意茶葉貨運

中國河道水路的茶葉運輸，當地的平底帆船。

位於上海的美國貨棧

包裝低劣的問題，並採取改善包裝的措施，以確保茶葉在抵達目的地時的狀態，比使用目前的容器類型與包裝方法更好。為了勸導並鼓勵當地茶葉職人採用膠合板製成的容器，有人建議針對包裝較鬆散的貨品加收運費。

▶ 佣金榨取

多年以來，中國的茶葉都以一套被稱為「佣金榨取」的獨特體系進行貿易。在轉手過程中，茶葉必須承擔進入交易的間接成本，其中甚至包括了中間人，也就是買辦的部分。買辦的權利似乎在於確保他替所服務的一家或數家公司採購所有貨物時，能由賣方獲得一筆私人佣金。中國人並不將其視為一種貪污受賄，反倒認為不支付費用給有權收受「佣金榨取」的人，是不誠實的作為。海關常常會被叫做「佣金榨取機構」，而這個稱呼從未觸怒以中國海關總稅務司之名為世人所知的可敬政府機關。

▶ 外銷市場

進行中國茶葉外銷的主要市場是漢口、上海、福州，還有占比較少的廣州等通商口岸。在俄羅斯貿易從恰克圖（Kiakhta）路線轉移到西伯利亞鐵路之前，天津也是茶葉運往俄羅斯的外銷市場。曾經繁榮興盛的廈門，已淡出眾人的視野之外。磚茶的主要市場，則在接近蒙古邊境的張家口、包頭、歸化，還有四川西部、接近西藏邊境的打箭爐（註：即現在的康定）和松潘。

西元 1931 年，國民政府頒布茶葉檢驗條例，規定只有出示由商業商品局頒發的證書，才允許出口。

▶ 漢口茶葉市場

漢口是中國的重要內陸茶葉港口，位於上海以西約 965 公里、長江北岸與漢江交匯處，湖北省會武昌則位於漢口正對面的長江南岸。漢口與上海之間每日有航線固定的郵輪往來，較小型的郵輪則能順流而上抵達宜昌。

遠洋船隻一年有六或七個月會駛入長江，大批由漢口送出運往國外的貨物，會在上海進行轉運，而郵輪會在漢口的廢棄船骸或中游地帶裝貨。茶葉會直接從託運人的貨棧運往廢船船骸，並從這裡裝載到貨船上。

由於漢口位於三個茶葉產量最多之省份（湖北、湖南、江西）的中心位置，同時還有水路航道與四川、安徽、陝西及江蘇連接，因此有長達約六十年的時間是中國規模最大的茶葉市場。部分原因是大多數俄羅斯茶葉商人將工廠設立於此地，但是隨著俄羅斯這個大宗茶葉買家的消失，漢口做為外籍採購者中心的重要性便開始降低。西元 1918 年的世界大戰，終止了漢口的定期茶葉外銷，同時許多老牌茶行關門停業。

隨著正常貿易關係的恢復，大型外籍茶葉商行認為上海是更便利的採購茶葉地點，而在漢口開設分公司只會增加經常性費用的支出，因此前往漢口的茶葉專家逐年減少。

當地生產的茶葉在漢口與上海間的價差，差不多只有每石二或三兩，足以

支付運往上海的河運運費及匯差。不過，在上海進行採購時，必須當場支付額外的佣金給中國茶行，同時，雇用苦力及碼頭貨棧，也要雙倍費用。至於取樣的費用、倉儲費用等，已逐項達成協議，平均費用約為每石一兩半。

有一定數量被稱為「陸路原葉茶」的茶葉，會從漢口沿漢江而上運往樊城，由此經陸路運往西伯利亞及蒙古。

蘇聯政府在西元 1925 年以茶葉大買家的身分進入漢口市場，但近幾年都是銷聲匿跡的，而漢口能否重回從前茶葉商業中心的地位，也值得懷疑。在漢口設有工廠的舊日俄羅斯茶葉商行，都已經關門歇業，或因失去遍布於俄羅斯的代理商而陷入嚴重癱瘓。有三家生產磚茶的俄羅斯工廠：阜昌洋行、順豐洋行、亞洲貿易公司（後來屬於英國），還有一家中國工廠是由興商公司設立。在革命軍北伐爆發前，漢口的外籍茶葉出口商有：協和洋行、亞洲貿易公司、天裕洋行、天祥洋行、錦隆洋行、怡和洋行、禪臣洋行、陶德洋行、同孚洋行。

中國茶葉商人是非常保守的階層，堅定地抱持著俄羅斯商人有一天會以茶葉大買家的身分重回漢口的期望。中國商人在漢口設有同業公會，但外籍出口商發現，幾乎不可能說服這些中國商人齊心協力地採取改善生意的行動；比如，外籍出口商曾極力主張改進當地茶葉包裝盒的品質，但到目前為止並沒有獲得任何成果。許多中國茶葉職人越來越依賴外籍出口商提供的捆紮和鋪墊，而不是自己製作堅固結實的包裝。

在退潮時卸下茶葉貨箱，漢口

▶ 匯率問題

如果一名外籍採購員要購買各種茶葉，必須以漢口當地的銀兩付款給中國商人，同時他的帳單要進行議價，並以美元或英鎊提款。

匯兌是在中國進行國際貿易和外貿銀行業務難度最大的問題。廣泛來說，有兩類匯兌制度：國內匯兌及國外匯兌。外國商號和外資銀行承擔外匯的管理，不過在國內匯兌的部分，除了漢口、上海及天津等地間的提款或匯款之外，其餘的管理，則完全留給中國買辦及其員工處理。當你想到數百兩不同重量、成色各異的銀兩、種類眾多的貨幣，還有大量各式各樣的小額硬幣，基本上全都彼此獨立流通，而且沒有固定兌換比例時，外籍商人願意將處理國內匯兌的業務交給買辦，這就不奇怪了。

國內匯兌在所有商業交易中都是必須考慮的一環，這與在漢口地區以外所購入的商品有關。當地的做法是在一家或多家外資銀行，偶爾會在一家中國銀行中，以銀兩或美元開立現金往來帳戶。如果商品貨款是以貨物來源地的貨幣支付，那麼用於結算的銀兩等級和成色（註：指純銀的含量），可能會與存放在銀行帳戶中的銀兩有所不同。另外，也可以要求以美元支付貨款，報價則可由銀行取得。銀元和墨西哥幣的報價幾乎總是相同的。一年當中，某些季度有時會發生對美元的強勁需求，使報價攀升到比匯兌鑄幣平價高出 5% 的狀況。

雖然銀兩從未被鑄造成錢幣，而且在不同團體中只代表了特定重量和成色的銀子，但當地通常會以純度 99.6% 到99.9% 的商用銀條，鑄造成元寶形狀的銀錠，重量大約有五十兩，銀錠上除了鑄造者的「戳記」（即簽名畫押）以外，還會以鑄造團體之名，寫下以兩為單位的確切價值。鑄造者的「戳記」代表他及其家族要為銀錠上所標示的重量與成色負責，同時該銀錠會以其面值被接受，就跟由美國鑄幣局蓋章認證的二十美元金幣一樣。

在中國，貿易相關的問題中，最困難的可能就是處理外匯了。匯兌的技巧只能由實際經驗中獲得。金與銀的關係，是基於這兩種貴金屬在世界最大市場中的相對價格，這些價格會在上海的大型外資銀行每日的匯兌報價單中提供。香港和上海的商業銀行從上海分部收到電報後，再對外匯經紀人公布自己的匯率，已經成為每日慣例。這些匯率會被印在紙條上，副本會四處發送到漢口的銀行、商人等處。行情單列出的是漢口任一種貨幣與海外任一種貨幣間的兌換比例。除了日圓報價是以每一百日圓兌換等值漢口兩的方式列出之外，匯率會以與一兩（漢口貨幣）等值的海外貨幣金額來列表。

漢口的大規模海外茶葉銷售，最多持續四個月，不過通常只有六週左右。茶葉季節大概從五月十五日開始，一直持續到十月中。最重要的交易時間是從五月底到七月初，在這段時間內，穿著絲綢的中國經紀人，會乘坐著私人黃包車從各自的城市趕來，而大茶行會協調安置好，以便提供貨物。接著，便顯現出品茶員的真正價值，而這確實是極為重要的。

過去，漢口的俄羅斯茶葉銷售有一個相當奇特的異常現象，那就是漢口這個內陸港口鄰近中國許多最具規模的茶葉產區，既輸入也輸出茶葉。當磚茶工廠正在營運時，大量的茶葉粉末微粒會由錫蘭、爪哇及印度進口，與當地生產的原葉茶葉及細碎茶葉進行混合。在可取得的範圍內，製造商花費在中國茶葉粉末微粒上的成本，是每石五到十兩；但是從錫蘭、爪哇及印度進口的粉末微粒成本，則是每石四十到七十兩。

▶ 福州

福州是福建省的省會，與廈門和汕頭同為福建茶葉的銷售中心。福州位於上海南方約 730 公里處的閩江北岸，離

海約 55 公里遠。由於閩江的水位很淺，外籍船隻會在約 24 公里外的羅星塔錨地（註：即福州馬尾區）下錨停泊。

俄羅斯人和英國人曾在福州設有數個磚茶工廠，而且磚茶的出口貿易曾繁盛過一段時間；隨後，磚茶出口貿易轉移到漢口和九江。

造成這種情況的原因之一，是福州產的茶葉無法製作優質磚茶，另一個原因是一部分磚茶工廠已經被中國商號買下並營運。

福州的中國茶葉商人組成了數個團體，其中專門從事對外出口的團體被稱為「公義堂」，主要由廣東人組成。從事中國國內茶葉消費交易的有三個主要團體，分別是北平幫、天津幫、廣州幫。

北平幫是由直隸省（註：1928 年後改稱河北省）及山東省的本國人士所組成，將茶葉運往北平，並由該地再運往華北及蒙古。天津幫將茶葉出口至天津。廣州幫則專門為南方省份處理福建茶葉的供銷。

除了在福州從事國內茶葉貿易的中國茶商之外，還有八或九間外商的洋行或分部對外銷茶葉貿易感興趣。

福建茶葉通常會採摘三次。第一次採摘的時間大約在五月初，採收的是白毫，而五月期間採收的是工夫茶和小種，這批茶葉會在六月底上市。第二次採摘的茶葉會在九月中上市；而第三次採摘的茶葉上市時間則是十月底。

▶ 廣州

廣州市的位置在香港往內陸方向約

130 公里、珠江三角洲的頂端，是規模龐大、人口稠密的商業之都，也是廣東及廣西兩個省份省政府的總辦公處。

廣州市與香港之間以良好的郵輪業務彼此聯繫。

從香港往內陸行進的半途，船隻會通過河口一處名為虎門（虎嘴）的狹長地帶，不遠處即是廣州的港口黃埔，若茶葉貨船要為前往紐約及倫敦市場的航程裝載貨物時，就會在黃埔下錨停泊。

西元 1842 年之前的一百五十三年左右，廣州是唯一允許外籍商人進行交易的中國港口，在那段時期極其繁榮昌盛。直到《南京條約》於 1842 年八月締結時，才增開了四個對外通商的港口：上海、寧波、福州、廈門。

十九世紀中葉，廣州市所在的廣東省，占所有中國茶葉出口總量的五成以上。茶葉外貿掌握在英國人手中，而英國人只出口紅茶。有很長一段時間，所有的廣東茶葉都是從廣州市輸出；之後，廣東的茶葉品質下降，其他省份的茶葉才得以嶄露頭角。到了西元 1900 年，廣州在外銷市場中不再具任何重要性。時至今日，只有少量的工夫茶、橙黃白毫、小種和包種茶，被運往澳洲、南美洲、美國。此外，廣州也出口一部分的熙春茶和雨前茶。

▶ 上海

上海是中國沿海的商業中心，位於黃埔江畔，距黃埔江與長江交匯處往內陸方向約 20 公里處。上海與倫敦之間的距離是約 16,000 公里，距離舊金山則是

約 8000 公里。所有前往東方的歐美郵輪航線，都將上海列為中途停靠港，同時上海也是中國最大的茶葉出口市場。

每年上海的茶葉外銷季節開始於六月一日，理論上會持續到隔年六月，不過通常最晚到了十月或十一月時，等級較高的茶葉就會簽訂合約並運往海外；一年中剩餘時間的交易性質，都是不連貫且零散的。

上海有三個獨立自治區：中國城、上海法租界、上海公共租界。主要街道是順著濱水區延伸的外灘，最精美的商業建築都在這裡。外灘和防波堤羅列在水邊，上海下游的黃埔江兩岸則是夷館和倉庫。

以中國茶葉的外銷市場而言，上海的重要性直到 1918 年到 1922 年間的危機重挫了漢口及九江，才突顯出來。

上海對貿易一直具有影響力，是因為它在轉運港和匯兌市場方面所具備的重要性。一開始，綠茶貨品主是從安徽省和浙江省將所進的貨集中到上海，以便運送到美國。接著，漢口和九江的俄羅斯茶葉商號開始在上海進行紅茶和磚茶的轉運，從此處由蘇聯商船隊的船隻運往海參崴。由於上海位處中心的地理位置與極佳的運輸設施，還有大多數大型茶葉商號都在此地設立主要辦公處，重要性與日俱增。

來自中國各地的本地茶葉，在上海的貿易量很大。所有當地本土茶葉商人，都透過特殊的茶葉協會互相聯合，沒有任何一筆未經過該組織控管的交易能夠成交，這是因為大部分在上海生效的交易，都與產自安徽省的綠茶有關，而大多數中國商人都來自安徽。中國茶葉經紀人會獲得 1% 的佣金。

根據過去幾年間制定的一般規則，所有茶葉交易，包括外銷和內銷，都適用書面合約的簽訂。

過去，這些合約中有一項條款規定是，茶葉秤重和交貨的時間為一週，而且只允許在四天期限內匯款；但由於大多數存貨都在其他港口或內陸地區，這些條款並不適用，而且有時候會導致誤會發生。因此，規則已經修改為：所有在上海簽訂的合約，都有三週為茶葉秤重和交貨的時限，同時匯款期限額外增加一週。

中國茶商有許多本地公會組織，主要有：設立於上海的中國茶葉公會、上海茶商同業公會、漢口茶商同業公會、福州茶商同業公會。

中國正在努力透過將供外銷的茶葉標準化，來維持其剩餘的出口貿易。西元 1931 年七月，工業部頒布了外銷茶葉檢驗條例，其規定是：今後所有茶葉出口前必須接受檢查，只有出示商業商品檢驗和測試局頒發的證書，才允許出口。

▶ 陸路貿易路線

中國大部分經由陸路運輸的茶葉，目的地都是俄羅斯、蒙古、西藏，還有少部分運往暹羅（現今的泰國）和緬甸。有很長一段時間，茶葉是透過「漢口－天津－張家口－恰克圖」這條路線運進俄羅斯，先經由海運從漢口送往天津，再從天津以平底帆船溯海河而上運往通

當地駁船將茶葉載運到郵輪上，上海

上海檢驗局品茶部門
上－品質檢驗及測試；下－檢測粉末微粒

州，在通州改走陸路，由駱駝商隊將茶葉運往張家口和恰克圖，有時商隊會在天津組成。俄羅斯商號在天津設有辦公處和倉庫，關稅會在此地徵收並為商隊核發許可證。

有時候，大量茶葉會在向西運輸前集中在張家口，而許多未在漢口設立辦事處的恰克圖本地小茶商，會到張家口採購茶葉。有些來自蒙古的中國茶商，也會為了購買天津商人供應的一箱六十斤裝福建紅茶，前來張家口。此地也是磚茶和原葉茶的市場，經由北平－綏遠鐵路，預計運往庫倫（註：即烏蘭巴托）和蒙古。

不過，現在（1936年）大部分出口到俄羅斯的茶葉，是經由海運送往敖德薩（Odessa，又譯奧德薩）或海參崴，再跨越西伯利亞鐵路。

從海參崴到莫斯科的鐵路運輸運費，是以重量計價（每453公克大約九分黃金），因此要運往俄羅斯的茶葉大多是裝在有專利權的箱子中。人們也曾試過運輸袋裝茶葉，但發現茶葉會發生變質的情況。

據說有上千箱茶葉經由陸路通過甘肅與新疆，抵達布哈拉（Bokhara）和高加索（Caucasus）。

磚茶被大量出口到俄羅斯、蒙古、西藏、中國突厥斯坦（註：即東突厥斯坦），從張家口、包頭和歸化，以駱駝

上海外灘，與吳淞河相望的「遠東巴黎」

商隊運銷至整個中亞高原（註：即青康藏高原），交換羊毛、毛皮和皮革。

　　四川省和雲南省皆出口磚茶到西藏，而雲南的茶葉貿易中心在思茅、石屏、易武等城市。

　　經由思茅運輸的茶葉超過 60 萬公斤，約莫有三成會經由陸路外銷到東京（Tokin，註：指越南北部紅河三角洲一帶），而大約七成會經由四川運往西藏。許多藏人會在秋季來到思茅購買磚茶，購得

由左側的上海俱樂部延伸至右側的公共花園

的磚茶會由商隊運送。紅茶會大量出口到暹羅和緬甸，再從那裡運往西藏。雲南的茶葉季節在三月開始。

對西藏進行貿易的兩大貿易市場有二，其一是位於四川西部的打箭爐，另一個則是同樣位於四川省，地處四川最西北角的松潘。前往拉薩的官方路線途經打箭爐，此地為西藏南部及中部（包括拉薩、昌都、更慶）的交易市場。松潘則是安多地區和青海的交易市場，茶葉經常與皮毛、羊毛、麝香、藥材和其他西藏商品，進行以物易物的交易。

▶ 成為中國茶葉採購員的必備條件

在中國，要成為一名成功茶葉採購員的必備條件是：

知曉茶葉何時質差且昂貴、何時質優價廉。

同時能夠在前者的情況下按兵不動，並在後者的情況中大肆採購。

茶葉採購員通常會在倫敦或紐約的經紀人辦公室，為獲得此職位做準備。

5. 日本的茶葉貿易

日本的產茶地區有超過十年的時間是停滯不前的。事實上，完全供茶樹種植的田地區域還有減少一些，不過，這已經被種植在其他作物之間的茶樹所達到的面積彌補了。儘管由於種植方法的改善，收穫量已有大幅度的增加，但與日俱增的成本，使其仍難以與戰爭結束後大規模恢復外銷活動的其他茶葉生產地區相匹敵。

跟在中國一樣，日本的茶樹也是種植在個別農人的小塊農地上。農人有時會完成二次焙燒以外的茶葉加工程序，而二次焙燒則會在靜岡等主要茶葉市場完成。但由於其中所牽涉到的花費，許

一名蒙古人帶著駱駝商隊行走在北平街頭

多農人完全放棄茶葉的加工，轉而將新鮮的茶葉賣給收貨人，收貨人再轉售給工廠，工廠會以機器對茶葉進行加工。

日本的採購季通常在四月底第一批收成出現於市場上時拉開序幕，此時精選的早茶會由早收的地區運達，而且貨品會以相當高的價格售出。假如採購季正常開始舉行的話，真正的交易大約會在五月五日開始，但如果有任何霜害問題發生，採購季開始的時間就會大幅延後。到了十一月底，大部分內陸的存貨都已經被處理完畢，這是因為國內消費會在九月下半開始或恢復，並持續到十一月底。

幾乎所有交易都是在靜岡市內，涵蓋八個街區的範圍，彼此互相銜接的茶町（茶葉街）、安西町和北番町完成的。

▶ 配銷系統

將茶葉從日本生產者配銷到消費者手中的第一個環節就是區域經紀人，他會四處旅行，購買並收集茶葉，同時將茶葉賣給所在地區的當地代銷商。代銷商從經紀人那裡接收委託的貨物後，再販售給批發商；靜岡代銷商的佣金是2%，而東京代銷商的佣金則是5%。靜岡的批發商會將生茶葉精製後，出售給供應日本消費的批發商或賣給二次焙燒商。接著，批發商將茶葉出售給零售商，零售商再將其轉售給日本消費者。

如果這些茶葉要外銷的話，二次焙燒商便會成為配銷鏈中的一環。二次焙燒商都擁有二次焙燒工廠，可能會向代銷商、批發商、經紀人或生產者購買茶葉。茶葉會在其工廠中進行精製作業，

採茶人在俯瞰靜岡的茶園中工作

並販售給外籍或日本的出口商。

　　在多數情況下，出口商不會擁有二次焙燒工廠，而是購買處理好的茶葉進行包裝並外銷。購買茶葉時，會從已經過二次焙燒或尚未二次焙燒的樣本中進行選擇。在後者情況中，二次焙燒商會送上測試樣本，來代表生茶葉的實際存貨，如果銷售成功，就會對茶葉進行二次焙燒，並在十五到二十天內交付茶葉。

　　報價所使用的重量單位分別是：出口茶葉為 453 公克，外銷的二次焙燒茶葉為 45 公斤，新葉（生茶葉）則是一貫（3.75 公斤）。根據訂單內容所採用的條款，出口貿易可能是在外銷港口的輪船船上交貨，或是直接送到目的地。銀行業者的信用狀會附有海外訂單，或是三十天、六十天、九十天的即期匯票。

　　在靜岡地區，現金採購會有 2% 的折扣，被稱為「分引き（譯註，即降價、打折之意）」，其他地區則沒有這種現金折扣。

▶ 品茶

　　日本的品茶室通常是三面封閉的，

靜岡茶葉實驗站

開放的北側會放置一個櫃檯，在這個北側窗戶的外面是普通的光線隔板，這種隔板在產茶地區的品茶室十分常見，目的是讓光線只能從上方進入。品茶的器具通常包含一個黑色托盤、一個秤、一個五分鐘的沙漏、一個湯匙、一個漏勺、數個杯子、一個水壺等等。杯測採用一般的程序。沖泡後的茶葉會留在杯子裡十分鐘，再用漏勺移除。

　　品茶時，要考慮五個要點：種類、色澤、茶湯、口感、風味。每項都是二十分，總計一百分。例如，所品鑑的茶葉可能被評分為：種類，十五分；色澤，十八點；茶湯，十六分；口感，十九分；風味，十二分；總計為八十分。

　　有些地區的點數分配會根據不同類型的茶葉，在特性上相對重要的需求不同而有所區別。比方說，玉露茶的標準是：種類，二十分；色澤，二十五分；茶湯，十五分；口感，二十五分；風味，十五分；總計一百分。

▶ 日本茶衡量標準

　　在日本，所有茶葉職人，不管是茶農、加工者、茶商、經紀人或經銷商，都必須加入當地的茶葉協會。這些當地協會會選出代表，組成聯合茶葉協會，而聯合茶葉協會將指派代表組成日本中央茶葉協會。

　　上述協會為茶葉訂定了三種標準，大體上就是外銷的標準，同時也與美國的標準、加工商對生茶的標準，還有由不同聯合茶葉協會制定的生產者標準相同。加工商標準是在大型茶行進行最後

靜岡的茶町（茶葉街）

步驟（即最終修整步驟前），用來規範
生茶葉的物理標準。

這些標準會在三月份時，根據前一
季的茶葉來制定，而負責制定標準的委
員會資格限制，為九名由日本中央茶葉
協會主席指派的人士，其中，兩名是聯
合協會的代表、兩名是茶商、兩名是生
產者，還有一名督察員。

就茶湯、風味和口感而言，除了粉
末微粒和葉梗之外的茶葉，都必須符合
標準。

粉末微粒和葉梗只會針對風味部分
進行比較。烤茶只會針對風味和口感進
行比較，至於紅茶和磚茶則完全不會進
行對比。

▶ 茶葉檢驗

茶葉在日本的檢驗有三道關卡，一
是在工廠進行的檢驗，二是在初級市場
進行的檢驗，三是在外銷港口進行的檢
驗。主要茶葉產區的茶葉協會會指派督
察員，而督察員會對工廠進行反覆查驗，
以防止不合規定的加工方法。聯合茶葉
協會（即茶葉同業公會）會檢驗在市場
上流通的茶葉。

檢驗時，會測試一定數量的包裝
茶葉，取樣比例為每批十包或十包以下
的取一包、每批五十包的取兩包、每批
一百包或以下的取三包，以及每批大於
一百包的，則每一百包取一包。聯合茶
葉協會在大多數重要市場所在地皆設有
檢驗辦事處。日本中央茶葉協會主導外
銷茶葉的檢驗，不過這項工作有時可能
會委託給聯合茶葉協會進行。

▶ 靜岡的出口貿易

日本外銷茶葉的主要市場是靜岡，
有十二家活躍地進行茶葉貿易的日本及
外籍商號。採購季大約在五月一日開始，
同時持續到十一月左右。少部分外籍採
購員會一整年都待在日本，不過大多數
人會在冬季回到美國。

二次焙燒商大約有六十名，其中有
半數是為國內消費進行二次焙燒的工作，
另一半則是為出口貿易服務，在出口貿
易方面扮演重要的角色。生茶葉商聚集
在茶町、土太夫町、柚木町、安西町，
而二次焙燒商和出口商則集中在安西町、
北番町和神明町。

靜岡市是靜岡縣的主要城市，也是
日本茶產業的中心，位置在橫濱西南方
約 160 公里處。

有一段時間，茶葉生意是在橫濱和
神戶的外國租界中完成的，所有從事出
口貿易的商號在租界都有自己的焙燒和
包裝工廠，同時所有商號都用相同的方
式做生意。從鄉村地區收集的生茶葉會
被送到橫濱或神戶，交付給不同的日本
業者或經紀人，接著他們會將茶葉供應

靜岡一家外籍茶葉出口商營業處內的茶葉檢驗室

將放在清水港街道上的茶葉包裝箱，以駁船運出到輪船上

靜岡北番町的茶葉貿易

給為美國市場採購的採購員。相同的樣品會呈送給所有採購員，而每位採購員會做出自己的估價。茶葉會以 1200 到 1800 公斤、最多達 18,000 到 24,000 公斤為一批，整批出售給出價最高的競標者。每間商號會自行焙燒和包裝自己的茶葉，這些作業需要大面積的倉儲，以及能進行大規模焙燒、過篩及包裝的工廠設施，同時需要雇用大量員工。原本都是以人工進行焙燒、過篩、包裝的步驟，後來為了降低成本，逐漸採用機器來完成。

大約二十五年前，靜岡及其周邊區域設立了一些小型日本茶葉焙燒工廠，就位於為橫濱市場供應生茶葉的茶葉產區中心，而除了生茶葉之外，橫濱市場也開始供應本地焙燒的茶葉。起初，在橫濱及神戶擁有焙燒設備的採購員，並不歡迎這些本地焙燒的茶葉。不過，美國採購員發現，要是採購本地焙燒茶葉，在營運上就不需要負擔大型工廠設施，因此，有幾名採購員每一季會有數個月在靜岡設立總部，以便採購現成的本地焙燒茶葉。然而，這些採購員的存貨完全仰賴於當地二次焙燒商號出售的不同

茶葉，自然不會像那些能徹底掌控從生茶葉到成品加工過程的採購員，擁有用於比對樣本的設備，且能夠年復一年保持相似的茶葉等級。

隨著時間的推移，過去設立在橫濱及神戶港口的公司，一家接一家地將焙燒工廠搬遷到如今已成為全日本茶產業中心的靜岡。靜岡的地理位置優勢，在於消弭了將生茶葉運往橫濱及神戶的本地運費和運輸用包裝箱的成本，而且可以獲得較新鮮的茶葉，同時不需以幾百石的數量大批買進。這使得鄉村的茶葉商人無法像對待大量調和茶葉一樣，在不會被立刻發覺的情況下，混入一些品質不佳的茶葉。採購員得以對他們所使用的生茶葉品質有更多的掌控；不過，採購量會以大量的小額採購補足。

如此一來，美國市場便存在兩類涇渭分明的採購者。第一類採購員擁有自己的焙燒和包裝工廠，同時持續購買生茶葉並自行進行二次焙燒、過篩、調和及包裝作業；第二類採購員則是從不同的日本二次焙燒商手中，購買焙燒完成且已包裝好可供裝運的茶葉。目前留存下來的第一類採購員屈指可數。

▶ 運輸港口

位於駿河灣的清水港，距離靜岡約 13 公里遠，日本茶葉總出口量的九成左右都是從這裡輸出。茶葉會經由運貨車、鐵路、軌道電車或汽車送達靜岡；然後被裝載到駁船上；並向外運輸到輪船上。有三家貨運裝卸公司提供了充足的倉儲和裝貨設施。

重要性僅次於清水港的茶葉出口
港，是位於東京灣的橫濱，其地理位置
鄰近圍繞東京的茶葉產區，十分便利。
位居第三的茶葉出口港是神戶，而過去
位列第二的四日市，現在（1936 年）僅
有少量茶葉出口。

出口的茶葉不會被徵收關稅，不過
有進口關稅和每 453 公克約半美分的地
方行會稅，大部分用於廣告宣傳。與茶
葉出口有關的主要費用有：

1. 每半箱從靜岡送到清水港的貨車運
   費：以馬拉運貨車運送，十一錢；以
   汽車運送，十五錢；鐵路運輸，三
   錢；而以軌道電車運輸，三錢。
2. 從清水港碼頭送往輪船的駁船運費，
   包括裝貨費用，每半箱五到八錢。
3. 火險，每年每一千日圓商品的保費為
   二‧四日圓。
4. 清水港倉庫的每月倉儲費用，平均每
   半箱五錢。
5. 運往太平洋沿岸港口的海運運費，每

靜岡的茶葉運輸

噸四美元；經由巴拿馬運往紐約，每
噸九美元；經由巴拿馬運往蒙特婁，
每噸十一美元。

6. 經由陸路運往芝加哥和東部據點運
   費，每 453 公克一‧五美分；整車批
   量載運，每 453 公克二美分（一噸重
   茶葉的體積相當於 1.1 立方公尺）。

▶ 相關協會

日本的各種茶葉協會，在前文已有
提及。中央組織為日本中央茶葉協會，
進行拓展海外市場相關的工作，是該協
會的常規活動。

與加工及銷售方面相關的協會，是

靜岡縣茶葉協會的辦事處與實驗室

靜岡縣茶葉二次焙燒同業公會和茶葉加工業者同業公會。

▶ 日本的茶葉採購員

在日本，成為一名成功茶葉採購員的必備條件有：對商品的認識；有做決策的能力，並對自己的判斷有信心；對日本特色的贊同及理解；具備培養茶葉部門採購員的善意；還有無窮的耐心。準備從事這項工作的人，會在故鄉逐步發展，從辦公室和取樣小工的職務到助理或業務；然後再到日本，在第二個職位上花費數年時間並持續學習。一名茶葉採購員有史以來的最高薪資是四千五百美元加上其他支出。

採購季期間，採購員會日以繼夜地

位於靜岡的美籍茶葉採購員住宅

工作，幾乎沒有休閒娛樂。採購季之後，採購員必須出差旅行以銷售貨物，並確保來年的生意。休假是不被允許的。一個人一旦成為日本茶葉採購員，就幾乎沒有機會轉換職業。

6. 臺灣的茶葉貿易

就跟日本一樣，臺灣的茶樹主要種植在由小農擁有的小型私人茶園中。這些農人大多是中國人，不過近來大型日本企業已大規模介入這個局面，接管了超過 4 萬公頃適合種植茶樹的土地，並經營八個莊園，以及許多新建且擁有現代化設備的茶葉工廠。

在臺灣的中國小農，通常在將茶葉進行部分加工後，會將茶葉直接或透過中間人賣給精製加工商。精製加工商和中間人都是中國人。有時茶葉會由某種倉儲經手，進行部分初始加工步驟。大量的生茶葉會被打包，並以舢舨沿著淡水河而下，運送至大稻埕市場。茶葉在該處出售給當地的二次焙燒商，或是那些會進行焙燒作業的外國商號，這類產品被稱為「私家烘焙茶」。以這種方式順河流而下運送的粗茶是袋裝的，每袋裝有約 27 公斤的茶葉。

茶葉樣本會被送給常駐在臺北的經紀人，他們會將樣本呈交給不同的出口商。樣本不太能代表整批收穫主要部分的情況，只是一份焙燒範例，說明生茶葉在鄉村二次焙燒商處所能預期生產的產品。雙方在經過一番討價還價後商訂

臺灣茶葉船隊將茶葉由鄉村地區運往位於大稻埕的市場

價格，接著商家對茶葉進行焙燒，並以可容納 12 或 18 公斤的半箱，或容量為 4.5 到 9 公斤的盒子包裝運往臺北。如果茶葉不符合取樣要求，就需要進一步談判以確定合適的價格。

▶ 聯合銷售市場

具有協會或行會法律地位的聯合銷售市場，是在總督府（日本）的支持下營運的，官方正式名稱為「臺灣茶京都販売所」，即臺灣茶葉聯合銷售市場，總部設在臺北市，分部則視各地方的需求而設立。

能夠符合資格而成為市場成員的商家，是根據總督府鼓勵計畫下所成立的企業、行會或合資公司。

委託給聯合銷售市場的茶葉，會透過投標的方式售出，委託人通常會指定茶葉的銷售價格。然而，有時茶葉會以底價售出。在此處處理的茶葉量，大約占烏龍茶和包種茶全部外銷量的十五分之一。

所有銷售市場的成員，都被要求將茶葉送到市場來，不過有些成員會將大部分產出的茶葉賣給茶葉經紀人。部分市場成員是受到政府補助而設立之茶葉工廠的業主，其中九十五家經營的是 B 級工廠，四家經營的是 A 級工廠。

茶葉處理量逐年增加。為了激勵茶農，銷售市場擴大對茶農的財務補助，提供受委託販售之茶葉成本五成以內的款項，而此貸款之後會從茶葉銷售的收益中扣除。

臺灣生產的茶葉有七種，其中最知

名的是烏龍茶。烏龍茶的生產分為五季，
春茶、第一次夏茶、第二次夏茶、秋茶、
冬茶。

茶葉的購買是以每石（約60公斤）
多少日圓的金額計價。

運往美國的烏龍茶，一開始的分級
為「普級、良級、優等」。這些等級逐
漸演變為「普級、良級、優等、特優、
最優、特選」。最近，「普級」已依據
美國政府的標準更改為「標準級」。目
前的分級大約如下：

一、標準級；二、普級；三、良級，
細分為良、良到優級、準優等；四、優
等，細分為優等、優等到特優、準特優；
五、特優，細分為特優、特優到最優；
六、最優到特選；七、特選；八、最佳
特選（特級精選）。此外，有時還會加
入所謂「優良貨品」（等同於良級）的
中間等級。

▶ 臺北

臺北市位於北緯25度4分、東經
121度28分，坐落在由淡水河右岸向
上延伸的，臺灣最北邊的廣闊平原上。
臺北市過去由三個區域構成：城內（即
內城區）、艋舺、大稻埕；不過在西元
1920年，臺北連同其周圍地區被規劃組
織成為自治市。

現在（1936年）臺北市的面積有17
平方公里，人口數為十七萬三千人，其
中有四萬八千人是日本人。

艋舺位於淡水河岸邊，曾經是繁榮
一時的港口；但淡水河在過去半個世紀
水位不斷下降，對於讓船隻下錨停泊來

從大稻埕堤岸眺望的景色

說不再便利，導致艋舺交易量驟然衰退，
原屬於艋舺的繁華轉移到了大稻埕。

大稻埕位於城內以北，在大約七十
年前開放營運。大稻埕距離淡水河口約
約16公里遠，是臺灣茶葉的中心。

大稻埕有很大一部分區域是由磚造
房屋、拱廊式商店街等建築所覆蓋，中
國女子就坐在這些建築內，為茶葉進行
分類。還有許多茶葉焙燒工廠與倉庫。
大多數外籍採購員在沿著堤岸、毗鄰淡
水河的區域，擁有自己的房產。

▶ 淡水

淡水，即滬尾，是臺灣西北海岸的
一個中國城鎮。在西元1895年日本人占
領此地之前，是臺灣島最重要的航運發
貨點之一，但現在已不復重要。淡水與
臺北間搭乘火車的距離為約22.5公里，
與廈門的距離約355公里，而與福州的
距離則是約260公里。

▶ 基隆

基隆是臺灣島最北端的港口，與神
戶間的距離是約1580公里，與橫濱相隔
約2000公里，而與臺北的距離則是約29

臺北街景，臺灣

臺北的茶葉運輸

公里。臺灣所有的茶葉都是經由基隆這個港口裝運發貨。茶葉透過鐵路和軌道電車從臺北運抵基隆，放置在倉庫中，這些倉庫都是登記總督府名下，再出租給船舶裝卸公司和貨運承攬公司代理人。廣泛的港口改善作業已經完成，其中包括了具有現代化機械設備的碼頭。裝船作業則是由駁船完成。

　　臺灣茶產業的一項重要特徵，就是由臺灣總督府建立的茶葉檢驗系統。這項檢驗的目的，在於防止品質較次等的茶葉出口到海外各國。茶葉檢驗所為了規劃茶葉檢驗的標準，從烏龍茶和包種茶商行收集樣本，而標準建立完成後，便會在茶行當中分發。在茶葉加工商和採購員之間的工作協定下，採購員同意在茶葉成功通過檢驗後支付茶葉的檢驗

費。如果茶葉被退貨，加工商便要支付檢驗費。

　　臺灣總督府的規定特別強調出口茶葉的包裝方法，所謂的「有瑕疵包裝」分為三類，第一類與「粗劣箱盒材料」有關，而第二類則是具體說明用於包裝烏龍茶的鉛，每929平方公分的重量不得少於78公克；而用於包裝包種茶的鉛，每929平方公分重量不得少於57公克，鉛當中也不得有孔洞。規定中的第三條，則提出用於出口的箱子不得使用劣質外殼的警告。

▶ 同業公會

　　除了統合茶農利益的本地生產者同業公會之外，還有兩個統合臺灣茶葉商

人利益的協會。其一是臺北的北臺灣外貿理事會，所有相關外貿公司都具有會員資格；理事會由一個經會員選出的五人委員會管理。另一個則是被稱為「臺北茶商協會」的公會，成員包括烏龍茶與包種茶的商號、茶行、包裝業者和經紀人，大多數成員是具日本籍的臺灣中國人；不過，會員當中還包括一位美國人、三位英國人、兩位日本人，還有數名中國商人及出口商。

這個協會積極致力於遏止次等茶葉的加工生產，為此，該協會的幹事會在警察的協助下，於茶葉季節期間在大稻埕的茶葉區巡邏。

▶ 臺灣的茶葉採購員

若要在臺灣成為一名成功的茶葉採購員，必須對臺灣烏龍茶有完善徹底的知識，包括關於如何在臺灣進行採購，以及所需要的茶葉種類，同時還要有能讓委託人全心信任的個人特質。一個人可將茶葉生意做為職業選擇，為這項工作做準備，並在任何一個大型配銷市場中學習。

最受歡迎的是那些性格良好，並且身體健康，足以耐受臺灣氣候的求職者。

薪水部分並沒有普遍的規定。採購員的薪資是透過他與雇用的商號之間的私人協議支付。至少在茶葉季節期間，他們沒有多少休閒娛樂時間；不過，在一年的後幾個月中，可能會有山區健行、騎自行車、打網球等活動，還有一些人會在距離臺北約 24 公里的球場進行高爾夫球比賽。

休假的規則隨不同商號而異，是商號與各自職員之間的私人協議。休假期間通常可以支領全薪，還有往返家中的車馬費。

茶葉採購員的服務年限很難明確地一概而論，有少數採購員在臺灣烏龍茶行業服務了三十年之久，也有一些人只做了數年。某些人是因為健康狀況不佳，其他人則可能是由於商號不再於臺灣安排採購員，或是因為家庭責任的召喚，讓採購員回歸家庭。

Chapter 7
茶葉的批發與銷售

　　在一家批發公司的茶葉部門中，採購員會選擇最適合交易的每款茶葉的一種或多種等級的標準品。

茶葉配銷的過程中，最重要的環節就是批發商，在英國，批發商會透過一名採購經紀人買進茶葉，然後以使用原包裝或是經過混合並分裝成小包的方式，再販售給區域批發商、批發零售商和零售商。

　　在美國，茶葉的批發掌握在茶葉進口商、批發商及批發經銷商手中。

　　在英國，批發配銷商包括了茶葉調和商、袋茶茶館、複合式商店零售商、合作社、批發經銷商、出口商。在許多情況下，同一家商號會同時從事茶葉貿易中的數個不同分支行業。

批發商的運作方式

　　做為全球最大茶葉消費市場批發中心的倫敦，占據了批發市場的主要地位，同時在是所有批發市場的典型。

　　倫敦的主要茶葉商號，分別以三種方式迎合零售經銷商的需求：一、提供零售商自有品牌的小包裝茶葉；二、提供可讓零售商混合和包裝的散裝茶葉；三、提供印有零售商名稱和品牌的小包裝茶葉。

　　在一家批發公司的茶葉部門中，採購員會選擇最適合交易的每款茶葉的一種或多種等級的標準品。他會有大量裝在罐頭裡的樣本，以供他在所有採購中做為比較之用。這些樣本可能會不時更換或補充，但始終以提供更好的滿意度為目標。有些採購員宣稱他們可以在不進行比較的情況下，判斷出茶葉的價值，但是一名好的採購員通常會用已知價格的茶葉為標準，來比較每一批即將進行的採購。

　　茶葉採購出現失誤的代價十分高昂。在發現一種茶葉不再適合它被選擇的目的時，最好的處理方式是快速接受虧損，並終止附加費用的產生。此外，銷售員對無限期出現在存貨清單中的「滯銷品」會變得無動於衷，而茶葉可能因此而變質。

　　現今（1936年），大多數販售給零售商的茶葉，都是現成的小包裝。散裝茶葉的不利條件之一是，批發商不得不為了生意，準備各種可能需要的所有類型和等級的大量商品，而且每一筆成交的銷售中，必須與其他商號所提供的一模一樣且經常宣稱品質更好的商品相互競爭。不幸的是，並不是所有零售採購員都能良好地評斷茶葉品質，並從銷售員提供的少量樣本中，分辨出茶葉的相對價值，而劣質者往往「僥倖脫逃」。

　　然而，如果批發商透過廣告宣傳和銷售員發展生意，通常會選擇小包裝商品，並將所有的散裝貨品都放在同樣的品牌下銷售。

　　在這些品牌的口碑和茶葉滿意度被建立起來後，競爭者就很難從他手中搶走生意。

一部配有高架電子秤的自動包裝機
每種規格的包裝都有各自的包裝機器,從 1.5 公克到 227 公克不等。自動秤重機依照確切所需要的量將茶葉分成小份。

包裝室,畫面中顯示了夾層送料斗的十二組自動送料裝置
長廊兩側的寬大送料斗向下延伸到每區的包裝機器。

倫敦一家批發商工廠中的輸送帶包裝線

大不列顛的批發業

大不列顛的茶葉調和商包含了許多調和暨包裝商號，廣泛分布在英國本地及海外的批發商和零售商中。他們不僅專精於包裝自自有品牌，也善於調製並包裝其他批發商和零售商等公司的私有品牌。有些茶葉調和商是複合式公司，不會供貨給其他商號，僅在自己的零售貿易中銷售。

大型調和商暨包裝商所形成的合作社批發協會，是英國茶葉市場最大的買家，其餘則是獨立批發商和零售商，他們會購入原始包裝的茶葉，然後再自行調和及包裝。

規模較大的分銷商，會派出自己的採購員參加拍賣會，但除非他們的採購經紀人離場或有事纏身，否則不會出價。無論如何，交易都是透過經紀人之名完成，並支付經紀人 0.5% 的佣金。

有些大型調和暨包裝公司的規模，達到了在印度、錫蘭和東非等不同地區，擁有自家大規模茶葉種植園的程度。

倫敦設有茶葉採購員協會，目標是為批發採購員的利益提供保障，以及處理採購市場的重要事項，大約有一百一十名會員。

據估計，光是在倫敦一地，就有約莫五十名銷售範圍遍及全國的調和商暨包裝商。除此之外，全國可能還有其他一百多名規模或大或小、分銷到外地的茶葉調和包裝商人。那些處理茶葉的批發食品雜貨商，在商品批發中心安排了三百到五百名初級市場交易商，同時在小城鎮和村莊安排了四千到五千名二級批發商。大約有五百個處理茶葉的複合式商店組織，負責大約一萬五千家商店的營運。

另外，那些自行生產調和茶的合作社，會在它們分散全國的五千家商店中出售大量茶葉。

合作社批發協會是其上級機構，該協會自行種植糧食，加工所有可能在英國生產的食品種類，並經營自家的工廠、糖果糕餅廠、船舶、火車和倉儲。協會總部位於曼徹斯特的巴隆街（Balloon Street），而向各方延伸的分支機構則以合作社的形式，處理業務中的零售食品雜貨事宜。值得一提的是，協會每年有接近十億英鎊的銀行業務，這可以讓人對協會的事業規模有更好的瞭解；它是英國市場最大的茶葉買家，年吞吐量達4082 萬公斤；同時協會可說是擁有那些設有工廠的城鎮和村莊。

美國的批發業

美國有三千七百名批發茶葉配銷商，包括食品雜貨批發商和茶葉咖啡批發專賣店在內，此外還有三百二十五個銷售茶葉的連鎖商店組織。

在美國，茶葉批發商和茶葉經紀人占據了批發分銷商與進口商之間的位置，不過他們的人數相對較少，整體傾向於批發商直接向進口商採購。有六成到七成輸入美國的茶葉，是來自於批發商的直接下單。

聞名遐邇的上海外灘，當今中國的最大茶葉貿易城市

在批發分銷商當中，只有一千二百名左右能夠處理大量的茶葉。專門配銷茶葉的分銷商，人數相對不多；慣例上，會將茶葉當作其他批發活動之一來處理。當地同時售有茶葉散裝和包裝茶。

由於在餐桌飲料方面遵從大眾口味的關係，大多數專賣茶和咖啡的商號，一直到最近都將銷售重點放在咖啡上，幾乎未曾對茶給予同樣的關注。當然，這對少數大型茶葉包裝商來說並非如此，他們的產品在所銷售的茶葉中占有極大比例。

許多美國的批發分銷商，會讓專門從事茶葉包裝的公司為其包裝茶葉。批發商將茶葉運往包裝公司後，該公司會將茶葉裝進不同規格和種類的容器中，接著運回給批發商，批發商再將其配銷給零售商買主。不過，有些規模較大的批發商，擁有配備了所有混合和包裝茶葉所需之必要機械的完備包裝工廠。

Chapter 8
中國的茶葉貿易史

在茶被當成提神飲料並普遍使用後，茶葉交易開始取得了商業重要性並且快速發展。

茶葉貿易的歷史，始於茶樹葉片在中國西南部四川省的某些區域，被當作單純的藥品在當地販售，時間可能可以追溯到西元四世紀。無法辨別確切時間的原因，是由於沒有茶葉交易的紀錄出現在早期與貿易歷史相關的中國文獻中。在茶被當成提神飲料並普遍使用後，茶葉交易開始取得商業重要性並快速發展。當土耳其商人在西元五世紀末期為了交換中國商品而出現在蒙古邊境時，茶葉首次成為一項出口商品。

早期的中國茶葉貿易

唐代（西元 620 ～ 907 年）初期，隨著茶葉加工程序的發明，使得茶葉的運輸成為可能，而隨著這種新飲料的盛名沿著長江這條中國的主要運輸渠道傳播，茶葉貿易也順流而下抵達沿海省份。

茶葉沿著長江順流前進的早期，大約在西元 760 年至 780 年，茶葉專家及使用茶葉的權威陸羽，受到湖北商人的鼓動勸說，寫下著名的《茶經》一書。這是藉由宣傳品推廣茶葉交易最早的合作事例。

西元 780 年，茶葉貿易取得足夠的重要性，進而引起統治者的注意，將其視為稅收來源之一，並首度開始對茶葉課稅。

宋代（西元 960 ～ 1127 年），當權

者准許沿著北方邊境進行出口貿易，而此舉發展成後來橫跨廣袤蒙古沙漠的商隊貿易。

早期的西藏磚茶

在出口貿易沿著蒙古邊境開始發展的同時，中國西南部的四川省和雲南省正根據其自身獨特的商品種類，推廣與西藏之間的茶葉貿易。

粗茶會被製成茶磚和壓塊茶，由苦力、騾子和犛牛搬運，穿越極其艱困的路徑進入西藏。這項粗製商品的廣泛貿易，很快就建立起來，而且沒有任何變化地延續到現在。

位於四川省崎嶇西部邊境上的兩個重要交易城鎮，打箭爐和松潘，是這些藏茶進入西藏中心的集散地。供應這兩處市場的茶葉，生產自完全不同的地區，而且在特性上有極大的差異。

俄羅斯商隊貿易

最早關於中國茶飲的消息，早在西元 1567 年就由兩名哥薩克人，伊萬・佩特羅夫（Ivan Petroff）與博納什・亞利謝夫（Boornash Yalysheff）傳入俄羅斯，而且在 1618 年，中國大使曾以茶葉做為小禮物，贈送給莫斯科的沙皇亞歷西斯

（Alexis），但直到 1689 年，俄羅斯與中國簽訂《尼布楚條約》後，才有少量茶葉開始透過經由蒙古和西伯利亞的陸路運輸，抵達俄羅斯。

首批在俄羅斯接收的茶葉，全數是由政府商隊帶來的，不過在西元 1735 年，伊莉莎白（Elizabeth）女皇在俄羅斯和中國之間建立了定期的私人商隊貿易，但一開始以這個方式進口的茶葉數量並不多，因為茶葉的價格很昂貴，1735 年的價格是每 453 公克十五盧布，只有宮廷貴族和官員能買得起茶葉。

此外，雖然商隊被定期派出，卻無法攜帶大量茶葉。

據估計，在十八世紀前半葉，每年進入俄羅斯的茶葉不會超過 10,000 普特（pood，約 16 萬 3805 公斤）；但在一個世紀之後，俄羅斯的茶葉年進口量攀升到 10 萬普特（約 163 萬 8058 公斤），幾乎都是箱裝茶葉。

現今已然步入歷史的商隊貿易，在茶葉貿易中留下最鮮明獨特的篇章，但當代少有人意識到這種運輸方式的艱困之處，或是瞭解以這種方式將一批茶葉從中國運往俄羅斯所耗費的時間。

一般的商隊約有兩百到三百隻駱駝，每隻駱駝背負四箱茶葉，每箱重約 16 普特（約 272 公斤）。行進速度平均約每小時約 4 公里，平均日行進路程大約為 40 公里。全程約 18,000 公里的旅途，要花費十六個月。

若是茶葉以水路運往天津，第一段旅程會以馬匹或騾子翻越山脈，將茶葉運往位於北平東北方約 320 公里處的張

在北平行進的俄羅斯駱駝隊列
上：城門內。下：城牆之外。

家口。茶葉在張家口被裝載到駱駝身上，為穿越戈壁沙漠的約 1300 公里艱辛路程做準備。這是整段旅程中最危險的部分，卻是前往恰克圖的捷徑，也是與取道伊爾庫次克（Irkutsk）、尼烏提斯克（Nij-Udinsk）、托木斯克（Tomsk）前往俄羅斯，還有從鄂木斯克（Oomsk）前往車里雅賓斯克（Cheliabinsk），距離差不多的路徑。

從中國取道蒙古前往俄羅斯的商隊貿易，在西元 1860 年到 1880 年間達到顛峰，後來在西伯利亞鐵路部分路段開放交易後，開始衰退。1900 年，西伯利亞鐵路從海參崴進入俄羅斯的最後一段完成後，商隊貿易徹底消失，從前商隊

退潮時分的長江以及漢口的堤岸

需要十六個月的旅途，改由鐵路運輸後七週內就能完成。

俄羅斯的磚茶貿易

大約在西元 1850 年，俄羅斯人開始在中國內陸的重要商業中心——漢口採購茶葉，漢口位於長江與漢水匯流處的北岸，距海岸線約 965 公里。

當時的漢口是中國最佳紅茶產區的中央市場，俄羅斯人在此地採購工夫茶；不過後來他們改為購買中國人先前為了蒙古貿易就致力生產的磚茶。

西元 1861 年，漢口的港口開放對外國貿易，而俄羅斯人在此地設立了他們的第一間磚茶工廠。他們仿效中國人的方式，讓數名男子用力拖拉一個巨大的槓桿式壓力機，或轉動一個類似葡萄酒壓榨機裝置的螺絲來壓製茶磚。後來，他們引進了蒸汽動力，並在 1878 年開始使用液壓壓力機。

一開始，零星交易的茶葉粉末微粒被用於俄羅斯磚茶的生產，但隨著貿易量增加，需要品質更佳的商品，因而引進了將茶葉研磨成粉的機械。最終，部分供俄羅斯家常使用的磚茶品質，有了大幅度的改善，銷售量直逼工夫茶（未經壓縮的葉茶）。

在接下來的數年當中，大量茶葉粉末微粒從印度、錫蘭、爪哇進口，以供應磚茶加工所需要的原物料。

俄羅斯的商號在西元 1870 年代開始於福建省三個海港之一的福州，加工生

當地工廠中的液壓式磚茶壓製機

產磚茶，同時福州在 1870 年代及 1880 年代的茶葉貿易中，也扮演了舉足輕重的角色。

有三家英國商號也在這裡設立磚茶工廠，到了西元 1875 年，由福州生產輸出的磚茶高達 281 萬公斤，1879 年增加到 621 萬公斤。在那之後，茶葉貿易持續跌宕起伏，直到 1891 年俄羅斯商人將茶葉採購轉往漢口和九江為止。

在西元 1891 年到 1901 年這十年間，俄羅斯人在九江大力發展磚茶的加工生產，1897 年，他們為了紅茶磚茶的調和原料，開始從錫蘭進口茶葉粉末微粒。1891 年起，九江的俄羅斯工廠也加工生產茶錠，但交易量從未達到重要額度。1895 年，茶錠的最高交易額是 39 萬 5955 公斤，但目前已完全停止加工生產。

九江及漢口兩地的市場，在西元 1918 年俄羅斯終止茶葉採購時，都遭受到足以使其癱瘓的打擊，從那時起，大型工廠大多處於閒置狀態，而許多中國和俄羅斯商號都面臨財務危機。

以下是革命之前，在俄羅斯企業因共產化而從市場中消失之前，漢口的俄羅斯茶葉商號中最為人所知的數家商號：A. Goobkin、A. Kooznetzoff、V. Vvssotzkv、Vogan、D. J. Nakvasin、茶貿易公司（Tea Trading）、百昌洋行、阜昌洋行、順豐洋行。其中有幾家擁有可加工生產磚茶和茶錠的現代化工廠。

在漢口倖存的中國茶葉商號當中，值得一提的是紹昌茶磚公司，該公司擁有一間為蒙古和西伯利亞的市場生產磚茶的工廠；此外，還有忠信昌、順安棧、新隆泰、源隆、永福隆、洪昌隆、熙泰昌、森盛昌、公昌祥。

除了中國和俄羅斯商號之外，來自英國、美國、德國和法國的不同公司，

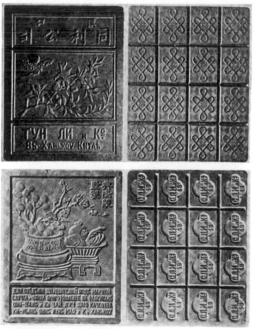

俄羅斯磚茶，正面及背面

在各時期也曾經在漢口以採購者或經紀人的身分，設置辦事處。

沿海地區貿易的增長

中國沿海地區最早的茶葉出口貿易歷史，並沒有留下清楚的紀錄，不過，這類貿易與中原文化和佛教於西元 953 年左右傳播到日本後，以中式帆船將少量製作好的茶葉成品運輸到日本有關。

荷蘭人是第一批從中國沿海地區出口茶葉的歐洲人。他們在西元 1606 年到 1607 年間，從葡萄牙的殖民地澳門把一些茶葉帶到荷蘭在爪哇的根據地——巴達維亞。

當時，荷蘭人試圖在位於珠江上游的廣州，與中國人建立直接貿易，卻被葡萄牙人阻撓；後來荷蘭人嘗試占領澳門，但沒有成功。不過，他們藉由占領位於中國外海的臺灣，獲得了根據地，直到西元 1662 年被驅逐為止。荷蘭人在

1663 年和 1664 年曾經短暫占領廈門和福州，在那之後，他們被允許和其他外國採購員一樣，在廣州享有有限的貿易特權。1762 年，荷蘭人在廣州設立工廠，由此處發展出重要的茶葉貿易。

美國在西元 1784 年首次開始進入中國貿易，當時「中國女皇號」（Empress of China）裝載著人參抵達廣州，並載回茶葉和其他中國商品。美國與中國的茶葉貿易曾短暫中止，而在 1844 年七月三日，美國與中國在望廈簽署《望廈條約》後，美國人在廣州獲得了僅次於英國人的地位。

中國對美國的茶葉貿易，一直到 1880 年代都穩定地成長，然而，來自印度和錫蘭的英國產茶葉，開始在美國搶奪由中國茶葉占據的位置，因而從 1886 年開始，中美茶葉貿易量便不斷下降。

俄羅斯人在西元 1806 年派遣兩艘船來到廣州，意圖在這個港口確立地位，但北平的官員更願意讓俄羅斯人繼續之前在中國北方建立的陸路貿易，因而禁

羊樓洞地區當地磚茶工廠的木製模型
一袋袋茶葉以步行方式被送往工廠進行揉捻；經過竹筐焙燒、揉茶、過篩等程序，最後由四名工人及一名監督人操作簡陋的木製手壓機，將茶葉製成茶磚。

止任何尚未在廣州建立勢力的國家於當地進行貿易。

法國人一開始在西元 1728 年試圖藉由創辦私人企業，在廣州取得一席之地。這個做法在 1802 年繼續，並在 1829 年再次進行。其他國家在不同時期來到廣州，試圖在中國貿易中分一杯羹。瑞典東印度公司在 1731 年註冊成立，取得由洋行商人出租的工廠，在廣州落戶，丹麥和帝國（奧地利）的公司也是如此。

英國人在最終獲得成功之前，做了數次與中國建立貿易關係的嘗試。西元 1627 年，一支由英國東印度公司派出的艦隊嘗試抵達廣州，但遭到葡萄牙人的阻礙，他們在廈門攔下了英國人的船。1635 年，英國公司與葡萄牙人簽訂協約，允許英國人在廈門進行貿易，同年，廣州總督准許英國人在當地進行貿易。1664 年，英國東印度公司在廈門建立商號，並在 1684 年開始在廣州的水岸邊建造夷館。

英國獨大的時期

英國東印度公司一開始是從爪哇、印度的馬德拉斯和蘇拉特（Surat）等地進口中國的茶葉，最後於西元 1689 年首次在廈門港直接從中國採購進口。一開始，英國東印度公司透過派駐在中國港口的公司代理人所購買的茶葉，都被運往馬德拉斯，當地是返國印度人的貨物集結之地。

從十七世紀末開始，英國穩定地增加從中國出口的茶葉，主要是為了國內消費和再次出口到其他國家這兩個目的，因此在大約兩百年間實際掌控了此一利潤豐厚的貿易項目。西元 1886 年是貿易達到顛峰的一年，當時中國的茶葉總出口量達到約 1 億 3600 萬公斤。在此之後，英國採購員開始將採購活動轉向印度和錫蘭的茶葉，逐漸將中國市場讓給主要的競爭對手——俄羅斯商人。

俄羅斯取得主導地位

俄羅斯的主導地位始於西元 1894 年，當時俄羅斯人的出口量首次超過大不列顛，這種情況持續維持到 1918 年俄羅斯人停止採購為止。

大多數供應俄羅斯市場的中國茶葉，一開始是藉由商隊路線以陸路運輸，後來則是經由西伯利亞鐵路；不過，除了陸路運輸之外，俄羅斯在西元 1860 年代開始取道蘇伊士運河，從海路將茶葉運往俄羅斯的黑海港口敖德薩。然而，這些貨物直到 1880 年代末期都是量少且無足輕重的。後來的情況開始有所改變，由於大不列顛逐漸將中國市場讓渡給廣為接受且成長快速的俄羅斯商號，俄羅斯從中國沿海地區的出口量也隨之成長，到了 1890 年代末期，俄羅斯商號已經取得完全的主導地位。

俄羅斯在中國茶葉貿易中的主導地位，一直持續到 1918 年，當時，繼十月革命之後發生的後續政治事件，使得俄羅斯的採購幾乎完全停止，隨之而來的

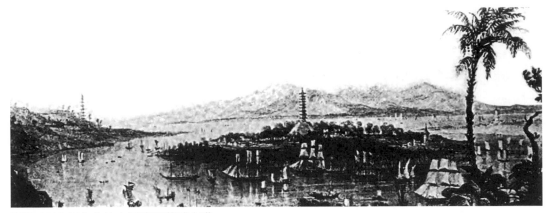

西元 1840 年左右的中國廣州黃埔古港
前景中可見數名東印度人。翻攝自收藏在紐約大都會博物館的湯瑪斯·艾龍姆（Thomas Allom）鋼版畫作品〈中國景色、建築及社會習性〉。

是中國茶葉貿易的低迷不振。這個情況又因為中國派系戰爭的情勢而進一步惡化，漢口在 1926 年捲入戰爭，迫使少數剩餘的外國茶葉商號遷往上海，讓上海這個城市成為茶葉出口貿易的重要城市。

廣州的公行時期

　　當歐洲冒險家剛來到中國時，中國人看待他們的態度，大多帶著憂懼和未加掩飾的輕蔑；因此，皇帝於西元 1702 年為這些前來進行貿易，被當地人輕慢地稱為「外夷」的歐洲人，指派了一名私人代理人，也就是皇商。

　　這名官員是外國人採購茶葉、絲綢、瓷器，以及販售當時有需求的外國商品之獨家經紀人。廣州是唯一被准許進行海外貿易的中國城市，而在皇商成為官派之後，擁有了與該省最高行政長官同等級的地位。

　　外國商人對於皇商的任命並不滿

意，因為他無法快速地供應貨物，因此在兩年後，西元 1704 年，這名官員准許數名中國商人加入，在他的專賣事業中分一杯羹，讓這些商人經營處理與外國商號間的實際交易，成為政府課徵進出口貨物稅收、賦稅和關稅的擔保人，以協助皇商處理及增加生意。為了這項特權，這些商人要替每艘船付五千兩銀子（一千六百六十七英鎊）給皇商。這些商人的人數從未超過十三人，一般稱呼他們為「行商」，這是因為他們的行（即貨棧），鄰近外國人的夷館。在行商開始參與海外貿易之後，皇商的職責實際上等同於海關收稅員，而且這種情形維持到 1904 年皇商被廢除，職務轉由總督處理為止。

　　到了西元 1720 年，行商的生意規模已經成長到非常重要的程度，因此自行組成了一個同業公會「公行」，目的在於調節價格，而從那一天開始，除了短暫的間隔之外，公行經營管理著所有與外國商號間的交易，並負責擔保外國商

號的作為，一直到 1842 年鴉片戰爭結束後，《南京條約》的簽訂廢止了公行制度為止。

一旦船隻抵達位於珠江下游，距離廣州約 16 公里遠的黃埔古港，行商就必須在任何交易進行或開始卸貨之前，派出一位代表做為擔保人參與其中，外國船隻不得越過黃埔古港接近廣州市。不久後，行商便成為外商與政府溝通的唯一媒介，他們自己就是關稅收取者和申訴的調停者，而當有人投訴時，又化身為對自身行為的公正裁決者。馬士（H. B. Morse）總結這種現象時說：「海外貿易自始至終都在被壓榨搜刮，而公行就是壓榨者。」（《中國的貿易與行政機關》，馬士著，西元 1921 年於劍橋出版。）

行商在夷館附近各自擁有獨立的倉庫，他們在倉庫接收從內地運來的茶葉及絲綢，如果有需要的話，會進行重新包裝、秤重、為貨物鋪上墊子並做記號，並且在運往停泊於黃埔古港的船隻之前，將關稅及服務費支付給皇商。最重要的行商包括了浩官、崑水官、茂官、潘啟官、潘瑞蘭、章官、經官、鰲官。浩官是十三行體系後期的資深行商，逝世時擁有極為龐大的財富。

廣州的外國夷館

曾於西元 1825 年到 1844 年間與這些夷館來往的威廉·C·亨特（William C. Hunter），如此描述過去在廣州濱水區域占據一席之地的外國夷館：

西元 1821 年之前的廣州夷館
這一幅寫實的廣州海外貿易站圖，翻攝自收藏於麻塞諸薩州塞勒姆市（Salem）的皮博迪博物館（Peabody Museum）中的中國玻璃彩繪。

從西邊開始，坐落著丹麥館；毗鄰丹麥館的是全長與夷館相同、組成新中國街的中國商店，新中國街隔開了丹麥館與西班牙館。緊接著是法國館，而法國館的旁邊，是與夷館全長等長的是行商章官。舊中國街於此進入視野，而對面則是美國館，接著是帝國（奧地利）館，在帝國館旁邊的是寶順館，接下來是瑞典館、舊英國館，還有炒炒館（各國混雜）。現在來到一條窄小的巷道，就是著名的豬巷，這個名稱可說最為名符其實。新英國館的高大屋牆，形成豬巷的邊界，從新英國館往東的下一個鄰居是荷蘭館，而荷蘭館旁邊則矗立著小溪館。小溪館因一條沿著城市城牆流動的小溪在此匯流入河而得名，原本這條小溪是城市西側邊緣的溝渠。因此，建築物的總數乃是十三。緊鄰這些建築的後方，同時往東西向延伸的是一條狹長但重要的街道，名為十三行路。（《廣州番鬼錄》，威廉‧C‧亨特著，西元 1882 年於倫敦出版。）

從母國取得獨家在遠東進行貿易權力的英國和荷蘭公司，就是分別於西元 1600 年及 1602 年註冊成立的英國東印度公司與荷蘭東印度公司。這兩家公司會再發給其他同國籍公司在廣州進行貿易的許可證。

每天，美國、英國、荷蘭、西班牙的國旗，在各自的夷館前升起。西班牙國旗是代表菲律賓公司的。

法國、瑞典、丹麥、奧地利的東印度公司都活躍了一段時間，但在一些具野心的初始行動失敗後，基本上便終止了對廣州的直接貿易。

在中國街正對面的十三行路上，矗立著「洋行公所」，即夷館的議事大廳。行商不僅擁有被這些海外租客占據的倉庫，也擁有洋行公所的所有權，而且公所的維護費用是由行商負擔。

所有白人停留在廣州的期間，實際上都是被侷限在各國夷館四面牆壁中的囚犯。會計室、倉庫和品茶室占據了較低的樓層，還有規模龐大的金庫，以及買辦、助理和苦力的房間。二樓是餐廳及會客室，而三樓則是白人的臥室。

這些建築的總覆蓋面積約為 6 公頃，其中有很大一部分是做為開放「廣場」之用，也就是位於夷館建築和河流之間的徒步區。

這些夷館存在於《南京條約》生效日之前，夷館本身及曾經充斥其間的日常生活，如今已成為遺跡，因此我們保留這段對著名舊廣州夷館的敘述。事實上，亨特的紀錄顯示，早在西元 1860 年他再度造訪早年受雇的地點時，該地已經面目全非。

外商的先驅

以下是西元 1825 年在廣州進行貿易的重要外國商號先驅中的一部分：怡和洋行（Jardine, Matheson & Co.）的前身，馬尼亞克公司（Magniac & Co.）；甸特洋行（Thomas Dent & Co.）；伊伯利暨斐倫公司（Ilbery, Fearon & Co.）；惠特

一間十八世紀的中國貨棧

曼公司（Whitcman & Co.）；羅伯森暨卡倫公司（Robertson, Cullen & Co.）。這些商號皆由獨家掌控英國東方貿易的英國東印度公司發給許可證。西元 1833 年之後，貿易向所有人開放。

　　廣州外商洋行及其所進行的貿易之重要性，只有在茶葉這項外商洋行出口主要商品上，才能充分展現，由這些洋行出口的茶葉，供應給中國和日本以外的整個文明世界。中國是唯一可取得茶葉之處，而且只有廣州可以取得中國茶葉。日本的港口直到後來的數年間，對海外貿易都處於封鎖的狀態。

中國富豪──浩官

　　被外國人稱為「浩官」的伍秉鑑，是廣州的傑出行商之一，是當代最富有的人，也是外國商人最好的朋友。

　　浩官是出身寒微的廈門人，生於西元 1769 年。他擁有絕佳的做生意的天賦，以及與外國人打交道的技能，因此在二十多歲時獲得進入公行的許可。

　　悉尼與瑪喬麗‧格林比（Sydney and Marjorie Greenbie）在他們有趣的歷史著作《俄斐的黃金》中，完美刻畫出這位中國富豪的形象。他們說，浩官發現身邊到處可見中國商人和歐洲商人之間的尖銳作風與緊張關係，但他很輕易就成為能勝任調節及控制這些難題的人。

　　西元 1825 年，浩官被公認是資深行商，而且對於身處那個位置的痛苦及其中的利益優勢，有深刻的瞭解。他的財富與日俱增，而責任也隨著財富等比例增長。他很樂意將手中的職責交出來，但政府不會允許他辭去職務。

　　浩官的重責大任當中，最重要的是以資深行商的身分，要對外國人的個人和社交活動，還有他們的商業往來負起責任。其中最令人難堪的一條規則，就是反對帶白人女性前來廣州。然而，偶爾還是會發生外國商人偷偷帶著自己的妻子，讓她穿著男裝招搖過市，直到廣州官員發現這種情形。最終，浩官被迫必須採取行動。

　　所有的行商，尤其是浩官，時常因為鉅額財富而被政府官員強制徵收罰金；然而，浩官的宅邸仍舊是廣州最豪華亮

中國行商崑水官的宅邸

麗的名勝，到了西元 1834 年，他的財產估計約有二千六百萬美元。此時，他決定將全部的精力投注在一家美國公司旗昌洋行的經營活動上。

浩官在與旗昌洋行及其他有廣泛交易的美國商號往來期間，從未簽訂過書面協定。能夠展現浩官典型作風的事例之一是，在他的上級監督者侵占了旗昌洋行的五萬美元儲備資金時，他立即全額賠償。

公行系統的終結

浩官就跟許多美國及英國商人一樣，深度參與了違法的鴉片交易，西元 1840 年到 1842 年間，鴉片交易引起中國和英國間的敵對狀態，最後以《南京條約》的簽署告終。

這代表著公行系統的終結，還有中國口岸對海外貿易的開放。

鴉片戰爭初期，中國取得勝利時，英國夷館遭到燒毀；因此，當英國獲得最終勝利時，便要求中國政府為廣州市支付六百萬美元的贖金以做為報復，而中國政府強迫行商繳納這筆款項。浩官身為最資深且最富有的行商，必須支付的總額相當於一百一十萬美元的個人捐款。（《俄斐的黃金》，悉尼與瑪喬麗·格林比合著，西元 1925 年於紐約出版，道布爾戴〔Doubleday〕出版社版權所有。）

浩官從戰爭期間起便重病纏身，後來，由於面臨使用個人財富協助支付廣州贖金的要求，加上之前從他身上敲詐的數百萬美元的水災賑災，以及其他索賠款項所帶來的刺激，造成了他的死亡。

著名的中國茶商

廣州、廈門、福州、寧波、杭州、漢口、九江和上海，在經過各種變化之後，仍然是中國茶葉出口的重要中心城市。在十八世紀期間和十九世紀前葉，中國沿海地區的茶葉出口貿易，都是透過廣州市場進行的，起初出口的是廣東省產的茶葉。

然而，廣州的外國商人也逐漸開始採購一些由湖南、湖北、福建、江西、安徽等省份出產的優質茶葉，因此將茶葉貿易擴展到廈門、福州、寧波、上海，最後延伸到漢口與九江。

西元 1842 年，第一次中英鴉片戰爭結束時，除了廣州之外，還有四個港口被開通供進行海外貿易使用。這些被稱為「通商口岸」的四個新增加的港口是：上海、寧波、福州、廈門。漢口於 1858 年開放，九江是在 1861 年，而杭州的開放則是在 1896 年。

中國出口茶葉貿易，現在（1936年）主要以排名世界第八大商業海港的上海為中心，上海也是蘇伊士運河以東，最壯觀且現代化的貿易中心。

超過九十年前，有兩家從事茶葉貿易的上海商號在中國成立，分別是怡和洋行（英資）和禪臣洋行（德資）。怡和洋行從那時起一直是茶葉行業的佼佼者，但禪臣洋行已退出茶葉貿易二十五

或三十年之久了。天祥洋行的業務則可以追溯到七十多年前。

怡和洋行開創於十九世紀早期，是中國茶葉貿易中最古老的洋行。創辦人是在西元 1802 年以英國東印度公司高級職員身分來到東方的威廉·渣甸（William Jardine）博士。從最早期就與他有聯繫的是詹姆士·馬地臣（James Matheson）和霍林沃斯·馬尼亞克（Hollingworth Magniac）。

威廉·渣甸是蘇格蘭南部人，先祖代代定居在鄧弗里斯郡（Dumfriesshire），而他自己則是在西元 1784 年出生於洛克馬本（Lochmaben）。詹姆士·馬地臣來自羅斯郡（Rosshire）的西海岸地區，其家族從很久以前就在當地建立並擁有產業。霍林沃斯·馬尼亞克是一名瑞士商人的後裔，這名瑞士商人在十八世紀即將結束時定居澳門，受雇於一家名為 Beale & Read 的老店，成為這家企業的合夥人；公司名稱隨後變更為 Beale & Magniac，後來又更名為「馬尼亞克公司」。

在這層業務關係的早期，渣甸會在印度和中國間進行商務旅行；馬地臣留在印度，專注在處理渣甸由遠東帶回來的產品上；與此同時，馬尼亞克則做為在廣州和澳門銷售從印度及海峽殖民地進口之貨物的代理人。

隨著時間的流逝，威廉·渣甸和詹姆士·馬地臣經營的生意規模大幅增長，並在西元 1827 年發現到有必要長期居住在澳門；同時跟早期的習慣一樣，於特定的季節搬到廣州，在當地透過擁有許可的馬尼亞克公司媒介，經營雙方皆能獲利的生意。

西元 1834 年，由於英國東印度公司的商業壟斷結束，馬尼亞克公司隨之消失，從那之後的生意，就由渣甸、馬地臣、馬尼亞克三人以怡和洋行的方式繼續經營。他們於 1834 年三月二十四日從廣州派出第一艘免稅船隻前往倫敦，亨特說她是「第一艘載著免稅茶葉的免稅船」。（《廣州番鬼錄》，威廉·C·亨特著，西元 1882 年於倫敦出版。）

在香港於西元 1842 年成為英國屬地後不久，怡和洋行便在島上建立總部，然後 1859 年在橫濱開設了日本分公司，接著在東京、下關、靜岡、神戶等地開設子公司；此外，在大連及臺灣的臺北也設有子公司。

大約在西元 1870 年時，該公司將茶葉運往上海、福州、廈門。此後，其他中國分公司也在北平、廣州、鎮江、重慶、汕頭、天津、漢口、南京、九江、牛庄（註：現在的遼寧省營口市）、宜昌、青島、蕪湖等地開設。紐約分公司於 1881 年開設。倫敦的代理商則是馬特利森公司（Matlieson）。

在經過堅不可摧的二十年之後，威廉·渣甸在西元 1838 年離開遠東，並將怡和洋行的管理交給詹姆士·馬地臣，馬地臣則於 1842 年離開中國。隨後接手的是他在印度接受早期商業訓練的姪子亞歷山大·馬地臣（Alexander Matlieson）。

德資禪臣洋行是由 G·T·禪臣（G. T. Sicmssen）和華納·克羅恩（Werner

在福州裝貨的飛剪式運茶帆船
翻攝自威廉·麥克道維爾（William McDowell）的畫作。獲得格拉斯哥的版權所有發行人暨所有人
Brown, Son & Ferguson 公司之許可。

Krohn）所創辦，承接了由禪臣家族前一代所創立之禪臣公司的業務，該公司從西元 1840 年左右開始就與中國茶葉貿易有所關聯。禪臣洋行在福州的茶葉貿易一直活躍到 1900 年左右茶葉部門停止營運為止。華納·克羅恩於 1897 年過世，而 G·T·禪臣則逝世於 1915 年。

　　英商天祥洋行是由已故的喬治·班傑明·多德威爾（George Benjamin Dodwell）及合夥人於西元 1891 年成立，總公司一開始設在香港，並在上海、漢口、廣州、福州等地設有分公司。這家公司承接了 1858 年在中國成立的亞當森暨貝爾公司（Adamson, Bell & Co.）之業務。多德威爾曾負責亞當森暨貝爾公司的運輸部門業務，在 1872 年時以新進

職員的身分前往中國。當該公司於 1891 年解體時，他和其他職員成立了天祥洋行，並在 1899 年將總公司移往倫敦。除了中國分公司之外，天祥洋行也在日本的橫濱、神戶，還有倫敦、可倫坡、紐約、舊金山、西雅圖及其他城市建立企

福州的羅星塔錨地

業。後來，喬治‧班傑明‧多德威爾回到倫敦接任總經理，並持續擔任該職位直到 1923 年退休為止，繼任者是他的姪子史坦利‧H‧多德威爾（Stanley H. Dodwell）。喬治‧班傑明‧多德威爾於 1925 年逝世。

上海的英商錦隆洋行在西元 1878 年由 W‧W‧金（W. W. King）創辦，並在 1892 年創辦人之子 W‧S‧金（W. S. King）加入時，將名稱變更為 W. W. King & Son，後來又陸續改為 King, Son & Ramsey 公司、Westphal, King & Ramsey 公司。1918 年變更為錦隆洋行，在漢口設有分公司，由 H‧溫斯坦利（H. Winstanley）負責；另一家分公司在福州，由 A‧S‧艾利森（A. S. Alison）負責管理。

具有中國茶葉協會主任委員身分的現任上海總經理 W‧S‧金，是中國茶葉貿易的領導人，中國茶葉協會的成員包括了所有主要的外商茶葉公司。W‧S‧金於西元 1869 年出生於漢口，是茶商之子，其父親在 1863 年從倫敦的莫法特和希思公司（Moffatt and Heath）前往中國，加入蕭暨里普利公司（Shaw, Ripley & Co.）。W‧S‧金在英國德威（Dulwich）學院接受教育，並在培訓其父親的同一家公司實習。

上海的外國茶葉商人當中，其他知名的公司還有：羅伯特‧安德森公司（Robert Anderson）、亞歷山大‧坎貝爾公司（Alexander Campbell）、福時洋行、E‧H‧吉爾森公司（E. H. Gilson）、仁記洋行、西奧多暨羅林斯公司（Gibb, Livingston & Co.）等。陳翊周先生是一位具有豐富經驗及絕佳判斷力的中國茶商，以優秀的表現成為上海茶商同業公會主席，是上海當地茶葉貿易的負責人。他在 1906 年成立忠信昌茶棧，而他在關注茶葉以外，也是數家大公司和銀行企業的負責人。

在中國茶商當中，最古老的公司是由唐翹卿創辦的華茶公司，現在由他的兩個兒子——唐季珊（外文名稱為詹姆斯‧唐）和唐叔璠經營管理。華茶公司成立的宗旨，是希望在中國茶葉配銷到歐美時，能夠排除外籍中間商的參與。唐季珊透過定期訪問而在美國與英國的茶葉貿易中出名。雖然華茶公司於西元 1916 年就組建成立，但直到世界大戰之後才步入正軌。

福州擁有便利的茶葉出口港口設施，是福建省的航運中心，只有少數茶葉直接由廈門出口。英商太興洋行是福州一家老牌的英國茶葉及絲綢出口公司，由約翰‧巴斯蓋特（John Bathgate）和托比亞斯‧皮姆（Tobias Pirn）於西元 1879 年組建，接手了在那一年倒閉的同孚洋行的業務。

巴斯蓋特與皮姆都是同孚洋行的員工。原公司破產後，他們順利地將公司改組並擴大營業規模。

約翰‧C‧奧斯瓦爾德（John C. Oswald）於 1886 年成為公司的一員，在 1873 年與倫敦進口商 EA 迪肯公司（E. & A. Deacon）一同展開茶葉貿易事業，奧斯瓦爾德在 1886 年前往福州，並加入太興洋行，後來於 1930 年去世，他的兒

在廣州進行品茶

子 J・L・奧斯瓦爾德（J. L. Oswald）目前是唯一所有人。

　　西元 1926 年，一家美資進出口商布魯斯特公司（Brewster）在福州組建了茶葉部門，聘請奧圖・海因索恩（Otto Heinsohn）為茶葉採購員。海因索恩之前曾在漢堡的知名茶葉公司弗里德威利朗格（Friedr. Willi. Lange）工作。布魯斯特公司在德國、英國、荷蘭、義大利、美國，都有業務往來。

　　福州其他著名的茶葉出口公司，還有：協和洋行、天祥洋行、仁記洋行、德興洋行、錦隆洋行（上海）、怡和洋行、陶德洋行。

　　在飛剪式帆船興盛的年代，廣州是飛剪式帆船貿易的中心。雖然在北河的清遠地區附近有種植較低等級的紅茶，但廣州從來不是重要的茶葉生產中心。清遠生產的紅茶被出口到香港、海峽殖民地、荷屬東印度群島、澳洲、南海。

　　廣州和美國之間的茶葉貿易，幾乎完全消失，只有每年為了美國境內中國社群的消費而裝運的少量零散的數千公斤茶葉。

　　廣州沙面島的茶葉出口商有：西元 1890 年左右成立的迪肯洋行（Messrs. Deacon）；1870 年成立的赫伯特丹地洋行（Herbet Dent），由迪肯洋行代理；1891 年成立的天祥洋行；1910 年左右成立的興盛洋行；1834 年成立的怡和洋行；還有眾多將茶葉運往海峽殖民地的中國茶葉商號。

Chapter 9
日本的茶葉貿易史

清水海濱,背景可見富士山

在清水以駁船裝載出口到美國的茶葉
清水港在西元 1900 年開放對外貿易,當時有 95,163 公斤茶葉出口。近年來,清水成為日本主要的
茶葉運輸港,年出口量超過 998 萬公斤。

靜岡茶葉運輸港口——清水港一景

　　凱・大浦夫人是一位長崎的茶葉商人，受到培里准將造訪的啟發，成為嘗試進行直接出口業務的第一人。

茶葉在日本的種植已有數世紀之久，但從未出口，直到荷蘭東印度公司在西元 1611 年得到幕府政權（德川封建政府）的許可，於平戶島設立工廠為止，後來，荷蘭人的工廠在 1641 年遷移到長崎海港中的一座小島「出島」上。

荷蘭使者詹姆斯・史貝克斯（James Specx）在 1609 年來到日本，是平戶的第一任主管。

荷蘭艦隊每年造訪日本一次，於四月抵達並停留到九月，一開始只有三或四艘船前來，但偶爾會增加到多達六十艘。他們帶來各式各樣的貨品，包括糖、眼鏡、望遠鏡、鐘錶等，而帶走的主要出口貨物是銅和樟腦，以及漆器、竹製品、茶葉等次要商品。

西元 1621 年，英國東印度公司也在平戶設立工廠，但他們並未採購茶葉，後來，經理人理查・考克斯（Richard Cox）發現當地業務無利可圖，便於 1623 年結束營業。

在荷蘭人到來後不久，日本人便打造了兩艘適於航海的船隻，一艘橫渡太平洋前往墨西哥，另一艘則駛向羅馬。大約在此時，發生了與葡萄牙人傳播基督教教義相關的不幸事件，使得德川封建政府深信，只有鎖國能使國家的安全獲得保障。西元 1638 年，除了在長崎與荷蘭人及中國人進行有限的交通來往之外，其他港口全面關閉海外貿易作業；同時，也嚴格禁止當地人民建造任何大到能從事海洋航行的船隻。從 1641 年直到 1859 年，長崎都是日本唯一的港口，荷蘭人和中國人被允許在這個排斥其他外國人士的港口進行貿易；同時不允許日本船隻造訪外國海岸。

日本的鎖國政策維持了超過兩個世紀，不過在西元 1853 年，美國海軍准將馬修・卡爾布萊斯・培里（MatthewCalbraith Perry, 1794-1858）來到日本，藉著武力展示及成功的外交手段，說服德川政權「進一步的隔絕是不明智的」。從結果看來，培里准將的任務並未立即收到成效，因為直到 1859 年，第一個條約港（註：因簽訂條約而開放的港口）橫濱，才對海外貿易開放。

凱・大浦（Kay Oura）夫人是一位長崎的茶葉商人，受到培里准將造訪的啟發，成為嘗試進行直接出口業務的第一人。西元 1853 年，一家設在長崎的荷蘭商行特斯投公司（Textor）將手中的茶葉樣本送往美國、英國和阿拉伯，其中一份樣本引起一位名叫歐特（Ault）的英國茶葉採購員的注意，他在 1856 年來到長崎，向大浦夫人訂購了一百石（約 6000 公斤）嬉野珠茶。這位有事業心的女士從九州島各地收集茶葉並運往倫敦，完成了這筆訂單。歐特先生以歐特公司之名，在長崎開設了一間營業處。E・R・亨特（E. R. Hunt）與這家商行有所聯繫，並且在後來與費德列克・赫勒（Frederick Hellyer）合夥，於同一

舊橫濱的美國茶葉貨棧
地震前的 M・J・B・總部

個地點籌組了亨特與赫勒公司（Hunt & Hellyer）。大浦夫人於 1884 年去世。

貿易的開端

　　隨著橫濱港的開放，西元 1859 年開始有了商業規模的出口貿易，到了當年的五月底，香港怡和洋行已經在橫濱的英國一號擁有完整的建築；華許暨霍爾公司（Walsh, Hall & Co.）的前身湯瑪斯・華許公司（Thomas Walsh & Co.）坐落在美國一號；而其他外國商行則占據了旁邊直到八號的位置，其中包括了七號的英國商行太古洋行分公司。1859 年，由於季節上的延遲，只有 18 萬公斤的茶葉出口，並換回了印花布和其他商品。第一年的出口商品有一部分是由日本人稱作「美國一」（Ame-ichi）的湯瑪斯・華許公司運往美國。

　　打從一開始，美國就是日本的最佳客戶，一部分是因為雙方之間有直接的海洋航道，另一部分是因為當時美國人普遍偏好綠茶。隨著西元 1859 年最初的裝運之後，1860 年有總計 1593 公斤的茶葉出口到美國，約略高於美國消費量的千分之一，十年後的 1870 年，這個數字已成長到 400 萬 3323 公斤，為美國消費量的 25%；到了 1880 年，出口量達到 1528 萬 881 公斤，為美國消費量的 47%；而在世界大戰爆發前一年，美國每年獲得的茶葉是 1814 萬公斤，等同於茶葉消費量的半數。當時出口貿易正值顛峰，日本四島的茶葉產區都達到最大生產量，繁榮興盛的景象隨處可見。

　　在西元 1914 年到 1918 年的戰爭期間，日本的勞工成本增加，許多優質茶葉產區，山城、大和、青海、依勢、下總，都退出了出口貿易。靜岡縣的兩個地區（駿河和遠州），供應海外貿易的茶葉量下滑到每年 1179 萬公斤。出口總量中有 771 萬公斤磅運往美國，占美國總消費量的 16.5%，其餘部分則是由加拿大和其他國家取得。

橫濱早期的茶葉貿易

　　對當地茶業從業人員來說，與橫濱的外國人打交道是全新的體驗，不過外國商行會雇用中國買辦做為中間人，以解決雙方對彼此語言和風俗習慣缺乏瞭解的問題。這些中國買辦通曉英文和日文，也是在採購和結算帳目秤量錢幣重量時，具有判斷力且精明的人。一開始，結算帳目必須使用當地錢幣，但不久後就開始使用墨西哥銀幣披索（Mexican

舊日的品茶室，橫濱，西元 1899 年

silver pesos），跟中國一樣將墨西哥銀幣
公認為結帳標準貨幣。經過十多年後，
日本政府才調整國內貨幣體系，並創造
了日本貿易通用的貨幣。

　　另一個麻煩來自於未經過正確製作
的茶葉，還有裝在那些為了跨越海洋的
長途旅程而鑄模生產的新箱子裡的茶葉。
鉛質襯裡直到數年之後才投入使用，而
且只有古老、經過千錘百煉的箱子，才
會被認為是可以安全使用的。再焙燒還
屬於未知領域。

　　裝船的貨物由三桅帆船運送到中國
港口進行轉運，並從那裡用快速帆船運
往目的地。茶葉是外國商人在填滿貨物
時，唯一能足量採購的商品，因此他們
全都經手茶葉的買賣。

　　當時的橫濱是一個只有八十七間屋
舍的原始農耕及捕魚村落，幕府將當地
一片空蕩蕩的土地租借給外國人，使得
橫濱轉型為開創性的貿易殖民地。到了
港口開放的西元 1859 年底，外國人的聚
居地中，包括了十八名英國人、十二名
美國人、五名荷蘭人，隔年，超過三十

名外籍人士申請並獲得租賃權，而建築
物的數目也相應增加。

　　儘管有排外派的反對，當地日本商
人仍被允許在獲得地方當局批准的前提
下，與外國商人進行貿易。在取得許可
方面，駿府（現在的靜岡）的茶葉商人
遇到的困難比其他地區的商人少，因此
在 1859 年，十家駿府茶葉代辦行在橫濱
設立，其中包括了野崎彥左衛門、駿河
屋茂兵衛等人。同年，野崎的業務被依
勢省津市的中條淳之介商號全部買下，
辦事處被交由長古川伊兵衛掌管。1860
年，新村久治郎成為經理，並把自己的
名字改為野崎久治郎。

　　西元 1861 年，日本外銷茶葉貿易中
最重要的人物大谷嘉平，在橫濱的代理
商當中落戶，隨後將活動範圍轉移到靜
岡。在回憶橫濱貿易初期的日子時，大
谷嘉平說，「茶葉的供應來自山城、江
州、依勢和駿河。除了由生產地區直接
運輸之外，願理平、板谷洋平、小泉伊
兵衛等大批發商號，也會將茶葉運到橫
濱，透過代理商銷售。」這些茶葉會被
包裝在容量約為 30 到 37.5 公斤的防水瓷

為茶葉箱秤重的古法

橫濱舊日大飯店，毀於西元 1923 年的地震
上：建築與庭園的外部景觀。下：主層大廳。

罐內，並被稱為「瓷燒茶」，以便與那些包裝在未經過防水處理的木箱或盒子裡的茶葉做區隔。銷售進行的方式，是由當地的代理商人將樣本展示給採購員，如果能夠達成協議，雙方會以三擊掌的方式代替簽約。

西元 1862 年，在橫濱的外國租界中，設立了第一座將鄉村茶葉進行調整和包裝以供出口的再焙燒貨棧。他們從廣州與上海引進經驗豐富的中國籍工作人員，來進行這項工作，而這些人帶來了中式手持鍋，以及不為日本人所知的表面加工和人工上色的做法，以這種方式製成的茶葉被稱為「釜炒茶」。至於被稱為「日曬茶」的茶葉，直到很久以後才被引進。

當時製茶工業的副產品極少受到重視或瞭解，以至於從釜炒茶中取出的優質粉末微粒，都被裝載到駁船上丟棄到海裡。儘管如此，F・布林克利（F. Brinkley）陳述道，早期貿易商的利潤高達 40%，不過好景不常；隨著出口茶葉需求的不斷增長，價格逐年攀升，獲利空間遭到壓縮。（《日本的歷史、藝術與文學》，F・布林克利上校著，西元 1901 年於波士頓－東京出版，第二卷，第二四六頁到第二七五頁）高等級的茶葉在 1858 年時，以一石（60 公斤）二十日圓的價格大量供應，1862 年價格上漲到二十七日圓，而在 1866 年，價格漲到四十二日圓，比 1858 年的價格高出兩倍之多。與此同時，出口量穩定地增加，彌補了有限的邊際利潤，貿易欣欣向榮。

當橫濱的外銷茶葉貿易獲得如此良好的進展時，貿易商對於依據條約而預定於西元 1863 年一月一日開放的第二個條約港，也就是兵庫，表現出濃厚的興趣和一定程度的擔憂。

然而，兵庫港開放的時間被延後到 1868 年。在此同時，排外的武士對發生進一步商業入侵的可能性，感到擔憂且激憤，並在 1867 年的最後一搏中，全面推翻幕府執政系統，重新建立皇帝的皇

橫濱新大飯店

權。1868 年一月一日，兵庫港在名義上開放，但外國代表團強烈表示對神戶的偏愛，理由是該地更適合他們的使用，而政府同意了這項變更。

神戶成為茶葉港

新政府立刻開始在神戶進行排水並準備打算供外銷貿易使用的土地，而外國人悄無聲息地與當地商人建立聯繫，盡可能將計畫保持機密。到了西元 1868 年九月，部分土地已被抬高到露出海平面並進行劃分，而使用這些土地的特權則在海關進行拍賣。

神戶的第一批辦事處和貨棧是由三家德國商號完成的，分別是：古楚諾夫公司（Gutschunow & Co.）、施魯茨暨賴斯公司（Shrutz, Reis & Co.），以及 L・尼非爾公司（L. Kniffler & Co.）。到了西元 1869 年五月，其他建築建造完成，包括位於一號的怡和洋行、二號的湯瑪斯・華許公司、三號的史密斯暨貝克公司（Smith, Baker）磚造貨棧，還有亞德利安公司（Adrian & Co.）的磚造貨棧與辦事處。荷蘭商號特斯投公司則在九號建造了具藝術美感的貨棧和住宅。到了西元 1869 年底，神戶的外籍人士人數達到一百八十六人。

根據神戶市在西元 1920 年出版的，記錄神戶歷史的《神戶市》，其中提到：「第一批茶葉是由三位大阪人士託售給

位於神戶的早期美國茶葉商號辦事處及貨棧
二樓向外突出的紗窗是設計用來反射品茶室內的光線。這些房屋是喬治・H・梅西公司（George H. Macy & Co.）的產業。

神戶的儀三郎（Gisaburo Uriya），儀三郎將其中一部分賣給怡和洋行的哈里遜（Harrison）先生，剩下的則是賣給了橫濱一百零三號的羅賓森（Robinson）先生。」然而，這段敘述受到自神戶開港以來就長駐此地的園部重藏的質疑。園部先生表示，第一批茶葉的銷售對象是史密斯暨貝克公司，當時他們在自家的辦事處和貨棧完成前，設在一棟當地的建築裡。

剛開始時，神戶附近規模較大的本地商人在跟外國人進行交易時，抱持過於保守的態度，這些外國人不得不依賴那些在長崎和橫濱就跟隨他們的手段低劣的小商人。後來，大阪的山本龜太郎先生等這類富有茶商，與外國商號進行廣泛的交易。

在神戶港開放之後，長崎失去了做為茶葉貿易港口的重要性，從那時開始，茶葉的供應被區分為兩大部分，在業內稱為「神戶茶」和「橫濱茶」。

神戶茶包括了山城的宇治茶、江州的朝宮茶等著名的種類。

橫濱茶則包括了同樣知名的靜岡地區的川根茶、本山茶、櫻茶；還有東京東部地區所產的八王子茶等等。橫濱茶的外觀比神戶茶更優良。

外國商號在神戶建造的貨棧，一開始幾乎全都是被淘汰的工廠。但橫濱在這方面擁有優越的設施，而且多年來，剩餘的生茶葉都被轉送到此地。許多買家在神戶和橫濱兩地都設有分公司，不過競爭情況並不激烈，因為每個地方都有自己的採購範圍。

嘗試直接對外貿易

從一開始，出口貿易業務便是以「外國商人為買家，本地代理商為賣家」的形式進行。本地代理商的收益是從各區域送來之茶葉的總貨價收入的 4.5%。然而，生產量最終趕上並超過目前的需求，而且生產過剩導致了價格很難維持在足夠支付生產成本的水準。內陸地區，有一些更聰明和具有遠見的茶商，試圖為過剩的茶葉發展出其他用途，而不是降低產量，提出了兩個建議方案：其一是，嘗試加工紅茶並「直接出口」（不經過外國商人的干預）；其二是，加工生產純粹且無染色的綠茶，並直接出口。

因此，工業局的農業部門於西元 1873 年在數個行政區開始實驗性的紅茶加工，但這些嘗試都以失敗告終，不過在 1875 年，內閣總理大臣大久保促成以山茶（生長在四國和九州島的野生茶葉）加工製成紅茶的實驗，其成果較為成功。有兩位中國籍紅茶專家被聘請過來，指導設在大分省木浦和白川（現今的熊本）吉仁縣的工廠。當地生產由本地人進行再焙燒的茶葉，並出口到美國，結果令人滿意。

至於另一個加工純粹且無染色綠茶的計畫，是由恆次（Tsuneuji Kammuchi）在 1876 年帶著樣本前往美國，由於樣本大受歡迎，便計畫每個月至少發送 14,968 公斤。岡本健三郎獲准在政府設於東京木挽町的實驗工廠中加工無染色茶葉，但不幸的是，市場的急速衰退讓這項冒險行動以失敗收場。

西元 1876 年，許多直接出口企業成立，例如新潟縣村松的製茶會社、埼玉縣入間市的狹山會社。在此同時，益田孝等人在直接貿易的進展中獲利，並且為了推廣直接貿易，在東京九段的玉泉邸會面。然而，積極從事直接出口的人當中，沒有人對於對外貿易有任何瞭解，或在海外有任何行銷關係，而且只有益田孝懂得英文。沒有一家公司獲得成功，而且很快就結束營業。

當政府和不同的公司紛紛致力於改善市場狀況的無用嘗試時，真正的救贖出乎意料地近在眼前。西元 1876 年，負責野村一朗設於靜岡縣富士市比奈村茶葉工廠的茶葉專家，赤崛玉三郎等人發明了製作竹筐焙茶的工序。美國成為這種新興茶葉現成的市場，而從那時起，竹筐焙茶的需求便迅速增加。在幾年內，年出口量便超過 272 萬公斤，而且竹筐焙茶從一開始就為日本茶葉市場的擴張做出貢獻。

雖然竹筐焙茶的誕生地是富士市，但種植於志太郡的生茶葉被證實是最適合進行竹筐焙茶加工作業的種類，位於靜岡市以西約 20 公里處的村鎮藤枝市，便成為竹筐焙茶的加工生產中心。

促銷展示會

西元 1876 年，日本決定為自己的茶葉等物產，在費城舉行的百年博覽會上進行一次重要的展示，從這時候開始，日本茶在美國持續進行密集的宣傳，期間只有短暫的中斷。

日本茶葉另一次重要展示是在西元 1879 年舉辦的雪梨博覽會上，日本的紅茶在此獲得最高獎項。受到這樣的鼓勵，日本政府持續在推廣紅茶工業上做出努力，而在隔年，所有的日本紅茶公司被

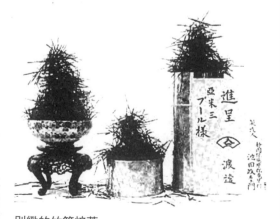

別緻的竹筐焙茶
最早由赤崛玉三郎等人於西元 1876 年引進，也被稱為「蛛腿茶」或「松針茶」。

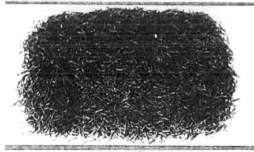

兩種日本茶葉
上：一般煎茶，供釜炒茶和天然原葉茶之用。
下：玉綠茶，供雨前茶和熙春茶之用。

合併為一家名為「橫濱紅茶會社」的單一企業。這家企業運送大量紅茶到墨爾本，並將 9 萬公斤的紅茶運往美國，交付給龍興洋行代售。

然而，這兩批貨物都未帶來成功的回報，因此公司終止營業。

第一場品評會，也就是茶農的競爭性展示會，於西元 1879 年九月十五日在橫濱市政廳舉行，整場展示會以茶葉樣本所組成。

由二十八名茶葉職人組成評審團，對展示品提出專業評價並頒發獎項。品評會結束後，評審團為了討論茶葉工業及貿易相關問題，組成「製茶集團會」，也就是茶葉顧問社。在這個時期，釜炒茶和竹筐焙茶都會藉由當時屬於機密的中式方法進行染色，甚至那些一般相信是天然、無染色的「日曬茶」茶葉，都會以某些黃色物質處理，以提供更令人信服的日曬色澤。

日本茶產業組織的成立

西元 1882 年，美國通過了一項禁止混摻茶葉進口的法令，藉此強制查驗染色及製作拙劣茶葉的加工生產。

製茶集團會在十月九日於神戶舉辦的第二次品評會結束後舉行會議，為這件事採取應對措施。他們向政府提出一份備忘錄，表示為了消除加工製造中錯誤腐敗的陋習，有必要將全國茶葉職人組織起來。

茶葉協會暫行規則於西元 1884 年一月公布，同時所有生產地區的當地茶葉協會都被組織起來。這些協會的代表於五月份在東京舉行會議，並組成「日本中央茶葉貿易商協會」。

第一批協會官員包括：主席河瀨秀治先生；主任秘書大倉喜八郎先生等人。從一開始，協會便致力於為日本茶葉改善加工並拓展海外市場的工作。

1885 年到 1900 年的海外茶葉貿易

日本的海外茶葉貿易在西元 1885 年到 1887 年間復甦並經歷繁榮，使得再焙燒工廠數量增加，也有許多新茶葉公司成立。在再焙燒工廠方面，山城茶葉公司在山城的富島、滋賀縣大津和土山等地，都設立了再焙燒工廠。新興的茶葉出口公司則在清水、神戶、大阪、京都等地成立。

從西元 1888 年開始的八年，是為了擴大出口貿易而對國外市場進行考察的時期，有專員被派往俄羅斯收集第一手的資訊，「日本茶葉公司」也隨之成立，在大谷先生擔任總裁的情況下，將茶葉銷售到俄羅斯，並對美國市場進行調查。然而，國內掀起了一場猜忌的風暴，而該公司於 1891 年解散。

西元 1892 年，位於橫濱七號的太古洋行中止了茶葉部門。同年，位於二百一十號的伯納德暨伍德公司（Bernard, Wood & Co.）的業務，被伯納德公司（Bernard & Co.）承接，而福雷

澤與弗納姆公司（Frazer & Vernum）也進行改組。

西元 1892 年，日本中央茶葉協會受邀於隔年舉辦的芝加哥世界博覽會中進行展示。伊藤熊男立刻前往芝加哥，並在回國時做出在博覽會上開設日式茶園的決定，這個茶園後來成為博覽會中的熱門景點之一。伊藤一平被派往美國進行準備工作，並由當時在美國求學的古屋竹之介協助；山口鐵之助擔任經理一職，而駒田彥之丞則是參事。在博覽會進行期間，山口鐵之介和伊藤一平在美國各地遊歷，調查主要的市場。

西元 1894 年，為了利用新獲得的美國市場知識，同時對組建一個「直接貿易」公司進行討論，居於領導地位的日本茶葉職人促成了日本茶葉協會「茶行會」的創建，這些茶葉職人是依據前農林水產副大臣前田正名的建議而行動。茶行會的總部設在東京，分部則設在橫濱、神戶和九州島。同一年，茶行會任命曾在哥倫比亞博覽會擔任參事的駒田彥之丞，成為調查美國市場的專員。駒田彥之丞對業務相當有經驗、熟悉英語，並在擔任專員期間提供寶貴的幫助。隨後，他以神戶的日本茶葉外銷公司代表的身分旅美多年。

西元 1894 年，美國商號 CP·羅公司（C. P. Low）由於在絲綢方面遭受巨大虧損而失敗，其業務由日東博耶基公司（Nitto Boyeki）承接，這是一家部分資金來自前公司債權人的本地商號。之後數年，日東博耶基公司持續將茶葉運送到芝加哥的 CP·羅公司，但最終仍停業清盤。1894 年，中日貿易公司（China-Japan Trading Co.）放棄了茶葉部門。紐約的美時洋行（Carter, Macy & Co.）於這段時間派遣自家的採購員前來日本，但再焙燒的工作是由橫濱的科內斯公司（Cornes）完成的。阿歐斯（Ah Ows）之前曾擔任一家外國商號的買辦，於 1895 年在橫濱一百三十一號開設了再焙燒工廠，並將他的茶葉運往新加坡。

西元 1896 年，日本茶葉再焙燒公司（Japan Tea Re-firing Co.）在橫濱成立，而日本茶葉出口公司（Japan Tea Exporting Co.）則在神戶成立，它們都是為了「直接貿易」而成立。

西元 1897 年，第一批直接運輸的茶葉是由靜岡生產的，與橫濱無關，同時整個國家的茶葉製造開始由人工轉為機器生產。第一部綠茶加工機器，也就是茶葉揉捻機，是高林謙三在十二年前發明的，但直到 1897 年才被製造商接受。從 1892 年開始，福雷澤及法利與弗納姆公司（Frazer, Farley & Vernum）便已使

原崎氏茶葉揉捻機

用某種類型的再焙燒機器，亨特與赫勒公司（Hunt & Hellyer）則安裝了保密的再焙燒機器。然而，對再焙燒工業的進展最有貢獻的，是1898年靜岡富士公司的原崎源作所發明的省力再焙燒鍋；後來他還發明了茶葉揉捻機。

西元1898年，橫濱四十八號的莫里森公司（Morrison）；橫濱二十二號的密道頓與史密斯公司（Middleton & Smith）；還有橫濱一百四十三號的福雷澤與弗納姆公司都放棄了茶葉部門。1899年，繼續從事茶產業的本地出口商有：神戶的日本茶葉出口公司、橫濱的日本茶葉焙燒公司、伏見的伏見企業會社、靜岡縣堀之內的富士公司。

從西元1897年到1903年這七年間，本地人嘗試拓展海外市場，目的是為了處理不斷增加的生產過剩品。1897年，大谷嘉平與相澤紀平從政府方面獲得一筆每年七萬日圓（大約三萬五千美元）的補助，讓日本中央茶葉協會在接下來的七年進行海外宣傳活動。

西元1898年，美國對茶葉開徵每453公克十美分的進口關稅當作戰爭稅，

原崎氏省力型茶葉再焙燒鍋

造成高等級茶葉買賣中斷。1899年，日本中央茶葉協會前任主席大谷先生為了主張廢除進口關稅，搭船前往美國。稍後在1901年，茶稅廢止協會在紐約成立，而1903年進口關稅被取消。

茶葉貿易轉移到靜岡

在此同時，出口貿易開始轉移到靜岡縣供應出口貿易的兩大茶葉生產地區附近的靜岡市。靜岡市的海港清水港在西元1900年對海外貿易開放，當年有95,163公斤茶葉出口。JC惠特尼公司（J. C. Whitney）是第一家在此地成立分公司的外國商號。1903年春天，弗雷德·葛羅（Fred Grow）以FA·賈克斯茶葉公司（F. A. Jaques Tea Co.）採購員的身分，從芝加哥來到靜岡，並在同一年加入了JC惠特尼公司。

西元1904年，伊勢省的四日市港向海外貿易開放，當年有25萬6567公斤茶葉出口到美國和加拿大。

從一開始，靜岡的茶葉事業所依循的系統，就不同於以前的市場。相關業務更直接地在出口商號和再焙燒公司或生茶葉持有人之間進行，而不再是以出口商從代理商手中採購茶葉的方式經營。除了那些從以前的市場遷移過來的出口商之外，其他出口商並沒有費事去設立再焙燒工廠，而是向當地再焙燒商採購茶葉。

西元1906年，芝加哥的戈特利布暨水谷公司（Gottlieb, Mizutany & Co.）是

靜岡
上：風月（浮月）茶屋
下：大東館飯店

靜岡的俱樂部會所

第一家以再焙燒茶葉買家身分，在靜岡
立足的外國商號。1908 年，戈特利布暨
水谷公司進行分割，並由戈特利布公司
（The Gottlieb Co.）承接其業務。同年，
T 水谷公司（T. Mizutany & Co.）、WI
史密斯公司（W. I. Smith & Co.）、JH 彼
得森公司（J. H. Peterson & Co.），以及
巴克利公司（Barkley & Co.）設立了辦
事處。約翰·C·齊格飛公司（John C.
Siegfried & Co.）在進入 1908 年前的一
段時間設立辦事處，怡和洋行則是建立
了一座寬敞的再焙燒工廠，而協和洋行
將總部遷移到靜岡，並大幅擴張再焙燒
工廠及貨棧。這些商號都為再焙燒工廠
配備了現代化的原崎氏鍋，而在亨特洋
行於 1912 年遷移到橫濱時，帶來了「機
密再焙燒機」。

橫濱的隆興洋行茶葉出口部門被奧

蒂斯·A·普勒（Otis A. Poole）先生接
管，並於西元 1910 年搬到靜岡。喬治·
H·梅西公司（George H. Macy）於 1912
年關閉位於橫濱一〇一號的貨棧，同時
跟其他公司一樣搬遷到靜岡。

到了西元 1912 年底，只剩下一家茶
葉出口商留在橫濱，就是布蘭登斯坦公
司（Brandenstein）。在此之前，神戶的
最後一家商號，也就是日本茶葉出口公
司消失了。

過去的茶葉貿易至此劃下句點。

1914 年到 1918 的戰爭時期

世界大戰為日本的茶葉貿易帶來了
有利的影響。從西元 1914 年到 1918 年，
茶葉的出口量和價值雙雙上漲。為了再
輸出的目的，大量的紅茶、磚茶和臺灣
烏龍茶從其他生產國家運往日本，讓總
出口量由戰前 1909 年到 1913 年這五年
當中的 1814 萬公斤，在戰爭進行的 1914
年到 1918 年五年期間，膨脹到遠超過
2268 萬公斤。此時所遭遇的主要困難是
要確保充足的噸數，而這會對大幅增加

靜岡的地方特色
幾位迷人的藝妓裝扮成茶園姑娘

的運費造成影響。在日本生產茶葉的成本，也上升到茶葉工業有史以來的最高點。這個時期的結束還伴隨著粗製濫造的惡行，而這種情況連同更高的成本，陸續為茶葉貿易帶來損失。

戰後的十年

　　世界大戰過後的西元 1919 年到 1928 年這十年，見證了日本的最佳客戶——美國，對東印度紅茶消費量明顯增加，同時對日本綠茶的進口量減少，從戰前的平均 1814 萬公斤、戰爭期間的超過 2268 萬公斤，下滑到平均約 771 萬公斤。大多數曾積極主動採購及運輸日本茶葉的外籍出口商，都已經從市場上銷聲匿跡，只留下數量相對極少的公司和資深本地茶葉商號，這些本地商號已經成功實現了國家對「直接貿易」的意圖。

　　表格一號的日本茶葉出口表列出了西元 1932 年五月一日到 1933 年四月三十日這一年間的日本出口商，同時顯

日本茶葉出口表格 1 號

西元 1932 年五月一日到 1933 年四月三十日

託運人	磅數
歐文－哈里森－惠特尼公司 Irwin-Harrisons-Whitney	9,100,202
齊格弗里德‧施密特公司 Siegfried Schmidt	3,938,953
協和洋行	3,412,801
富士公司	3,123,871
日本茶葉直接出口公司	2,421,598
日本茶葉採購處	2,005,780
栗田兄弟公司	878,656
三井物產會社	848,741
MJB 公司	671,025
三菱商事會社	139,607
日本綠茶茶農公司	73,755
吉永商店	41,500
靜岡貿易會社	39,182
日本中央茶業會	27,988
其他	21,650
總計	26,745,254

運送地	磅數
紐約	7,465,833
芝加哥	7,733,708
太平洋海岸	1,831,915
美國總計	17,031,456
加拿大	2,117,968
俄羅斯	4,475,649
其他國家	3,120,181
總計	26,746,254

包裝供海外裝運的茶葉，靜岡

示每家公司的茶葉運輸總量，以及茶葉運往哪些國家。

除了出口商之外，現在的日本茶葉市場是由大約四十家的再焙燒商和大量生茶葉商所構成。

日本著名的茶葉商號

從培里准將來訪，到橫濱成為第一個日本對海外貿易開放的港口，中間大約有六年的延遲。怡和洋行的名字很早就出現在外國茶葉出口商號的開路先鋒當中。香港怡和洋行於西元1859年在橫濱成立第一家日本分公司之後，在接下來的幾年中，又在東京、下關、靜岡、神戶、大連等地設立子公司。

另一家日本茶葉出口貿易的先鋒，是在西元1859年創建於橫濱的隆興洋行。原始合夥人包括了威廉‧霍雷斯‧摩斯（William Horace Morse）、艾略特‧史密斯（Elliott R. Smith）、理查‧史密斯（Richard B. Smith）、科爾蓋特‧貝克（Colgate Baker）、傑西‧布來登堡（Jesse Blydenburgh）。分公司設立於日本的神戶、靜岡、橫濱、臺灣臺北郡、紐約等地。

威廉‧霍雷斯‧摩斯在西元1840年生於波士頓，年輕時便前往日本。艾略特‧史密斯原本是西點軍校的學生，在退學後前往日本。

這兩人在日本相遇後，與理查‧史密斯一同組織了隆興洋行。當時，摩斯是派駐橫濱的美國領事。

隆興洋行在西元 1906 年改組為股份公司，並將總辦事處遷至紐約。1910 年，隆興洋行的橫濱茶葉出口部門被奧蒂斯・A・普勒先生接管，並遷移到靜岡，以奧蒂斯・A・普勒公司之名繼續經營。隆興洋行持續營運到 1916 年一月一日被併入美時洋行為止。

野崎久次郎是在出口茶葉貿易中占有顯著地位的本地茶業職人先驅和佼佼者。野崎久次郎在西元 1859 年抵達橫濱，迅速掌握了與外國人之間錯綜複雜的茶葉貿易，並向同僑商人展示銷售茶葉的方式，以便協助他們。他同樣願意為中國買辦出謀劃策。另一方面，外籍採購員仰賴野崎久次郎來完成他們的訂單，他也總是準備這麼做。

野崎久次郎於西元 1877 年過世，曾與他進行交易的買辦在橫濱建立一座紀念碑向他表達敬意。

至於大谷嘉平，在描述日本出口茶葉貿易的領導人物時，都必須向大谷嘉平致敬；他擔任日本中央茶葉協會主席多年，也是日本茶葉貿易的元老。大谷嘉平在歷史上是少數於有生之年便獲得紀念碑，表彰其傑出服務的人之一，他的兩座人物塑像分別於西元 1917 年和 1931 年揭幕，分別佇立於靜岡的清水公園和橫濱的宮崎町。大谷嘉平於 1933 年逝世。

大谷嘉平生於西元 1844 年，在十八歲時加入橫濱的茶葉商——隆興洋行，一開始是洋行的總採購，後來成為採購顧問。在加入隆興洋行之前，大谷嘉平已經建立了茶葉代理商的地位，這項業

兩座在一位偉大茶葉商人有生之年為他建立的塑像
上：橫濱的大谷塑像。下：靜岡的大谷塑像。

務甚至持續到他進入隆興洋行之後。在他與隆興洋行建立關係期間，雙方的業務都享有一定程度的昌盛繁榮，並且很快就讓兩者取得卓越的成就。

大谷嘉平對日本茶葉業務的興趣，很快就讓他在日本中央茶葉貿易商協會的顧問團中嶄露頭角，並在西元 1887 年被選為主席，在這個職位上服務了四十年，之後於西元 1927 年退休。

西元 1899 年到 1900 年間，大谷嘉平造訪美國和歐洲，在費城商務大會上同時代表東京商會和橫濱商會。他在這場會議中致詞，力陳鋪設跨太平洋電纜（於稍後完成）的必要性，還極力主張廢止西美戰爭（註：1898 年，美國為奪取西班牙的美洲殖民地而發動的戰爭）時所課徵的茶葉戰爭稅。

至於協和洋行，是由西元 1849 年生於英國的費德列克·赫勒所成立，多年來一直是每年前往日本的外國茶商之領袖。他在 1867 年首次前往日本，並加入伯父亨特先生的行列，亨特當時是成立於 1856 年的茶葉出口商歐特公司的經理。1869 年左右，歐特公司退出茶葉出口這門生意，同時亨特與赫勒公司成立。這家公司持續營運到 1874 年，當時該公司業務由費德列克·赫勒和兄弟湯瑪斯·赫勒（Thomas Hellyer）所組成的協和洋行承接。他們在神戶從事茶葉出口的生意，還在橫濱開設了一家分公司。

費德列克·赫勒於西元 1888 年前往美國，並在芝加哥開設分公司，後來成為公司總部，並且於 1899 年在靜岡開設了另一家日本分公司。神戶和橫濱的辦事處於 1917 年停止營業。費德列克·赫勒於 1915 年去世。這家存活下來的最古老外國茶葉商號的業務，由芝加哥的亞瑟·赫勒（Arthur T. Hellyer）和華特·赫勒（Walter Hellyer），還有靜岡的哈洛德·赫勒（Harold J. Hellyer）繼續經營，一直到哈洛德於 1925 年去世為止，當時亞瑟和華特承接了公司業務。亞瑟·赫勒是日本茶葉推廣委員會的成員。

日本靜岡和舊金山的 MJB 公司（M. J. B. Co.），承接了 MJ 布蘭登斯坦公司（M. J. Brandenstein & Co.）的業務，於西元 1893 年在橫濱設立了自家的茶葉包裝工廠。MJ 布蘭登斯坦公司則是繼承自舊金山及橫濱的齊格飛與布蘭登斯坦公司（Siegfried & Brandenstein），最原始的合夥人是約翰·C·齊格飛和 M·J·布蘭登斯坦。該公司從 1894 年到 1900 年的日本茶採購員是阿弗雷德·奧登（Alfred Alden），公司業務以齊格飛與布蘭登斯坦公司的形式持續到 1902 年，當時齊格飛離開並設立自己的約翰·C·齊格飛公司，而原來的業務則以 MJ 布蘭登斯坦公司繼續經營，採購員是昔日橫濱的著名人物：約翰·貝克（John Becker）。該公司在西元 1923 年九月的地震過後，將日本總部由橫濱遷移到靜岡。M·J·布蘭登斯坦和約翰·貝克都於 1925 年去世，隔年，公司轉型成 MJB 公司。

富士公司（The Fuji Co.）位於靜岡北番町六十二號，帶領本地直接貿易商號大量出口到美國，從西元 1888 年便已開始營業，當時它承接了一家從 1880 年起便從事生茶葉委賣交易的橫濱商號 Kenkosha 的業務。一開始，富士公司在丸尾文六、大崎伊兵衛、原崎源作、安田七郎及其他人的管理下，出口新穎小

東京帝國大飯店
上：正門入口。下：餐廳。

巧而廉價的物品和食品。1890 年代，該公司開始出口茶葉，並且於 1891 年在堀之內建設了一家再焙燒工廠。在原崎源作的監督下，此地進行了以新方法再焙燒茶葉的實驗。

1894 年，合夥類型轉變為富士合資會社，而原崎源作於 1898 年為他的省力再焙燒鍋註冊專利，這項器具革新了出口用日本茶葉的製作方法。1900 年，富士合資會社在靜岡開設了一家分公司，並且在隨後一年將總部搬到靜岡市。1921 年十二月，公司改組為富士公司。1935 年的高級職員包括了總裁大崎基次郎和總經理原崎源作。原崎源作是日本茶葉推廣委員會的成員。

美時洋行之名最早在西元 1894 年與神戶和橫濱的茶葉貿易連結在一起，當時，外國茶葉商行的先驅「福雷澤及法利與弗納姆公司」，原本是第一家以機器進行再焙燒茶葉的公司，後來被來自紐約的美時洋行接管，由法蘭克·E·弗納德（Frank E. Fernald）擔任採購員一職。1916 年組成股份有限公司，並在 1917 年將辦事處搬到靜岡，1918 年喬治·H·梅西逝世，公司在 1926 年停業。

總部在芝加哥的 N·戈特利布公司（N. Gottlieb），於西元 1898 年展開靜岡的業務，諾伯·戈特利布（Nober Gottlieb）成為本地焙燒的日本茶葉採購員兼出口商。在 1903 年左右，戈特利布與 T·水谷，以戈特利布暨水谷公司的形式建立合夥關係，成為日本中央茶葉協會在芝加哥分銷日本茶葉的代理商。該公司於 1906 年在靜岡設立分公司，但在 1908 年停業清算。1909 年，戈特利布重起爐灶，創辦了戈特利布暨彼得森公司（Gottlieb, Peterson & Co.）。1910 年，公司改名為戈特利布公司，1921 年又改名為 N·戈特利布公司。戈特利布在 1929 年六月於芝加哥逝世，他從 1925 年到去世為止，都是日本茶葉推廣委員會的成員。

依勢室山的 K 伊藤茶葉焙燒部公司（K Ito's Tea Firing Department）在伊藤小佐衛門的經營管理下，於西元 1897 年以伊藤小佐衛門之名建立再焙燒業務。1917 年，營運方式轉變為 K 伊藤茶葉焙燒部。這家公司成為直接出口商，並以這樣的方式持續營運到 1924 年。

靜岡和芝加哥的齊格飛公司（Siegfried & Co.），是由約翰·C·齊格飛在 1902 年以約翰·C·齊格飛公司之名創辦的。在這之前，齊格飛先生曾是齊格飛與布蘭登斯坦公司的合夥人之一，後來他在 1902 年於靜岡建立了自己的茶葉採購事業。

約翰·C·齊格飛於西元 1915 年七月八日逝世，而公司在 1917 年以齊格飛－施密特公司（Siegfried-Schmidt）的形式改組，約翰的兒子——華特·H·齊格飛（Walter H. Siegfried）是公司領導人，其他董事有 E·施密特（E. Schmidt）等人。施密特在 1933 年退出公司營運，公司形式改為齊格飛公司。

華特·H·齊格飛自從日本茶葉推廣委員會於 1925 年成立時，便是該委員會的成員。

奧蒂斯·A·普勒公司持續多年在外

國茶葉出口商號中都十分有名，它是由奧蒂斯・A・普勒在西元 1909 年，為了接管之前橫濱隆興洋行所經營的茶葉業務而創辦的，後來在 1926 年普勒退休時便終止營業。

奧蒂斯・A・普勒於西元 1848 年生於威斯康辛州貝洛伊特。1875 年，普勒和一位芝加哥掮客亨利・塞爾斯（Henry Sayres）一起展開茶葉事業。1880 年，普勒成為芝加哥的里德暨默多克與費雪公司（Reid, Murdoch & Fisher）茶葉部門的採購員兼經理。四年後，他加入芝加哥的茶葉進口商 EA 紹耶公司（E. A. Schoyer & Co.），然後在 1886 年以 EA 紹耶公司代表的身分前往上海。1888 年，普勒成為設在日本橫濱的隆興洋行的一員。普勒與日本中央茶業協會前任主席暨日本和美國茶葉出口貿易先驅的大谷嘉平之間，長遠的友誼便是始於當時。同樣在 1888 年，普勒帶著妻子和三個孩子，從芝加哥前往橫濱，在該地居住了三十年。普勒在 1926 年退出這個行業，並於 1929 年在加州柏克萊去世。

三井物產會社是一家大型的日本銀行暨貿易商號，總部設在東京，分公司遍布全球商業中心，於西元 1911 年首次跨足茶葉貿易，同時也在紐約開設辦事處。三井物產會社對臺灣茶葉的生產及銷售有廣泛興趣，儘管該公司已經在美國銷售日本茶葉多年，但直到最近才開始在日本茶葉直接出口商中嶄露頭角。從 1928 年開始，三井物產會社為了繼續經營對美國的直接茶葉貿易，在靜岡設立了分公司，同時將其交給大谷嘉平監督管理。該公司頭一年的茶葉出口量超過 45 萬公斤，在十七家茶葉出口商中名列第六。

日本茶葉最大單一出口商，厄文－哈里遜－惠特尼公司（Irwin-Harrisons-Whitney）的靜岡分公司，是 JC 惠特尼公司之分公司的接班者，而 JC 惠特尼公司是由 C・艾特伍（C. Atwood）和弗列德・A・葛羅（Fred A. Grow）於 1906 年所設立的。厄文暨哈里遜與克羅斯菲爾德公司（Irwin, Harrisons & Crosfield）的分公司，則是在 1914 年，由 R・F・厄文（R. F. Irwin）及 A・P・厄文（A. P. Irwin）所設立。

芝加哥 JC 惠特尼公司的董事之一葛羅先生，直到 1913 年之前每年都會造訪日本。與此同時，J・F・奧格萊維（J. F. Oglevee）開始與公司有所聯繫，當葛羅不再前往日本時，奧格萊維就接替他成為日本經理。葛羅對於推廣日本茶葉利益的活動有濃厚的興趣，也是 1925 年第一屆日本茶葉推廣委員會的成員。公司合併之後，葛羅成為厄文－哈里遜－惠特尼公司的副總裁。1929 年，葛羅退休並定居芝加哥。

西元 1914 年之後，厄文暨哈里遜與克羅斯菲爾德公司在靜岡仍然維持著自家採購辦事處的營運。1918 年，公司的財務長 R・F・厄文前往日本並重新組織分公司事務，他在日本停留了大約五年。

JC 惠特尼公司和「厄文暨哈里遜與克羅斯菲爾德公司」在西元 1924 年三月，以厄文－哈里遜－惠特尼公司的形式進行合併，由 J・F・奧格萊維、D・

J・麥肯錫（D. J. Mackenzie）、保羅・D・阿倫斯（Paul D. Ahrens）擔任駐日本採購員。麥肯錫從 1926 年起，就已經是日本茶葉推廣委員會的成員。

東京的野澤公司在西元 1920 年之前，就開始將茶葉運往美國；隨後又將茶葉送往澳洲。1925 年，他們恢復了對美國的貨運。1933 年，野澤公司委託紐約的賓漢公司（Bingham）做為在美國的茶葉代理商。

日本茶葉採購經銷公司（The Japan Tea Buying Agency）於西元 1924 年在靜岡成立。業主池田賢三之前與紐約的古屋公司（Furuya），以及後來的池田暨本間公司（Ikeda, Homma & Co.）均有聯繫。日本茶葉採購經銷公司所使用的建築，在過去是由怡和洋行所有，同時該公司從事的是直接出口貿易。

總部在紐約的英美直接茶葉貿易公司（Anglo-American Direct Tea Trading）於西元 1934 年在靜岡成立了茶葉採購辦事處，由石井誠一擔任經理。石井是日本茶葉推廣委員會的幹事，之前則是靜岡的富士公司的一名董事，從 1900 年代早期，他便以每年定期訪問美國進行貿易而聞名。石井的助手是前任英美公司駐臺北的茶葉採購員 R・G・考夫林（R. G. Coughlin）。

日本茶葉協會

在一場西元 1883 年舉行的製茶集團會（即茶葉顧問社的會議）中，對威脅茶葉生意的危險因素進行討論，並且準備了一份請求政府允許茶葉貿易商建立組織，以控管不良茶葉生產的備忘錄。

政府在隔年（西元 1884 年）對這項請求做出友善的回應，頒布茶葉協會相關規定，並提供一千五百日圓（約七百二十美元）來補助協會發展。每個郡和大城市都成立了當地的茶葉協會，其中包括由各地代表所組成的靜岡市茶葉同業公會之類的聯合會組織，來管理及調節彼此的關係。總部設在東京的日本中央茶葉貿易商協會，是為了控制和統合所有當地協會而建立的，負責執行茶葉檢驗，並促進出口貿易。「貿易商」一詞隨後從協會名稱中去除。「任何從事茶葉加工或銷售者，或任何擁有茶樹種植園並販售新鮮茶葉者，或任何經紀人，或銷售新鮮茶葉或加工茶葉者」都必須成為會員。

已故日本中央茶葉協會兼日本茶葉推廣委員會主席松浦浩平，是日本國內首屈一指的政治家，長年擁有議員的身分。除了茶產業之外，他對鐵路及礦產公司也興趣濃厚。他於西元 1927 年當選為中央茶葉協會主席，隨後在該組織中擔任董事和活躍的工作人員多年，最後於 1931 年去世。

接替松浦先生於日本中央茶葉協會主席一職的中村圓一郎，是在西元 1867 年出生於靜岡縣吉田村。他是橫濱茶葉貿易先驅者中村圓藏之子。中村圓一郎畢業於東京專修大學；並且從父親那裡繼承了大量的茶葉貿易及大豆釀造股份。他曾兩度造訪歐洲和美國的市場，一次

在 1899 年到 1900 年間，另一次則是在
1904 年，並在回到日本後，為日本的茶
葉貿易提供了寶貴的建議。除了被授予
綠綬褒章之外，他在 1929 年又獲得從六
位的官階。中村先生是貴族院成員、靜
岡縣茶葉協會主席、日本茶葉推廣委員
會主席、靜岡縣茶葉再焙燒同業公會主
席、靜岡縣茶商協會主席、中村茶葉部
董事長，以及三十五銀行公司的總裁。

Chapter 10
臺灣的茶葉貿易史

臺灣島第一任英國領事羅伯特・史溫侯，被認為是發現臺灣茶產業的人，向英國政府通報了臺灣發展茶產業的可能性。

臺灣烏龍茶的貿易開始於西元 1810 年之後的數年，大約是來自廈門的中國商人首次將茶葉種植引進島上的時間，當時有零星貨品被運往中國大陸。不過到了 1824 年，臺灣烏龍茶被大量出口到中國。（*Mémoires relatifs à l'Asie*，朱利斯・海恩里希・克拉普羅特〔Julius Helnrloh Klaproth〕著，西元 1824 年於巴黎出版，第三二七頁。）

西元 1861 年，臺灣島第一任英國領事羅伯特・史溫侯（Robert Swinhoe），被認為是發現臺灣茶產業的人。

他向英國政府通報了臺灣具有發展茶產業的可能性。

西元 1865 年，在前一年來到臺灣島的英國人約翰・陶德（John Dodd），造訪淡水地區的農人，並對可供出口的臺灣烏龍茶供應狀況進行私人調查，調查結果促使他成立了一家外國茶葉企業先驅——寶順洋行（Dodd & Co.），而且在下一年就開始進行採購。1867 年，寶順洋行將一批商品經由廈門運往澳門；同年，一位中國茶葉採購員為了廈門德記洋行（Tait & Co.）的利益前往淡水，並運走了幾籃茶葉。

一直到 1868 年，未焙燒的茶葉都會被送往廈門焙燒，但在 1868 年，寶順洋行在臺北艋舺建立了自己的茶葉再焙燒貨棧，並且從廈門和福州帶來經驗豐富的中國工作人員，以進行這項工作。

這是臺灣島進行茶葉再焙燒的開端，而從那一年開始，茶葉都會在裝運前完成焙燒。

隔年，也就是西元 1869 年，寶順洋行將一批約 12 萬 8000 公斤的測試性商品直接運往紐約，從此之後，臺灣烏龍茶貿易以突飛猛進的姿態飛速增加。十年後，到了 1879 年，貿易量已經成長到每年 453 萬公斤，而在另一個十年後的 1889 年，這個數字達到 680 萬公斤。貿易量最大的年份曾達到 998 萬公斤的顛峰，不過一直到戰後幾年，平均貿易量都在 499 萬公斤到 816 萬公斤之間。世界大戰結束後，貿易量下降到每年平均約 317 萬公斤。

臺灣茶葉貿易剛開始的時候，外國茶葉商號獨家控制了焙燒和包裝，隨後，中國人開始進入這些領域，逐漸吸收了其中最大的份額。一直到 1901 年，臺灣烏龍茶大多是從淡水運輸，但淡水是一個淺水港，只能供淺水輪船進入；較大型的船隻必須在港外距離海岸約 1.6 公里處下錨停泊。供應出口的臺灣烏龍茶，會被送往廈門進行鋪墊作業和運輸。在臺灣的主權被移交給日本後，基隆港被加深，成為對大型船隻來說較安全且便利的港口，而從 1901 年開始，基隆港便吸收了絕大部分之前在淡水進行的茶葉交易。

西元 1901 年，臺灣總督撥出二萬五千日圓（一萬二千五百美元），分擔在巴黎博覽會上建設日本－臺灣茶葉展

舊日品茶室，臺北州

示館的花費。1922 年，為了在美國宣傳推廣臺灣茶葉，總督開始進行一項報紙行銷活動。臺灣茶葉貿易近代史中的一個重要事件，就是總督在 1923 年頒布的一項命令，賦予了檢驗出口茶葉品質的權力；所有未通過標準的茶葉，都會被拒絕裝運。

在當地，臺灣茶葉貿易最近發生的事件，就是西元 1930 年取消了每 60 公斤茶葉 2.4 日圓（約 1.2 美元）的加工稅，這項稅則實際上是一項出口稅。

總督是為了回應數年來處於激動不安狀態的臺灣茶葉重要出口商，才取消這項稅則。

臺灣的其他茶葉

除了大部分輸往美國的烏龍茶之外，臺灣還加工生產大量的包種茶，並運往中國、荷屬東印度、海峽殖民地、菲律賓群島。烏龍茶約占出口量的半數；另一半大多為包種茶，不過也有少量紅茶出口。

包種茶的加工是在西元 1881 年，由來自福建、定居於臺北州的中國商人吳福源引進臺灣，從此開始了穩定發展的包種茶貿易，並且為烏龍茶貿易中的過剩生茶葉提供了現成的銷路。

三井公司加工並出口另一種名為「改良式臺灣烏龍」的茶葉類別，那是一種發酵時間更長的烏龍茶，而且全程以機器製作。第一批樣品於西元 1923 年運往美國，從那時起，直到貿易量持續逐季增加之前，貨運量都一直維持穩定。

三井公司也加工紅茶，他們設在角板山的工廠有很大一部分便是供紅茶生產之用。他們藉由複製錫蘭和印度的製茶方法，在氣候和土壤條件許可的情況下，能夠生產出品質相近的紅茶。

本地茶行中以人工挑揀茶葉

茶葉貿易協會

位於臺北州帝平町二丁目八十九號的臺北州茶商協會，在當地被稱為「茶葉同業公會」，是在西元 1893 年籌組的，大部分的成員是臺灣中國人。協會的業務範圍包括預防劣質茶葉的加工製作，還有在茶葉採購季期間，協會的行

臺北州的茶葉運輸
上：苦力以手推車運輸。下：將茶葉裝載於前往基隆的火車車廂。

政人員會定時巡邏位於臺北郊區的大稻埕的茶葉區域，茶商的貨棧皆設在此處。

位於臺北州港町一丁目二十二號的北臺灣外國交易所，負責統合包括了茶葉方面的外國商號活動。這個協會是由英國和美國商人於西元 1900 年以「淡水商會」之名成立的，並在 1906 年改名為「北臺灣外國交易所」。

茶葉出口商號

寶順洋行是臺灣第一家外國茶葉出口商號，擁有「臺灣茶葉先驅者」之名多年。約翰・陶德具有先驅者的冒險精神，從他在西元 1864 年抵達淡水開始，其想像力就受到了之前英國領事羅伯特・史溫侯所發掘的、關於臺灣烏龍茶的事實所刺激。顯然唯一的問題就是，農人能否供應足夠的茶葉出口到新市場，如

果答案是肯定的，他又要如何在對烏龍茶加工一無所知的情況下，以最佳方法準備要裝運的商品。

約翰・陶德在臺灣島的第一年，把大部分時間都花在拜訪淡水周邊的中國小農，避開其他鄰近原住民出沒範圍的地區。他與農人商定好要增加茶葉生產，甚至還有一、兩次搭乘舢舨前往廈門，以便將茶葉送往當地工廠。隔年，陶德開始進行採購，並將茶葉運往廈門，在當地焙燒及包裝茶葉，然後在利潤不高的情況下，於當地進行銷售。他發現，這些額外處理的成本，是臺灣烏龍茶要進入英國與美國市場難以克服的障礙，但他希望自己的企業能在這兩個市場獲得成功，因此，1868 年，他在臺灣的臺北艋舺建造了第一家茶葉焙燒工廠，並從廈門和福州招募熟悉茶葉精製和包裝的工人，讓他們在工廠裡將購自農人手中的半加工茶葉，製作成完成品。

西元 1869 年，陶德先生的商號用兩艘帆船運送了約 12 萬 8000 公斤的茶葉到紐約，這批茶葉立刻獲得成功，而且在東部和新英格蘭州廣泛受到歡迎。陶德先生一直活到 1890 年代初，而且在他創建的產業中享有長期並獲利豐厚的職業生涯。他的公司曾在 1893 年和 1900 年間的某個時候歇業。

由羅伯特・H・布魯斯（Robert H. Bruce）於西元 1870 年設立在淡水的德記洋行，是廈門德記洋行的分公司。在淡水德記洋行成立的三年前，廈門德記洋行已經派出一名茶葉採購員，跨海到淡水來摸清市場狀況，同時他還運回幾

打包茶葉，臺北州

包半加工的烏龍茶，這是德記洋行在臺灣業務的開端。在基隆港開放之後，淡水德記洋行遷移到臺北州的大稻埕。從西元 1922 年開始，公司業務就以德記洋行股份有限公司的形式，隸屬於厄文－哈里遜－惠特尼公司之下。

一開始，廈門和福州的外國茶葉商號，並沒有將淡水視為烏龍茶貿易中可能的競爭對手，但他們很快就意識到臺灣烏龍茶的迅速普及，並加速在臺灣島取得一席之地的腳步。就這樣，怡記洋行（Elles & Co.）、水陸洋行（Brown & Co.）、和記洋行（Boyd & Co.）在西元 1872 年開設了臺灣辦事處，這三家公司全都是英資洋行。其中，水陸洋行和怡記洋行後來被美國商號旗昌洋行（Russell & Co.）承接；而當旗昌洋行破產後，承接的公司是嘉士洋行（Lapraik, Cass & Co.），嘉士洋行則是在 1901 年破產。

和記洋行是在西元 1854 年，由湯瑪斯·迪雅斯·波伊德（Thomas Deas Boyd）和羅伯特·克雷格（Robert Craig）在廈門創立的，1872 年在臺北成立分公司。克雷格退休時，迪雅斯·波伊德接受威廉·斯奈爾·歐爾（William Snell Orr）與湯瑪斯·摩根·波伊德（Thomas Morgan Boyd）成為合夥人。1903 年，摩根·波伊德和迪雅斯·波伊德退休，而威廉·斯奈爾·歐爾讓艾德華·湯瑪斯（Edward Thomas）成為合夥人。弗格斯·葛拉罕·凱爾（Fergus Graham Kell）在 1912 年成為合夥人，但在四年後去世。1920 年，羅伯特·波伊德·歐爾（Robert Boyd Orr）加入，成為艾德華·湯瑪斯的合夥人。1928 年，艾德華·湯瑪斯退休時，羅伯特·波伊德·歐爾成為廈門和記洋行的資深合夥人，同時是臺灣和記洋行的獨資合夥人。1934 年公司解體，而羅伯特·波伊德·歐爾成為美時茶葉暨咖啡公司（Carter Macy Tea & Coffee Co.）臺北辦事處的合夥人，這個辦事處接管了之前由和記洋行處理的貿易業務。

另一家總部設在香港的英國商號怡和洋行（Jardine, Matheson & Co.），於西元 1890 年在臺灣成立分公司。

此時，一家美國商號進入臺灣市場；那就是日本隆興洋行，其總部設在紐約，多年來在美國與日本和臺灣的茶葉貿易中扮演重要的角色。亞伯特·C·布呂爾（Albert C. Bryer）是臺灣的採購員。西元 1915 年，隆興洋行的業務被美時洋行（Carter, Macy & Co.）接收。

美時洋行於西元 1897 年在臺灣開設分公司，後來此處做為總部設在紐約的美時茶葉暨咖啡公司之分公司。喬治·S·畢比（George S. Beebe）從分公司開始營運起，便已經是採購員。1934 年，美時洋行接收了和記洋行的業務。

臺灣的茶葉採購
上：茶葉採購員位於大稻埕堤岸的住宅；下：英美直接茶葉貿易公司的品茶室

利華洋行（Averill & Co.）是一家紐約商號，在 1899 年開始進行出口業務，由威廉・霍邁爾（William Hohmeyer）擔任採購員一職，利華洋行的業務在三年後被柯本－霍邁爾公司（Colburn-Hohmeyer & Co.）承接，後者是由來自費城的 A・柯本（A. Colburn）和威廉・霍邁爾共同組成的，霍邁爾以採購員的身分前往臺灣。

西元 1912 年一月，在美時洋行工作了二十四年，後來從事茶葉經紀生意的約翰・庫林（John Culin），承接了威廉・霍邁爾的採購員職務，並將公司改為 A・寇本公司（A. Colburn Co.）。霍邁爾逝世於 1918 年，而公司在 1923 年歇業。

福爾摩沙商業公司（The Formosa Mercantile Co.）是另一個美國組織，在西元 1906 年進入臺灣，由來自紐約的羅素・布利克（Russell Bleecker）擔任總裁一職，而 C・華特・克里夫頓（C. Walter Clifton）一直到公司於 1913 年歇業時，都擔任臺灣採購員的職務。

西元 1906 年，美國人 H・T・湯普金斯（H. T. Thompkins）獨立開辦了一門出口生意。芝加哥的 JC 惠特尼公司於 1912 年在臺灣開設分公司，由 F・D・莫特（F. D. Mott）擔任採購員；1927 年英美直接茶葉貿易公司進入市場，之前在 A・寇本公司的約翰・庫林擔任他們的採購員，A・寇本公司的業務是由英美直接茶葉貿易公司接手的。B・C・考恩（B. C. Cowan）在 1931 年接手庫林的職務。

自從臺灣成為日本帝國的一部分之後，數家日本商號便在臺灣烏龍茶貿易中取得一席之地。西元 1911 年，三井公司和野澤公司都在臺北州開設了茶葉部門。隨後在 1918 年，淺野和三菱分別建立了茶葉部門，但兩者都在隔年歇業了。阿弗列德・C・費倫（Alfred C. Phelan）是三井公司在臺灣的第一任採購員。費倫的後繼者，則是從 1899 年起就在臺灣擔任採購員的 C・華特・克里夫頓（C. Walter Clifton）。克里夫頓持續留在採購員的崗位直到 1919 年去世為止。克里夫頓的職務有三年是由約翰・庫林承接，然後是曾在三井公司茶葉部門的紐約和上海辦事處任職數年的 W・A・波科尼（W. A. Pokorny）。

Chapter 11
荷蘭茶葉貿易史

荷蘭東印度公司獲得了特許狀的授權，可以在遙遠的印度群島執行政府職能、在對抗西班牙和葡萄牙的戰爭中提供協助，還有控管貿易。

西元 1595 年四月二十一日，荷蘭商人帶著四艘裝配了必需品及武裝完備的船隻所組成的艦隊，從泰瑟爾島（Texel）出航，前往印度群島購買香料和其他東方產品。他們在 1596 年抵達爪哇的萬丹（Bantam），並以該港口做為在香料群島進行貿易經營的基地。荷蘭人發現，他們所到之處的當地原住民，都樂於與他們進行交易，並在 1597 年八月帶著價值不菲的貨物返回家鄉。

第一支艦隊還沒返回，其他公司就紛紛成立並派出其他艦隊，尋求那些等待著勇於承擔風險者前去贏得的利益。到了西元 1602 年，大約有六十多艘荷蘭船隻已經完成往返印度的航程。然而，由於有如此多的公司出海在外，導致船隻抵達母國港口的時間未能獲得妥善的安排，使得市場有時會進入飽和狀態，導致價格下跌。事實證明，這樣的貶值對一部分公司來說是災難性的，而所有人都切身體會到這一點；在國會提出倡議時，倖存的公司被勸說將

荷蘭東印度公司的船
茶樹號（Thee-Boom）

資金合併為一個綜合商業團體，1602 年三月二十日，新企業「荷蘭東印度公司」在海牙成立。

這家資本額約六百五十萬弗洛林的新公司，不僅僅是一項貿易風險投資事業，因為它獲得了特許狀的授權，可以在遙遠的印度群島執行政府職能、在對抗西班牙和葡萄牙的戰爭中提供協助，還有控管貿易。實際上的集中控制權，交給了後來被稱為「十七紳士」的十七位董事。

西元 1602 年，這家公司立刻開始營運，派出了由十四艘船隻組成的第一支艦隊，而且由於荷蘭商人在前一年（1601 年）抵達中國的緣故，中國生產的商品開始加進返航荷蘭的回程貨物清單中。第一批茶葉在 1606 年到 1607 年間，從中國澳門運往爪哇，而在 1610 年，荷蘭船隻從爪哇將第一批茶葉運往歐洲。

茶葉最早成為歐洲貿易常規商品的時間，是在西元 1637 年，當時荷蘭公司的十七紳士寫信給巴達維亞的總督，表

示「由於開始有部分人士使用茶葉，我們希望每趟航運都能有幾罐中國茶葉和日本茶葉」。這比英國東印度公司的董事最早訂購茶葉的時間，早了三十一年。

直到 1650 年，荷蘭人帶進歐洲的茶葉數量仍然很少。從荷蘭東印度公司檔案室所找出來的，囊括了十一艘在當年年底從印度群島啟航之船隻的航運文書顯示，它們運往荷蘭的茶葉總量是「13 公斤日本 Thia（茶），裝在五個 casten（盒子）中」。

情況在西元 1685 年出現一些變化，因為十七紳士在給巴達維亞總督的信中寫道：

> 我們已經決定，將最近提出的需求增加到 9072 公斤，前提是茶葉必須是優質新鮮的，同時要以我們在需求中提出的方式包裝；因為如同我們在之前的信中所寫的，茶葉會因陳化而變質，而劣質茶葉一點也不值錢。

荷蘭東印度公司的茶葉貿易在接下來的半個世紀中穩定成長。西元 1734 年運往荷蘭的貨物報表，顯示有 40 萬 1686 公斤的茶葉。到了 1739 年，茶葉在荷蘭東印度公司進口商品中占據了首要地位，當時這項商品的價值頭一次凌駕於從印度群島返航艦隊所攜帶全部項目的貨物之上。1750 年左右，紅茶開始取代了之前被運往荷蘭的綠茶，也在某種程度上取代了咖啡，成為早餐飲品。

從西元 1734 年到 1784 年這五十年間，荷蘭東印度公司進口到荷蘭的茶葉總量，增加了四倍，同時茶葉進口量來到每年 159 萬公斤。然而，其他國家與荷蘭東印度公司的競爭行為和敵意，不僅使得該公司的收益減少，最終還導致荷蘭被驅除出英屬印度大陸及錫蘭島。荷蘭東印度公司在這兩地皆設有重要的工廠。

荷蘭人藉由加強對荷屬東印度群島的控制來進行反擊，但代價卻是增加了債務償付能力的負擔。到了十八世紀初始時，荷蘭人陷入財務困境，並且在很大程度上已經是破產的狀態，當拿破崙於西元 1798 年征服荷蘭時，導致該公司最終的解體及其所有權力的廢止。

爪哇茶葉進入市場

西元 1835 年，爪哇島在荷蘭政府壟斷下種植並加工的第一批荷蘭產茶葉，運抵阿姆斯特丹市場，然而茶葉品質不佳且價格低迷，只要一百五十到三百荷蘭分，遠低於生產成本。在 1870 年的土地法案中，藉由將政府公有土地分配給

巴達維亞的一間茶葉貨棧

私人農場主，扭轉了整個形勢。但是，起初茶葉種植的資本並不容易取得，因為咖啡和金雞納樹（註：其樹皮和根皮是提取奎寧和奎尼丁的原料）在經濟方面更具前景，基於這個理由，1870 年代的爪哇茶葉質量持續低下，而且比英屬印度茶葉的價格更低。

西元 1877 年，約翰・皮特（John Pcet）在巴達維亞設立了公司，成功讓爪哇農場主對荷屬東印度茶葉的商業可能性產生興趣，並送交樣本到倫敦，供英國代理商進行測試。英國代理商親切有禮地指出荷蘭茶葉的缺點，並寄回產自英屬印度的優質茶葉樣品供比較之用。最終結果是，爪哇農場主放棄中國茶樹植株，轉而種植阿薩姆變種，並採用機器進行茶葉加工。爪哇茶葉的品質在 1880 年代及 1890 年代以緩慢的程度有所改善，而在戰前時期，巴達維亞在茶葉貿易中獲得越來越重要的地位。

巴達維亞市場在戰後時期持續穩步發展，成為全球最重要的茶葉一級市場之一。控制茶葉採購和銷售的合約規章條例，是由巴達維亞貿易協會（Handelsvereeniging te Bataida）所制定的。採購事業大部分掌握在英國公司手中，其中有七或八家是已成立或有代理人的公司。巴達維亞每年售出的茶葉數量多少有些不同，但平均接近 2267 萬公斤；主要出口國家是英國、澳洲、美國。

蘇門答臘茶葉進入市場

西元 1894 年，第一批蘇門答臘茶葉由英國德利與蘭卡特菸草公司（British Deli & Langkat Tobacco）從位於德利（Deli）的林本（Rimboen）莊園運往倫敦。這批茶葉包括六大箱和十七小箱，每 453 公克的售價是兩便士。直到 1910 年，哈里遜與格羅史菲公司（Harrisons & Crosfield），以及接下來數年間由荷屬東印度群島辛迪加公司（Nederlandsch Indisch Land Syndicaat）與其他生產暨外銷企業，著手讓蘇門答臘的茶葉種植形成重要規模，並以最佳現代方法大量生產茶葉，才讓蘇門答臘在茶葉貿易中贏得一席之地。

蘇門答臘的重要公司

蘇門答臘茶葉貿易中，居於領導地位的三家公司以重要性排列如下：哈里遜與格羅史菲公司、荷屬東印度群島辛迪加公司，以及阿姆斯特丹貿易聯合會（Handelsvereeniging "Amsterdam"）。

哈里遜與格羅史菲公司在整個東方

茶葉取樣室，巴達維亞

及遠東商業與貿易中聲名顯赫，而該公司對蘇門答臘的重要性又遠超過其他地方，在蘇門答臘，這家公司的名字是與茶園企業先驅者連結在一起的。這是一家擔任茶園總出資者及開發者的英國企業，並且在茶園建立後擔任代理商的角色。詹姆斯‧莫頓（James Morton）是棉蘭的主管。

荷屬東印度群島辛迪加公司是西元1910年由約翰尼斯‧赫曼努斯‧馬里納斯（Johannes Hermanus Marinus）於阿姆斯特丹籌資創辦，他是蘇門答臘茶葉工業的荷蘭籍先驅者之一，在創建及開發茶園方面緊緊跟隨英國企業的腳步。今日（1936年）的辛迪加公司在蘇門答臘茶葉貿易中占據主導地位。馬里納斯擔任總經理一職直到1927年退休回到荷蘭為止，並在1930年於荷蘭逝世。

阿姆斯特丹貿易聯合會可能是全球最大的種植園組織，儘管該公司自西元1917年起才開始對茶葉感興趣，卻在蘇門答臘茶葉發貨人當中排名第三。它是茶葉和其他蘇門答臘商品的大規模生產

者，島上的總部位於棉蘭；並且在爪哇也多少有類似的影響力，總部設在泗水（Soerabaya）。

位於蘇門答臘棉蘭的哈里遜與格羅史菲公司分公司總部

阿姆斯特丹的貿易

如前所述，西元1637年之後，茶葉被定期運往阿姆斯特丹，而在1685年，茶葉進口對荷蘭東印度公司來說變得非常重要，因此為自家公司保留了獨家進口權。

東印度公司阿姆斯特丹聯合會的董事劃分為五個部門，分別是船舶裝備部、運輸部、倉儲部、審計部、印度貿易部。

在十七和十八世紀，倉儲部是由兩位倉儲主管管理，他們必須在阿姆斯特丹市長面前宣誓就職，並將辦公室設在東印度公司的總部東印度大樓中。

丹戎普瑞克港（Tandiong Priok），巴達維亞

Chapter 12
英國的茶葉貿易史

人們期望透過自由競爭，能夠把茶葉價格壓低到一般大眾能夠負荷的合理基礎上，而結果比人們想像得更好。

除了中國以外，大不列顛是全球最大的茶葉消費國，同時它還將茶葉大量輸出到其他國家。大不列顛早期的茶葉貿易史，在《茶飲世紀踏查》第八章〈稱霸世界的英國東印度公司〉敘述過。其壟斷情況於西元 1833 年終結後，為英國消費者提供茶葉的任務，轉移給英國商人；不過，東印度公司在東方的行政管理功能，一直持續到數年之後，因此在 1834 年到 1835 年間，最初嘗試在印度開展茶葉工業時，東印度公司是當地的實際統治勢力。

東印度公司運往英國的茶葉，大部分是他們所能取得的最高品質的中國綠茶，但因為供應量不足以及高昂的稅率，他們將價格控制在一個貴得讓大部分人望而卻步的金額上。人們期望透過自由競爭，能夠把價格壓低到一般大眾能夠負荷的合理基礎上，而結果比人們想像得更好，因為自從壟斷終結後，接下來的十年間，茶葉的年進口量增加 63%，總計達 2404 萬公斤，到了 1929 年更達到 2 億 5401 萬公斤，即再次增加了超過十倍。

早期的英國進口商認知到，由於東印度公司限量供應高品質的中國綠茶，他們無法以有利的條件購入，因此，為了滿足群眾對於更多且更廉價茶葉的需求，他們製作假的混合物並以人工上色。一部分摻假的工作是在中國完成，但這種做法多半發展成一項英國在地工業。

小型工廠都設立在倫敦，並對柳樹、黑刺李和接骨木的葉片進行偽造和染色，同時還收集用過的茶葉。

這段期間，針對零售商提出的抱怨之一，就是「混合物」的問題。顯然，對完好的茶葉進行混合，是某些茶葉商人單純為了將次等茶葉充作更高等級商品售出的手段；當時，在可靠的商人處理下，混合或調和茶葉來改善茶湯品質，是一種正當且非常可取的商業措施。

茶葉商人兼作家理查·唐寧一世（Richard Twining I, 1749-1824），曾講述他的祖父——倫敦最早的茶葉商人之一湯瑪斯·唐寧（Thomas Twining, 1675-1741）所進行的茶葉混合作業：

在我祖父的年代，女士和先生們很習慣造訪商店並點一杯自己的茶。箱子在過去一向是攤開擺放的，而當我的祖父在客人面前混合茶葉時，他們通常會試喝，而混合的配方會不斷改變，直到適合買家的口味為止。當時沒有人喜歡未經混合的茶。

西元 1784 年通過的《折抵法案》（Commutation Act），不僅使走私情況終止，也讓之前在市場中氾濫的假冒偽劣茶葉消失；但英國的茶葉商人偶爾還是會遇到東印度公司供應次等敗壞茶葉的困境。舉例來說，零售商在 1785 年透過理查·康寧、約瑟夫·崔佛斯（Joseph

十八世紀的英國商店傳單及商人的名片
翻攝自大英博物館班克斯典藏（Banks Collection）

Travers）、亞伯拉罕·紐曼（Abraham Newman）等能幹的代表，向東印度公司董事會提出強烈抗議，表示該年三月份拍賣的總計一千零八十七箱茶葉中，有三百六十箱完全不適合使用，應該從拍賣中撤回。

西元 1725 年，英國通過了第一條禁止茶葉摻假的法律，要是違反的話，就會被扣押並處以一百英鎊的罰金。1730 年到 1731 年，罰則改為違法者所持有的每 453 公克茶葉處以十英鎊罰金。1766 年到 1767 年，加上了拘禁的罰則。

另一項有關茶葉摻假的法案，在西元 1777 年通過。該法案的前言中提到，持續成長的摻假茶葉貿易已經「對大量的木料、木材及林下灌木叢造成傷害和毀滅，對國王陛下臣民的健康造成損傷，使得歲入減收、公平貿易商人破產，而

且還會助長懶惰」。儘管此項及之前的法案都有設下罰則，但理查·唐寧還是在 1785 年撰寫的小冊子中，抱怨政府在禁止茶葉摻假上的失敗。他說，每年有大量其他種類的葉片在英國加工，其唯一目的就是用來摻入茶葉中，這是眾所周知的事，而且其他更有害和令人噁心的物質也會被使用。

為了讓大眾對被稱為「染色物」的茶葉摻雜混合物的實際性質有所警覺，唐寧先生指出，收集國內的白楊木葉片，將這些葉片放在日光下曝曬後烘烤，再放在不太乾淨的地板上踩踏，最後過篩並泡進「混有羊糞的綠礬」裡。接下來，這些葉片會再次鋪在地板上乾燥，之後便可以賣給茶葉商人了。

直到西元 1843 年，英國稅務局仍在針對涉及再乾燥茶葉的案件進行起訴，同時《倫敦時報》（London Times）在 1851 年，記錄了一件控告愛德華·邵斯（Edward South）及其妻子涉嫌大量加工假冒偽劣茶葉的案件。

西元 1860 年通過第一項禁止食品摻假的一般法案，稍後在 1875 年通過了《英國食品藥物法案》，代表惡質茶葉產業末日即將到來。

在該法案通過後，大量的混摻茶葉，以及 maloo（用過的）和 li（假的）茶葉，仍然繼續運抵倫敦的港口，而且與真正的茶葉一起被通關接收。如此一來，政府若想在稍後依據該法案起訴販售人時，會陷入尷尬的境地，因此，政府決定委派一名茶葉檢查員，其職責是確保只有真正的茶葉能進入海關。

採取這一步是相當明智的，因為當中國人及其同夥發現，他們的 maloo 混合物很可能會被丟回自己手中時，這門生意便迅速衰退。

蓄意摻假的情形，如今在茶葉生產國已經不再存在。所有進入英國的茶葉都會受到仔細的查驗，如果發現偽造的物質或用過的茶葉，進口商品便可能遭到扣押並銷毀。它們只能在關稅與消費稅專員公署的批准下，才能夠合法交貨，而且僅限用於咖啡因的加工製作。

紅茶取代了綠茶

由於染色和摻假帶來的所有麻煩，造成了大眾對綠茶的信任大幅動搖，因而對中國紅茶的需求逐漸開始形成。武寧、正山、界首等地生產的茶葉最受歡迎，而且茶葉貿易界對紅茶的特性變得非常精通，使得第一批英屬印度的茶葉在市場上出現時，它們只需要跟進就好。然而，人們依舊喜愛一些定義明確的香氣和風味，為了供應這樣的需求，製作商開始使用橙黃白毫和續隨子（俗稱酸豆），促使了調和茶的產生。如今，大多數茶葉都以調和茶的形式販售，而紅茶處於遙遙領先的地位。

英國茶稅的波動

茶葉長期以來都是英國政府最愛徵收稅金的商品。西元 1660 年，那些在咖啡館內販售的茶飲，跟麥芽啤酒一樣裝在小桶中，並加熱供顧客飲用，當時被課徵每加侖八便士的消費稅。1670 年，稅金提高到每加侖二先令，但實際執行時發現，派出收稅員來測量已經泡製好的茶，所需花費的金額對稅收來說太過沉重，因此在 1689 年改以每 453 公克乾茶葉課徵五先令的營業稅。

到了西元 1695 年，茶葉在商業上已具有足夠的重要性，可以徵收額外的稅金，如果直接從東方進口，稅金是每 453 公克一先令，如果從荷蘭進口，稅金為每 453 公克二先令六便士。

西元 1721 年，在羅伯特·沃波爾（Robert Walpole）的革新派部會領導下，為了讓英國在茶、咖啡和巧克力的轉口貿易上完全免費，這些商品的所有進口關稅都被取消了，取而代之的是，在提貨時針對供國內消費之保稅商品課徵營業稅，同時在 1723 年，英國茶葉的進口量首次超過 45 萬公斤。

到了西元 1745 年，對茶葉課徵的關稅累計達到每 453 公克四先令，而且還有 14% 的從價關稅。在那一年的估算中，對東印度公司的實際銷售價格，課徵了每 453 公克一先令的稅金，外加 25% 的從價關稅。1748 年，每 453 公克茶葉的稅金維持一先令，但從價關稅提高到 30%。1749 年，對茶葉稅進行修改，讓倫敦成為茶葉中轉到愛爾蘭和美國的免稅港。

然而，關稅呈現穩定上漲的趨勢，從價關稅由西元 1759 年的 65%，上漲到 1784 年的 120%。如此高昂的關稅，導致

了大量走私的情況。一些團體將貨物藏在海岸旁邊人跡罕至的荒涼角落。南岸的赫斯蒙蘇城堡（Hurstmonceux Castle）是其中一個團體的根據地，1776 年五月，一家倫敦報紙報導，在該地發現 907 公斤走私茶葉。同時有紀錄顯示，稅務員在牛津街一家小酒館，也就是現在倫敦最大的西區購物中心中，查獲並扣押了十二袋走私茶葉。

西元 1780 年，一些常駐在倫敦、西敏、薩瑟克（Southwark）自治區等城市，從事茶葉、咖啡及巧克力買賣的商人，為了保護貿易不受走私茶葉競爭的影響而組成協會，並向所有提供關於違反禁止茶葉混摻、著色或染色之法律規條的人，給予附帶援助和保護的每則五英鎊的長期懸賞。

有些人預估，走私的比例增長到走私者和東印度公司在該時期茶葉進口量所占的比例相等，而其他人承認，走私者的進口比例占了整整三分之二。然而，不論過去是什麼情況，西元 1784 年國會通過了《折抵法案》，將茶葉的從價關稅從 120% 降至 12.5%，也就是之前金額的大約十分之一。取消過高的關稅後，讓走私和摻假的情況都得到抑制，茶葉的合法進口量也成倍增加。

然而，關稅只有短短數年維持在相對低的數字，之後便再次開始攀升，這是由於歐洲國家必須為拿破崙戰爭買單的必要性所造成的。多次變遷的結果，使得茶葉關稅中的從價關稅在 1819 年達到 100%，並持續到 1833 年，當時國會以每 453 公克二先令二便士的統收費率，

茶葉走私進入英國
翻攝自一幅十八世紀印刷品

取代了 100% 的從價關稅。當時茶葉的均價約為三先令六便士，但英國一場盛大的禁酒運動，為茶葉使用量的暴增提供了背景環境，同時茶葉均價下降到二先令二便士；因此，實際稅率變成茶葉價格的 100%。截至目前為止，茶葉已經被課徵了金額各異的營業稅和關稅。

基本上，西元 1834 年可說是黃金年代，因為營業稅被廢除，而且關稅依分級徵收。普通種類的茶葉所徵收的稅金是每磅一先令六便士；較高等級每 453 公克二先令二便士；最高等級每 453 公克則是三先令。這種分級持續到隔年；茶葉價值下降，稅金隨之減少，從二先令二便士降為一先令十一便士，也就是將近 12%。

曾經長達五十年左右，茶葉關稅都是歷任英國財政大臣的難題，不過，如

今已經開始進入穩定徵稅的時期，雖然這並未減輕茶稅的負擔。西元 1836 年的固定稅率為每 453 公克二先令一便士，而這個稅率持續使用到 1840 年，當時的稅率變成每 453 公克二先令一便士及 5% 的從價關稅，到了 1851 年，改為每 453 公克二先令加上 5% 的從價關稅，並持續實施了兩年。

接著，稅率便一路下滑，西元 1853 年，下降到每 453 公克一先令十便士；1854 年降到一先令六便士；而在 1855 年到 1856 年的克里米亞戰爭（Crimean War，註：俄國與英法為爭奪小亞細亞而在克里米亞作戰）期間，稅率上升到一先令九便士；但在 1857 年印度叛亂時，稅率下滑到一先令五便士。1863 年的稅率是一先令；1865 年，六便士；而在 1890 年則是四便士。

如果大英帝國能夠置身戰爭之外，或許關稅還能夠維持在四便士，但西元 1900 年的波耳戰爭（Boer War，註：英國在南非的戰役）導致茶稅固定在六便士；而 1906 年是五便士，這個稅率一直持續到英國在 1914 年十一月加入世界大戰為止，當時的稅率上升到八便士；而在 1915 年，稅率進一步提高到一先令，這個數字一直維持到 1922 年。1919 年的預算啟動了帝國優惠關稅制度系統，在大英帝國境內種植的茶葉每 453 公克可減收二便士的關稅，但要求其他國家的茶葉按照全額稅率繳納。

關稅在西元 1922 年的預算中被降至八便士；而在 1923 年，關稅再次減半，使得稅率重回四便士，就跟 1890 年代的

稅率相同。1926 年，儘管財政大臣在議會面前陳述，如果關稅能全部取消的話，政府會將其視為一項令人愉快的工作，但進一步降低稅率的提案仍舊遭到否決。

最終在西元 1929 年四月二十二日，從查理二世的年代以來一直維持課徵的茶葉關稅全部取消，茶葉在兩百六十九年來，第一次不用繳交進口稅就能進入大英帝國。在獲得三年的免稅後，1932 年又再度恢復課徵國外茶葉每 453 公克四便士、大英帝國種植茶葉每 453 公克二便士的關稅。

在結束茶葉關稅這個話題之前，可以回顧一下反茶稅聯盟在激起大眾輿論方面所發揮的重要作用。反茶稅聯盟在經過四分之一個世紀後，摧毀了茶稅這個便利的國庫財源迷信，並將茶稅的束縛枷鎖從忍受已久的英國人民背上解除。

反茶稅聯盟在波耳戰爭後誕生，是茶葉被加諸過高關稅的結果。反茶稅聯盟的想法，最早是在西元 1904 年十一月，由 R・G・肖公司（R. G. Shaw）的 C・W・華萊士（C. W. Wallace）、印度茶葉協會（倫敦分會）主席 F・A・羅伯斯（F. A. Roberts），還有高與威爾森暨史坦頓公司（Gow, Wilson & Stanton）的 A・G・史坦頓（A. G. Stanton）和赫伯特・康普頓（Herbert Compton）一起召開的商討會議中所提出。後來，PR 布坎南公司（P. R. Buchanan）的亞瑟・布萊恩斯（Arthur Bryans）也為了促進聯盟的組成而加入了。

1905 年一月十八日，印度茶葉協會與錫蘭茶葉協會在芬喬奇街（Fenchurch

反茶稅聯盟的海報

Street）五號舉行聯合會議，正式成立此聯盟，而「反茶稅聯盟」這個名稱在1905 年一月二十三日被採用。

由於赫伯特‧康普頓具備豐富的茶葉知識、精力充沛且足智多謀，還有絕佳的廣告才能，成為聯盟的秘書。康普頓在印度當了超過二十年的茶農，回到英國後，則成為頗負盛名的歷史及小說作家。康普頓為聯盟的工作，帶來了比先前的時代所留下的英國茶葉貿易宣傳活動紀錄，更加敏銳的情報，而這些情報是要用來設計「一開始便直擊倫敦要害」、煽動群眾的想法，而且也確實達到了這個目的。F‧A‧羅伯斯成了執行委員會主任委員，而樞密院顧問官韋斯特‧李奇威（West Ridgeway）則是該委員會的主席。

聯盟最早的辦公地點，設在西敏的國會街三十五號。西元 1906 年之所以能

擊敗貝爾福（Balfour）政權，主要歸功於赫伯特‧康普頓和反茶稅聯盟提出「免費早餐桌」訴求的煽動。主任委員 F‧A‧羅伯斯在回顧檢討第一年的工作時，心滿意足地提到，許多國會議員候選人發誓要支持減輕茶葉關稅，同時預算中對於間接徵稅的唯一修正，是以減收一便士的形式對茶稅進行修改。

赫伯特‧康普頓的積極熱忱招來了切碎巷（Mincing Lane）某些利益方面的敵對，因此在西元 1906 年初期退出，並組織了一個名為「自由茶葉聯盟」的敵對聯盟。但由於命運的干預，他未能看到自己打下良好根基的希望得到實現。康普頓苦於精神崩潰，經常因為在印度罹患的瘧疾熱病而虛弱不堪，在 1906 年前往馬德拉島（Madeira）的旅程中，他可能是失足墜海或是自行跳海而溺斃。史都華‧R‧柯普（Stuart R. Cope）接手康普頓的反茶稅聯盟秘書的職務，而反茶稅聯盟在西元 1909 年結束。

歷史上的切碎巷

切碎巷是倫敦的商業中心，那些負責處理貨品清單的商人和經紀人的辦公場所都設在此地，從很早以前就與海外產品的貿易有關。史鐸（Stow）在十六世紀出版的著作《倫敦概論》中有以下的記述，「來自熱那亞和那些地區的人，通常被叫做划船工，因為這些人是乘著槳帆船出現的，他們帶來了酒和其他商品」，並自成群落，居住在切碎巷。

十九世紀末倫敦切碎巷的街景

「Mincing（切碎）」一字是古英文字 mynchen 的變體，代表「修女」的意思，用來稱呼與世隔絕、以冥想和祈禱度過一生的聖海倫斯（St. Helen's）修女。

從十六世紀零星到來的商人開始，逐漸演變為商人和經紀人的同業公會，在全球各地都設有代理人和往來客戶。

十六世紀即將結束時，「做殖民地生意」的商人和船長發現，在特定的咖啡館碰面能幫助推動他們的生意。西印度商人聚集在牙買加咖啡館（Jamaica Coffee House），而從事東方貿易的那些商人則利用耶路撒冷咖啡館（Jerusalem Coffee House）。商人繳納一定的費用來使用咖啡館，而咖啡館老闆會為用戶提供報紙，以及現貨產品價格、貨運清單等檔案，還有從停靠港得來的最新消息。採購與販售、「藉著燭光」進行的拍賣會，以及船隻的租用，都在這些咖啡館中進行交易。

西元 1811 年，多位倫敦商人建立了倫敦商業拍賣行，其建築成為切碎巷的商務中心。在拍賣行存在的頭二十三年，所進行的交易主要是糖、蘭姆酒，還有其他西印度群島的商品，連同獸脂、香料、蟲膠、金雞納樹皮、葡萄酒。

被稱為「約翰公司」的英國東印度公司，握有與印度和中國交易的獨占權，使用自家被稱為「東印度人」的船隻，將東方商品帶到自己的倉庫，並經常在印度大樓（India House）舉辦拍賣會。

由於英國東印度公司壟斷的產品，比起其他歐洲國家私人企業手中的相同產品，讓英國人付出了更多代價，進而造成無數抱怨後，國會開啟了調查以及一場最終擊敗東印度公司的堅定抗爭。這件事發生在西元 1833 年到 1834 年間。此後，原先在印度大樓銷售的茶葉和其他東方商品，改為在切碎巷的商業拍賣行進行販售。

西元 1896 年，拍賣行的建築進行重建並擴大，而且持續為貿易服務。舉行公共拍賣會的房間設在樓上；一樓則是會員室，也就是註冊繳費會員（那些從事買賣的商人）會面的場所。一開始進口的只有中國茶葉，後來，新興生產國家的茶葉，尤其是英屬地區種植的茶葉，也開始在此出售。

西元 1891 年四月十八日舉行了一場值得紀念的拍賣會，當時一包加特莫爾錫蘭茶葉（Gartmore Ceylon tea）被擔任馬扎瓦蒂（Mazawattee）茶葉公司的競拍人 A・傑克森（A. Jackson）降價到每 453 公克二十五・一英鎊。「切碎巷」被當作通稱時，包括了整個物產市場，而對茶葉商品來說，「切碎巷」的範圍包括芬喬奇街、大塔街（Great Tower Street）、東市場街（Eastcheap）。

茶葉交易的演進

在英國，茶葉一開始是透過咖啡館和藥劑師的商店販售的。後來，玻璃商、絲綢商人和瓷器商人開始處理茶葉，甚至還有一位販售茶葉的速記作家，那是他唯一的副業。

十八世紀早期，舊日的胡椒商人演

倫敦茶葉拍賣會場景，當時一批優質錫蘭茶葉可賣出每 453 公克 25.1 英鎊的價格。

西元 1813 年左右的倫敦商業拍賣行

變為雜貨商，開始經營茶葉買賣。在當時的術語裡，他是一位「雜貨商」，意即買賣繁多貨品的商人。十八世紀中葉，英國的茶葉消費達到每年 45 萬公斤，數量日漸增多的雜貨商讓販賣雜貨變成一項專業。他們被稱為「茶葉雜貨商」，以便與買賣香料、果乾、糖等商品但不賣茶葉的一般雜貨商有所區別。

整個十八世紀，雜貨商都是東印度公司東方商品的主要經銷店。然而，其他商人渴望能在這個方面分享利潤，因此，那些供應英國和荷蘭陶器給小酒館老闆的陶器店，也開始販售從東方進口的瓷器，而且還涉足茶葉、咖啡及巧克力的買賣。

藥劑師和糖果甜點業者也在某種程度上侵害了雜貨商販賣茶葉、咖啡及巧克力的利益。

規模較小的茶葉雜貨商和其他茶葉零售商，在採購方面是有些不利的，因為在東印度公司拍賣會上出售的茶葉是以每批 136 到 181 公斤整批出售。不過，他們藉著聯合集資，投標所選擇的批次，來克服這個困難。合法進入英國的所有茶葉，都必須由東印度公司採購，此外還有中間商的存在，這些中間商會在東印度公司的定期拍賣會上購買茶葉，再轉售給鄉村經銷商，甚至會供貨給部分城市零售商。

到了十九世紀開始時，茶葉已經成為英國雜貨商所囤積的最有利可圖的商品，而且所有茶葉零售商的門上都必須依法規顯示「茶葉經銷商」的字樣，否則將罰款兩百英鎊；同樣地，所有茶葉買方不得從註冊經銷商或東印度公司以外的任何來源購買茶葉，否則將被罰款一百英鎊。經銷商被進一步要求保留所有的茶葉銷售紀錄，以供稅務人員檢查。

最後，這些商人的雜貨業務逐漸擴展，成為葡萄酒和其他特色製品及茶葉

〈河岸街的有禮雜貨商〉（The Polite Grocers op the Strand），西元 1805 年
翻攝自題名為〈我與約翰兄弟〉的鋼版畫，推測可能是描繪河岸街四百四十九號的阿朗（Aaron）及約翰‧特里姆（John Trim）。我們可從此圖看見他們用藥劑師的天平來秤量茶葉與咖啡。

的「賺錢雜貨商」，不過茶葉仍然是最賺錢的商品種類，當合作社、百貨公司、連鎖商店、運貨馬車推銷、贈品發送公司和郵購商店誕生時，茶葉也成為他們吸引顧客的商品之一。

印度和錫蘭茶葉進入市場

西元1839年一月十日在英國茶葉貿易史上是一個喜慶的日子，因為那天是第一批印度茶葉在倫敦拍賣會售出的日子。多年以來，英國商人對於中國茶葉貿易的不穩定狀態，一直有著沉重的不安感，不過，隨著東印度公司貿易壟斷的終結，茶樹種植已經被引進英屬印度，但東印度公司對當地仍然擁有最高統治權。西元1838年，已經有足夠的阿薩姆當地產茶葉，被加工為成品茶，有八箱茶葉被東印度公司裝船運往倫敦。

關於印度茶即將到來的消息，預告了載茶船隻的進度，而這批茶葉的抵達和銷售激起了人們的強烈興趣。這批茶葉在印度大樓出售，賣方是東印度公司。八箱茶葉的每一箱都以獨立批次進行拍賣；成功標到每箱茶葉的競拍人，都是一位名為皮丁（Pidding）船長的熱心公益商人。

儘管第一批貨運被公認是有瑕疵的，但切碎巷的經紀人仍對阿薩姆茶葉的可能性印象深刻，並定下每453公克一先令十便士到二先令、五百箱或一千箱的合約定單。這筆訂單並未被接受，而隔年第二批阿薩姆茶葉出售時，雖然價格與前一年不同，但要價仍然很高，從每453公克八先令到十一先令不等，只有其中一種品質非常粗劣的茶葉以每453公克四先令到五先令售出。

第一批庫馬盎（Kumaon）茶葉，是由種植在印度的中國種茶樹所生產的茶葉，於西元1843年被即將退休的庫馬盎省茶葉栽種經理人法爾科納（Falconer）

茶葉目錄，西元1837年

藥品、女帽和茶葉
十八世紀倫敦經銷商的名片

博士帶到倫敦。但數年之後，印度茶葉生產者開始認可當地特有原生種的優越品質，並將所有的注意力投注在這些變種的培植上。

在此同時，私人種植企業的年代繼承了由東印度公司起頭的所有權。最早的兩家種植公司是成立於西元 1839 年的阿薩姆公司（Assam），以及成立於 1858 年的喬爾哈特公司（Jorehaut），它們的成功，使眾多茶樹種植企業在 1863 年到 1866 年間創設。

加爾各答的第一次定期茶葉拍賣的日期，是在西元 1861 年十二月二十七日，接著是在 1862 年二月十九日的另一場拍賣，從此之後，拍賣會便頻繁舉行。拍賣會定期於週一舉行，而當銷售超過三萬箱時，整個銷售季的週二也會舉行拍賣，每年銷售季持續的時間大約是八個月。

錫蘭茶葉在西元 1873 年以一批 10 公斤的茶葉進入市場，在那之後，錫蘭種植者當中出現了一陣「茶葉潮」，伴隨著相對應的出口增長，成為茶葉貿易史上最引人注目的快速發展案例。

一整年內每週都可舉辦一次的可倫坡茶葉拍賣會，從西元 1883 年七月三十日開始舉行，當時錫蘭茶葉的第一場公開拍賣於薩默維爾公司（Somerville）的

切碎巷的茶葉拍賣會
翻攝自哈羅德・哈維（Hahold Harvey）的畫作

茶葉經紀辦公室舉行。然而，世界大戰為錫蘭茶葉貿易帶來黑暗的日子，可倫坡的公開拍賣會於 1914 年八月中止。1919 年，解除了戰時茶葉限制措施，而 1920 年便發現有大量脫離控制的劣質茶葉湧入市場，而這一年匆促採用的約束措施，協助了貿易恢復正常。

經由蘇伊士運河輸送的茶葉

在英國屬地所種植的茶葉剛開始進入祖國市場的那幾年裡，有一類專門為了快速將茶葉從中國運往英國而特殊設計的船隻，創造了茶葉的歷史。那是一種類似快艇的帆船，被稱為「中式飛剪船」，但其年代於西元 1869 年終結，當時蘇伊士運河的開通，改變並縮短了往返東方的貿易路徑。

之後，為了讓新收穫季的茶葉在盡可能不發生延誤的情況下運抵倫敦，在建造動力強大、速度極快的輪船方面有著極為激烈的競爭，並在 1882 年達到顛峰，當時名為「史特靈城堡號」（Stirling Castle）的輪船以創紀錄的三十天從上海航行到倫敦。

第一批運河輪船的尺寸很小，載重量只有數百噸，而且承銷商由於擔心從新路徑運輸的貨品可能發生的損傷，便收取高額的保費。這樣的擔憂很快便消散了，而且為了運河貿易所建造的輪船，在速度、船隻規格及載貨量方面皆競爭激烈。

由於後期競爭的結果，有些用於東方貿易的輪船可將 227 萬公斤以上的貨物載運回國。1890 年，科林斯市號（City of Corinth）裝載了 231 萬 1053 公斤茶葉；1909 年，巴黎市號（City of Paris）裝載了 227 萬公斤；而在 1912 年，學者號（Collegian）載運了 245 萬公斤貨物到倫敦。

小包裝茶葉貿易

小包裝茶葉貿易開始於西元 1826 年，當時一位貴格派教徒約翰·霍尼曼（John Horniman），在外特島（Wight）創辦了以公司形式營運的茶葉商人業務。霍尼曼之所以展開密封包裝的業務，是因為茶葉的混摻和人工染色情形非常普遍，以至於消費者很難取得純粹的茶葉。他以手工來包裝密封，並使用以鉛為襯裡的紙袋來裝純茶葉。幾年後，霍尼曼發明了一種簡陋的手動包裝機，這種機器一直使用到因公司業務增長，需要搬到倫敦為止。

馬扎瓦蒂茶葉公司是第一家實際上以大規模生產為基礎來進行茶葉包裝的公司，在西元 1884 年推出大規模廣告來宣傳高價、純淨的錫蘭茶葉。他們有許多仿效者，而且有好幾年間，錫蘭茶葉十分暢銷，價格也隨之上漲，最終使得錫蘭茶葉需要與印度茶葉調和，才能讓價格維持在可接受的範圍內。

小包裝茶葉流行了好一陣子，但零售價格的下降，使這個領域新入行的業者很難維持成功建立新品牌茶葉所必要

的廣告支出；因此，接下來的發展方向有些不同。

茶葉貿易的批發調和

這些發展最明顯的特色是，為了滿足消費者對於各種價格和品質的要求，開始陸續出現調和茶公司，其中有許多家建立起龐大的業務，而且它們的倉儲和品茶室設備很快就超越之前的茶葉貿易行業所熟知的設備。

這是因為要製作出適合每個地區和每一種水質的調和茶葉，需要具備傑出的技巧和選擇性廣泛的現貨茶葉。這些調和工廠採用電燈和電力，同時以完整

霍尼曼的茶葉包裝機

的省工機械系統，來自動進行之前以人工完成的工作。

零售商聯合會

迄今，茶葉貿易的最終發展就是經營「連鎖商店」的聯合組織零售公司，它包括了將茶葉業務嫁接到現有的供應業務上，集中採購和控制，並消除所有中間分銷利潤。

各種類型的商店建立起這類龐大的業務，而與這些連鎖商店相似的，是英國暨蘇格蘭聯合批發合作社的採購，這可能是茶葉貿易的採購部門中最大的單一採購勢力。

二十世紀的茶葉貿易

從西元 1893 年到 1908 年，開始針對錫蘭茶葉進行廣告宣傳活動（主要在美國），而這項宣傳活動是以在錫蘭徵收的茶稅維持。1903 年開始針對印度茶葉課徵稅金，同時因為英屬地區種植茶葉的過度生產，這筆稅金被用於把印度茶葉推向海外市場。需求逐漸趕上供給。世界大戰期間，茶業發展繁榮興盛，但在和平時期，便發現市場上的茶葉出現供過於求的情形。

上述情況再加上銀價突然上漲，使得盧比升值到原幣值的兩倍，最終帶來嚴重的危機。西元 1920 年間，大多數茶葉生產公司都損失慘重，而茶葉貿易整

體多少都受到影響；不過，復甦速度很快，隔年及接下來的數年中，英國茶葉貿易重新獲得在危機期間喪失的動力。

粗略檢視從世紀之交在英國茶葉貿易中發生的事件，我們可以發現，倫敦茶葉採購人協會在西元 1901 年對倫敦清算所禁止非會員採購茶葉的規定提出抗議，而這項規定在 1903 年遭到廢止。

西元 1907 年，中國茶葉協會在倫敦成立，其目的是設法在基於衛生的基礎上，促進中國茶葉的使用，因為中國茶葉實際上不含「單寧酸這種有害成分」。1909 年，為了增加較高等級茶葉的使用量，四十家大不列顛茶葉批發商行展開一項「優質茶葉宣傳活動」，並且持續了五年，結果相當成功。

西元 1914 年世界大戰爆發後，很快就讓茶葉貿易被全面性的災難吞沒。1914 年到 1915 年間，從英屬印度駛出的許多裝載茶葉的船隻，都被德國襲擊者和潛水艇擊沉。為了保護國內供給，一開始是禁止從英國出口茶葉；但禁令在不久後便有所鬆動。

西元 1915 年到 1916 年，由於茶葉供應短缺再加上極度高昂的運費，將茶葉的價格推到高點。1916 年九月，除了對中立國、西班牙及葡萄牙之外，英國的茶葉徹底禁止出口。

西元 1917 年，英國食品部成立，以進行戰時控制和分配食物的措施，並實施政府措施中最嚴厲的一項，也就是茶葉控管。不僅如此，食品部還禁止進口任何非英屬地區種植的茶葉，藉此阻擋中國和爪哇茶葉的進入，使得英國完全只能依賴在可取得範圍內的錫蘭和印度茶葉。

一開始，航運管制保證每個月會從印度和錫蘭運來 726 萬公斤茶葉，以滿足一週 272 萬公斤或更多的消耗量，但這根本不可能實現，以西元 1919 年九月二十九日結束的這週為例來說，只能夠取得 25 萬公斤茶葉，還不到正常消耗量的十分之一。

儘管對既定貿易慣例的任何干涉，難免會引起不滿，而且執行單位又必須採用由缺乏經驗的委員會所提出的、未經嘗試的方法，來克服意想不到的困難，但在控管措施下，茶葉的供應量持續穩定增加，並以整體而言還算合理的價格，平均分配給所有前來購買的人。

茶葉控管一直持續到 1919 年六月二日，之後茶葉貿易得以自由地進行。控管帶來的後遺症在隔年（1920 年）席捲茶葉貿易界。

當時由於戰爭期間及剛結束時的高物價，導致供給的茶葉大量累積。許多茶葉的品質低劣，並以每 453 公克五便士的價格在切碎巷出售。然而，在接下來的數年間，因戰爭而傷痕累累的茶葉貿易再次回歸繁榮。

西元 1926 年，英國媒體針對茶葉批發貿易中所謂的投機行為，展開激烈的爭論，而這項爭議引發了後續由國家食品委員會進行的調查與報告，並在十月公布一份報告，充分評論了茶葉送到大不列顛零售商人手中所用方法，並且就投機性預付款項方面，為茶葉貿易提供了一份乾淨的健康證明，但也提到「投

機的機會確實存在，因為處於獨一無二的幸運地位的生產者，會限制供應在倫敦拍賣會上銷售的茶葉量，因而帶來對價格的影響」。

非洲肯亞殖民地是最晚開始發展茶葉產業的英屬殖民地，當地送來的第一批託售茶葉於西元 1928 年一月十八日，在切碎巷舉行的拍賣會中售出。這批託售茶葉包括了十二箱來自肯亞茶葉公司的卡倫加（Karenga）莊園所生產的茶葉，其樣本被評為優良，評價普遍是肯定的。

西元 1928 年的夏季及秋季期間，分別代表錫蘭和印度茶農的倫敦錫蘭茶葉協會、印度茶葉協會（倫敦分會），以及倫敦的南印度協會所，根據商品標示法（1926 年），向貿易局提出制定樞密令（Order in Council，註：此為一種立法途徑）的申請，要求所有茶葉的標示，無論是小包裝茶葉或散裝茶葉，都必須標明是否為帝國種植或外國種植，這在倫敦的茶葉貿易中引發一場激烈的爭論。提出申請樞密令的原因，是由於爪哇茶葉與蘇門答臘茶葉的進口量日漸增加，引起了印度和錫蘭茶農的恐慌不安。

這項申請遭到雜貨商協會聯合會、蘇格蘭雜貨商協會、連鎖商店業主協會、茶葉採購員協會、全國農產品經紀人聯合會、蘇格蘭批發茶葉貿易協會、荷僑英國商務協會、合作社代表大會議會委員會等單位的積極反對，貿易局在經過審議之後，決定以茶葉貿易的現況而言，申請這樣的樞密令並不可取，並在西元 1929 年三月如此向國會回報。

由於過度生產的結果，印度和錫蘭的茶農在西元 1920 年同意了一項導致產量大幅減少的限制計畫。

西元 1929 年，英屬印度、錫蘭、爪哇、蘇門答臘的大豐收，導致倫敦市場中剩餘大量的普通茶葉，引發該等級茶葉的價格出現普遍性的暴跌。品質優良的茶葉一直都有很大的需求，但即使是這類茶葉，價格都因市場的普遍狀況而蕭條下跌。生產過剩的影響在當年的年底前變得十分明顯，而這反映在許多茶葉生產公司遭到削減或未及時發放的期中股利上。

這種情況導致主要的英國和荷蘭茶農協會之間達成協議，自發地限縮西元 1930 年的茶葉產量。但計畫只成功了一部分，因為荷蘭人無法控管本地種植茶葉的運輸，此協議並未在 1931 年繼續展期。無論如何，持續的生產過剩，導致了印度、錫蘭及荷屬東印度群島間長達五年由政府控管茶葉出口，相關管制在西元 1933 年生效，內容是充分限制從簽約國家出口的貨物，以確保剩餘庫存能減少到正常比例。這些國家在主要消費國家進行聯合廣告宣傳活動的進一步協定，也輔助了這個計畫。在此同時，印度的英國茶農展開了產量限縮的計畫。

Chapter 13
英屬印度群島的
茶葉貿易概況

　　十二家重要的代理商行通常握有所代表公司的股份，將運輸及銷售與專業的園林管理互相結合。

生產者將第一批茶葉從英屬印度出口，運輸到英國市場，但不久後，加爾各答的代理人商行就開始成為生產公司的代表。從 1840 年代到十九世紀末，十二家重要的代理商行變得相當活躍，而且運輸大量的印度茶葉。這些商行通常握有所代表公司的股份，將運輸及銷售與專業的園林管理互相結合。其中一部分代理商行分布在全球各地。

加爾各答茶葉協會

　　加爾各答茶葉貿易商協會誕生於西元 1886 年九月八日，當時有志於茶葉貿易的人士在孟加拉商會舉行會議，協會的目標是提升加爾各答茶葉市場中買賣雙方的共同利益。

可倫坡的茶葉貿易

　　現在（1936 年）從事錫蘭茶葉貿易的舊可倫坡商行，在咖啡產業因葉子疾病而衰退之前，是以咖啡種植園代理商的身分獲利。當茶葉隨著 1880 年代以後開始具有商業重要性時，這些商行轉而投向茶葉的經營。
　　可倫坡的茶葉貿易在整個 1890 年代和世紀交替之後有顯著的成長，這是因為錫蘭茶葉在新興市場中大受歡迎，再

可倫坡皇后街
圖中的鐘塔裝備了從海上十八英里（約三十公里）外可清晰看見的旋轉式燈光

加上種植者在海外進行的活躍廣告宣傳活動。

　　除了以前與咖啡相關、轉換跑道的公司之外，還有數家新公司進入這個領域，在茶葉貿易的發展中分一杯羹，所成立的茶葉商行可以分為三類：銷售經紀人、莊園代理商、茶葉採購及運輸商人。

位於密訓羅八號的 J·湯瑪斯公司辦事處
這棟建築原本是沃倫·黑斯廷斯（Warren Hasting）地方議會成員約翰·克拉佛林（John Clavering）爵士的住宅，在約翰爵士於西元 1778 年去世後，被其所有人東印度公司出售。

無名官員或經紀人的加里（Gari），過去曾是熟悉的景象
自從電話和汽車出現，這些跑腿用的小型箱式小馬車便逐漸消失。現在紳士閣下會打電話或開車。

舊日加爾各答歷史回憶

Chapter 14
美國的茶葉貿易史

帆船年代的紐約碼頭

顯示林立的桅杆，這代表著從世界各地運送而來的貨物。時間是西元 1828 年到 1840 年，翻攝自一幅紐約公共圖書館史托克斯（Stokes）典藏中的一幅凹版蝕刻畫。

中國女皇號載運了一批人參做為貨物，並帶回茶葉和中國農產品；這是第一艘抵達中國的美國船隻。

在美國於西元 1776 年掙扎著從英國獨立之前的時期，茶葉在美國貿易中是被放棄的；但有兩股看不見的影響力，讓茶葉貿易在掙扎期結束後於美國全新建立。第一股影響力是承襲自從前荷蘭和英國殖民者對茶葉的品味，而另一股則是那些躋身於美國和東方間迅速增長之新興貿易的船長所學到的事實，那就是在填滿貨艙的前提下，唯一能在廣州取得足夠數量的商品就是茶葉。

第一艘美國茶船

約翰·萊德亞德（John Ledyard）是第一位展望中美貿易的人，在他的想像中，船隻會從大西洋的海港出發，途經南美洲南端的合恩角（Cape Horn）前往太平洋美國西北地區，在那裡以美國產品交易毛皮，而交易到的毛皮會再運往中國換取茶葉、絲綢和香料，再取道好望角運回美國大西洋沿岸港口。

萊德亞德是一位以航海為業的冒險家，並沒有自己的收入，而是在大西洋海岸線上來回穿梭，試圖說服商人和船東「有一桶金在他的彩虹彼端等待著」，但他們對萊德亞德的說法充耳不聞，直到 1783 年，費城的羅伯特·摩理斯（Robert Morris）終於對萊德亞德伸出援手，並承諾提供他一艘船，讓他航行繞過合恩角前往美國西北地區和廣州。

羅伯特·摩理斯與紐約港口的商家丹尼爾·帕克公司（Daniel Parker & Co.）一起為所承諾的船隻「中國女皇號」（Empress of China）提供裝備，這艘船於西元 1784 年二月二十二日從紐約啟航，但它是經由好望角前往廣州，而不是繞過合恩角。

中國女皇號載運了一批人參做為貨物，並帶回茶葉和中國農產品；這是第一艘抵達中國的美國船隻。

約翰·格林（John Green）上校是船長，而隨後成為第一任駐廣州美國領事的山繆·蕭（Samuel Shaw）少校是貨物監督。

總投資資本額是十二萬美元，這趟航程為贊助者帶來 30,727 美元的淨收益，也就是比 25% 再多一些。

早期前往中國的航行

中國女皇號在西元 1785 年五月十一日凱旋回歸紐約，因此紐約的商人聯合組織出資，贊助了第二次的單桅帆船「實驗號」（Experiment）的出海，這艘船於同年十二月二十六日出發。

這場商業冒險的出資者有彼得·舍默霍恩（Peter Schermerhorn）和約翰·范德比爾特（John Vanderbilt）。船長是史都華·迪恩（Stewart Dean）上校，這次航行歷時兩年，資本支出為兩萬美元，

老紐約的飛剪船年代
西元 1850 年代的南街（South Street）。這裡停泊著所有知名的茶葉飛剪船。翻攝自收藏於紐約市博物館的德懷特·富蘭克林（Dwight Franklin）模型組。

利潤為 10,529 美元。茶葉是主要的回航貨物。

這次航行過後不久，皮毛成為茶葉貿易的中流砥柱，也使得硬幣能夠留在需求孔亟的美國國內。

羅伯特·摩理斯從山繆·蕭和藍道（Randall）上校手中，購得單桅帆船「帕拉斯號」（Pallas），在西元 1786 年初從中國載運茶葉船貨回來；而 1787 年，在摩理斯的協助下，湯瑪斯·里德（Thomas Reid）上校的「同盟號」（Alliance）從費城出航。同盟號是第一艘途經澳洲前往中國的美國船隻，於 1788 年返航，帶回了價值五十萬美元的船貨。

此時，新興茶葉貿易帶來的刺激不亞於淘金潮，而一位當代歷史學家評論表示，每座位於小溪旁、擁有一艘能容納五個美國人的單桅帆船的小村莊，都計畫投身於這項事業中。

然而，只有紐約、費城、普洛維登斯（Providence）、塞勒姆（Salem）、波士頓（按照所提到的順序）實際上派出船隻前往中國。

西元 1786 年，塞勒姆的埃利亞斯·哈斯科特·德比（Elias Hasket Derby）派出「大特克號」（Grand Turk），沿著非洲海岸和印度洋的島嶼兜售美國貨物，獲得充足的西班牙銀幣補給，並在廣州採購茶葉、絲綢和瓷器做為回航船貨。

第一艘前往中國的普洛維登斯船隻是「華盛頓將軍號」（General Washington），船東是布朗與法朗西斯公司（Brown & Francis）的約翰·布朗（John Brown）。華盛頓將軍號於西元 1787 年十二月出發，在 1789 年七月四日返回。同年，美國政府對所有紅茶課徵每 453 公克十五美分的關稅，貢茶和珠茶的關稅是二十二美分，雨前茶的關稅則是五十五美分。

當美國人的第一次商業冒險獲得成功時，他們相信，與廣州的貿易是可以

無限擴張的。但他們注定要失望了，因為茶葉在美國的市場相當有限。此外，要獲得在廣州交換船貨所需要的商品或銀幣，也變得越來越困難。

1820 年代到 1840 年代的茶葉貿易

西元 1820 年時，有二十四家費城商號直接從中國進口，而且在 1823 年十一月時，有五艘費城的船在廣州等候以茶葉為主的船貨。在繁榮蓬勃的美國茶葉貿易一切順遂的時候，投機者湧入市場，並導致 1826 年及隨後幾年的停滯。

政府在警覺到延遲未繳之關稅的龐大總額後，試圖徵收逾期的款項。由於費城最大的茶葉商號湯普森公司（Thompson）無力支付，他們的貨物便遭到扣押；但湯普森設法讓扣押命令修改成准許他取回被扣押的茶葉來販售，並以所得支付關稅。湯普森迫於財務困

巴納姆爵士的中式平底帆船
早期吸引巴納姆（Barnum）爵士的中式平底帆船奇英號（Keying），這是他於西元 1841 年從廣州裝載了「橘子」和茶葉返航的情景。這艘船曾經訪問紐約和倫敦。

約翰·雅各·阿斯特（John Jacob Astor）年代的船運
翻攝自一幅由以斯拉·溫特（Ezra Winter）繪製於紐約曼哈頓信託公司銀行的壁畫。

境而採取了不老實做法，他願意支付關稅以獲得取回一百箱茶葉之類的許可；然後，他將數量提高到一千或甚至五千包，再把這些茶葉運到紐約的市場銷售，以避免引起本地海關收稅員的疑心。但短短幾個月的時間，這種持續傾銷的行為就徹底挫敗了市場的士氣，傾銷來源也變得廣為人知。湯普森因詐欺被捕，而且在費城的監獄裡過世。

紐約的湯瑪斯·H·史密斯公司（Thomas H. Smith）的湯瑪斯·H·史密斯在茶葉貿易緊急煞車時，是一家被視為紐約市奇蹟之一的茶店所有人。他以單一一趟茶葉船貨所得到的利潤，將茶店發展起來，而且一次性支付了高達五十萬美元的關稅給政府，但湯普森公司的崩潰也終結了史密斯公司。

史密斯積欠了三百萬美元的未付

關稅，而其他較小的破產事件損失沒有那麼慘重，但也是相當徹底，其中就有紐約的史密斯與尼可斯公司（Smith & Nichols），因積欠政府十萬美元而宣告破產。

接下來的幾年，貿易的情況變得非常混亂，以至於在 1830 年代，每家公司都必須安排至少一位被業界稱為「首相」（Prime Ministers）的圈內人來應付顧客。他們是受過教育的紳士，最終讓茶葉貿易的氛圍和態度重回優雅有禮。

當伊利運河於西元 1825 年開通時，使得整個美國北部和五大湖地區在商業上成為紐約港口的支流，費城和波士頓則在茶葉貿易中居於落後地位。

1840 年代到 1860 年代的茶葉貿易

1840 年代迎來令人激動興奮的中國茶葉飛剪船時期。巴爾的摩的船運商人艾薩克・麥金姆（Isaac McKim），因為擁有第一艘這種快速貨船而聞名。在接下來的時間裡，許多美國船運商號創造了歷史，並且在他們的飛剪船滿載茶葉船貨、全速航向市場時，也獲得比例同等豐厚的利潤，船東通常以船貨貨主或是承銷人的身分獲利。這些商號當中，在紐約之外營運的有：豪蘭與阿斯平沃爾公司（Howland & Aspinwall）；AA 洛與兄弟公司（A. A. Low & Brother）；奧利芬特父子公司（Olyphant & Sons）；格林內爾暨明特恩公司（Grinnell,

Minturn & Co.）；以及 NLG 葛立斯伍德公司（N. L. & G. Griswold）。最後提到的公司有時會因公司的首字母而被叫做「不虧大賺」（No Loss and Great Gain）公司。波士頓茶葉飛剪船的船主，包括了山普森暨塔彭公司（ampson & Tappen）、唐納德・麥凱（Donald McKay）先生、喬治・B・阿普頓（George B. Upton）先生。其他在茶葉貿易經營飛剪船的船東和商人，還包括了巴爾的摩的威爾森父子公司（Wilson & Sons）；在中國的美國商號奈伊暨珀金公司（Nye, Parkin & Co.）；還有同為美國人的華倫・迪拉諾（Warren Delano）先生。

1860 年代，輪船開始在茶葉運輸貿易中與飛剪船競爭，並且隨著 1869 年蘇伊士運河的開通，取得決定性的勝利。

1840 年代到 1860 年代見證了紐約茶葉貿易的穩定成長，紐約是大多數美國茶葉進口商的所在地，而且美國鐵路系統的成長，也越來越傾向於將美國大部分的採購交易集中在紐約。

一直到西元 1863 年，運往紐約的茶葉船貨全都來自中國，但在這一年的年初，三桅帆船「行善者號」（Benefactor）帶回第一批日本茶葉船貨，委託給「AA 洛與兄弟公司」銷售。日本茶很快就受到歡迎，最後在美國茶葉進口量的占比中超過了四成。

茶葉貿易在內戰時經歷了一段艱困的時期，除了對茶葉課徵的每 453 公克二十五美分戰時關稅的不利條件之外，還有許多驚人的損失。西元 1863 年二月，由約翰・馬菲特（John Maffitt）船

長指揮的南方邦聯之劫掠輪船「佛羅里達號」（Florida），搶劫了駛往紐約的「雅各‧貝爾號」（Jacob Bell），船上裝載了價值一百五十萬美元的茶葉船貨。兩個月後，同一艘劫掠船擄獲了從上海駛往紐約、載運了百萬船貨的「奧奈達號」（Oneida）。

戰後時期的劃時代事件，就是西元1867 年到 1868 年第一批臺灣烏龍茶樣本的運達，還有 1868 年第一批直接從橫濱運抵舊金山的日本茶葉。基本上，所有原來的紐約茶葉進口商都還在營運中。每年秋季，茶葉船的抵達會讓整條南街熱鬧非凡，茶葉船占據了從康蒂斯（Coenties）到派克（Peck）之間的大部分碼頭，對倉庫多半位於南街的業主來說十分便利。在這段時間內，與茶葉貿易有所關聯，被認為是一件十分榮耀的事，因為沒有其他行業能比得上茶葉所帶來的財富。

來往於舊金山、中國和日本之間的太平洋郵輪公司（Pacific Mail）的成立，以及橫貫大陸的鐵路建設，打開了全新的貿易通路，並且讓茶葉的運輸轉移至取道巴拿馬抵達紐約的太平洋郵輪公司航線；原本以帆船經由海岬運送的時間約需五或六個月，如今縮短為不到六天。後來，蘇伊士運河的開通，使得從茶葉產地前往大西洋港口的航程能取得較低廉的運費，除了送往那些極西地區城市的貨品要由橫跨大陸的火車載運之外，取道蘇伊士運河的不定期貨輪載運了大部分的茶葉商品。

一直到 1860 年代結束時，許多因素

的結合讓紐約成為美國的茶葉專屬市場。一開始，所有從事遠東貿易的帆船和輪船在此地卸貨；之後每 453 公克二十五美分的戰時關稅必須以金幣支付，而直到恢復以硬幣付款之前，金子都必須在華爾街以現行匯率加價購買；此外，因為旅行推銷員尚未成為茶葉貿易中的特色，分銷主要是透過批發商店和掮客完成的；採購員通常會每年到城裡幾趟，或是業主從樣本中選定後再郵寄給他們。

茶葉除了透過批發商店分銷之外，還經常在公共拍賣會進行拍賣，拍賣會由漢諾威（Hanover）廣場的 LM 霍夫曼父子公司（L. M. Hoffman & Son）經營管理，後來則是由前街（Front Street）的約翰‧H‧德瑞伯公司（John H. Draper）經營。這些拍賣會上的茶葉數量，動輒達到數千半箱，通常包括了種類廣泛的中國和日本茶葉。拍賣會不僅吸引了紐約市的經紀人和雜貨商，還有那些來自波士頓、費城、巴爾的摩及一些較小城市的人。

同時，鐵路設施、電報及郵務服務的持續擴張延伸，顯著增加了分銷的區域，也因此產生了數量眾多的新興商號。

1870 年代到 1880 年代的茶葉貿易

臺灣烏龍茶在西元 1870 年代開始受到大眾青睞，尤其是新英格蘭的消費者。這些新茶葉以五百到六百半箱和盒子的類型送達。日本茶葉送到美國的數量也

越來越多，但中國茶葉仍是茶葉貿易的支柱。食品雜貨商和零售商採購員大多親自進行採購，是出現在經紀人辦公室的常客。

隨著運輸設施的成長和改進，以及電報與電纜的普及化，紐約開始失去在茶葉貿易中的實質壟斷地位，同時舊金山、芝加哥和波士頓也成為分銷中心。紐約喪失此一至高無上地位的結果，就是從前的大多數批發商店逐漸不復存在，四十多家商店只剩下兩、三家在西元1870年代初期依舊繁榮。

在西元1880年代期間，大量重度染色和嚴重混摻的茶葉，從上海運到紐約和波士頓。這些傾銷到市場中的貨品，為合法貿易帶來中斷的威脅。為了終結這種違法行為，一份訴願被提交給國會，要求制定禁止混摻或不適用於消費的茶葉進口法案。

純淨茶葉的提倡者遭遇許多困難，主要來自於那些從事混摻茶葉這門有利可圖生意的人，直到克服這些困難之後，第一條美國茶葉法律才獲得通過。那就是西元1883年名為《防止混摻及偽造茶葉進口》的法案。

然而，那不過是將就應付的方法，因為並沒有關於標準的規定，只是規範了審查員的任命，而審查員要根據自己的個人意見，對何者符合混摻和「不適用」的茶葉做出決斷。布魯克林的詹姆斯·D·戴維斯（James R. Davies）是根據法案被任命的第一位檢驗員，他在這個職位待了十八個月，後來加入詹姆斯與約翰·R·蒙哥馬利公司（James & John R. Montgomery & Co.）工作多年，最後於1903年去世。

1890年之後的貿易

從西元1890年開始的時期，為美國的茶葉貿易帶來徹底的改變，原因在於許多人口稠密地區的茶葉消費種類，從綠茶轉變為紅茶。再加上隨後引進了兼具廣告和實際示範之有力宣傳活動的英國種植紅茶，讓紅茶在很大程度上搶奪了中國和日本綠茶的消費量。這些新興茶葉與日俱增的受歡迎程度，也帶來了荷屬東印度群島紅茶的進口，占東印度進口量的三分之一左右，而錫蘭和印度則占據另外的三分之二。在此同時，一些日本本地商號開始取代日本茶葉貿易中的美國商號，而且許多倫敦和阿姆斯特丹的公司，也在紐約市場設立了代理處或分公司，導致當地進口商和經紀人遭到淘汰，嚴重到紐約市場幾乎被把持在外商手中的程度。

在審視此時期發生的事件時，我們發現錫蘭茶葉專員威廉·麥肯錫（William Mackenzie）在西元1895年向上級提出報告，表示當時的美國人比較常喝的是綠茶；不過，在麥肯錫報告提出的兩年以前，印度和錫蘭已經開始在美國進行聯合廣告宣傳活動，而且美國對這兩地之紅茶的需求量有所增加。

另外，進口商和茶葉檢驗員之間，經常會為了某些綠茶在西元1883年通過的法案規定下，是否具有被接受的資格

245

而爭論不休。由於沒有能夠掌握情況的茶葉協會，湯瑪斯·A·費倫（Thomas A. Phelan）在查爾斯·德·科爾多瓦（Charles de Cordova）和阿弗列德·P·史隆（Alfred P. Sloan）的協助下，於1895年開始一項推行茶葉法律的運動，不僅為了必要的開銷進行募款，同時將一份由四十五家主要茶葉商號共同簽署的請願書提交到國會，最終導致了1897年茶葉法案的頒布。

這項法令是在美國財政部和進口商的共同努力下，精心制定出來的，其中規定，財政部長應每年任命一個「茶葉專家委員會」（Board of Tea Experts），委員會的職責是確定及建立進口到美國的所有種類茶葉的純淨度、品質及消費適用度方面的一致標準。後來在1920年，法案的修正條款將茶葉法的管理權，從財政部長轉移到農業部長手中，但法案本身沒有任何改變。

西元1898年，政府發現有必要對茶葉強迫徵收每453公克十美分的戰時關稅，而且這項稅則持續課徵了好幾年。

由於這件事對茶葉貿易帶來的障礙，四十六位紐約茶葉進口商及雜貨食品批發商代表，在1901年組成「茶稅廢止協會」（Tea Duty Repeal Association），以推動茶葉關稅的廢止。史密斯與希爾斯公司（Smith & Sills）的G·沃爾多·史密斯（G. Waldo Smith）擔任主席，而班奈特暨史隆公司（Bennett, Sloan &Co.）的阿弗列德·P·史隆則是執行委員會的主席，最後國會在1903年一月一日廢止了這項關稅。

西元1906年，由於舊金山大火的緣故，成為美國茶葉貿易歷史上值得紀念的一年，大火在不受控制的情況下肆虐三天，徹底摧毀了城市裡絕大部分的茶葉公司。

不過，由於舊金山茶葉商人擁有的豐厚資源，這次挫敗只有暫時性的影響，舊金山茶商確保了茶葉的補給，還讓生意在數週內再度開始營運。

西元1912年創設了「美國監督茶葉檢驗員」一職，以聯繫地區檢驗員的工作，而喬治·F·米契爾（George F. Mitchell）奉命任職，也成功執行這項工作，直到他在1929年辭職，成為麥斯威爾產品公司（Maxwell House Products）

第一份真空包裝的茶葉，西元1900年

的茶葉部門經理為止。但在米契爾先生
辭職後,監督檢查員一職便被終止。

西元 1914 年到 1918 年的世界大戰
使得船運中斷,並且嚴重妨礙了茶葉的
貿易。在這段期間,由於德國潛艇活動
造成的封鎖,原本應該通過蘇伊士運河
運達美國東部海岸的茶葉,改經由日本
和美國的太平洋沿岸進口。

荷屬東印度茶葉進入美國市場始於
1917 年,當時巴達維亞茶葉專家局的茶
葉專家兼宣傳員 H・J・艾德華斯(H. J.
Edwards)帶來一萬箱介紹性託售的爪哇
茶葉。他在 1920 年再次來訪,而爪哇茶
葉的宣傳活動則在 1922 年到 1923 年展
開。蘇門答臘茶葉緊跟著爪哇茶葉的腳
步進來,讓美國境內備齊了所有主要茶
葉生產國家的茶葉種類,而這些茶葉也
在美國找到了市場。

西元 1933 年,美國農業部對茶葉容
器中使用的鉛箔是否有害一事展開調查,
結果使得美國開始進行數項科學研究;

印度茶葉協會也在印度展開調查。這些
研究發現,包裝在以鉛為襯裡的箱子中
的茶葉,其金屬含量極少且無害。鞣酸
鉛不溶於水,因此不會在茶葉泡製液中
大量出現。雖然有偵測到微量的鉛,但
這些可能是以懸浮鉛而不是鹽類的狀態
存在。相對來說,現在很少有零售商販
售的茶葉是用鉛包裹或包裝;鋁、防油
紙和玻璃紙已經取代了鉛的作用。

西元 1934 年,美國的茶葉貿易採用
公平競爭的規範,這是由美國法典管理
人休・S・約翰森(Hugh S. Johnson),
根據《國家復甦法案》(National
Recovery Act, NRA)核准並實施的。這
項法案就跟美國其他行業所採用的規範
一樣,規定了最長工時、最低工資、貿
易慣例,以及施行辦法。

附錄
茶葉年表

西元前 4094 ～西元前 3955 年
相傳神農氏嘗百草而得茶。

西元 25 ～ 221 年
根據明代《茶譜》（成書於西元 1440 年前後）所載，甘露寺普慧禪師吳理真，從印度攜茶樹至中國。

西元 313 ～ 317 年
郭璞完成《爾雅注》，描述茶樹及茶之飲用。

西元 386 ～ 535 年
中國川鄂邊界居民把茶製成茶餅；將茶餅烘烤到發紅後，敲碎成小塊，再放進陶瓷製的茶罐中，隨後注入沸水。

西元 475 年左右
土耳其人至蒙古邊境，以物易茶。

西元 500 年
茶在中國的飲用逐漸普及；主要是藥用。

西元 589 ～ 620 年
隋文帝時代，開始以茶為社交飲料。

西元 593 年左右
日本文學中出現對茶的介紹。

西元 725 年左右
確定了「茶」這個名稱。

西元 760 ～ 780 年
陸羽創作《茶經》。

西元 780 年
中國在唐德宗建中元年開始徵收茶稅。

西元 805 年
日僧最澄自中國攜帶茶種返國，是日本有茶種之始。

西元 815 年
日本嵯峨天皇下詔在近江、畿內、丹波、播磨等地種植茶。

西元 850 年
兩名走訪中國的阿拉伯旅行者，提供了一段關於茶的記述。

西元 907 ～ 923 年
中國的下層階級開始飲茶。

西元 951 年
日本人把茶當作防疫飲料。

西元 960 年
宋太祖詔設茶庫。

西元 1159 年左右
日本禪宗僧侶制訂最初始的「茶道」儀式，人們要在達摩或釋迦牟尼的神像前方，從碗中飲茶。

西元 1191 年
日本榮西禪師傳授茶樹種植方法給國人，並撰寫《喫茶養生記》，是日本第一部茶書。

西元 1368 ～ 1628 年

中國在明代發明紅茶製造法。

西元 1559 年

威尼斯人巴蒂斯塔‧喬萬尼‧拉穆西奧出版了《航海與旅行》，是首次提及中國茶文化的歐洲文獻。

西元 1560 年

葡萄牙神父加斯帕‧達克魯斯撰寫的《中國論》中，提及了茶。

西元 1567 年

伊萬‧佩特羅夫與博納什‧亞利謝夫從前往中國的旅程返回俄羅斯時，寫下了關於茶的記述。

西元 1582 年左右

日本高僧千利休讓日本中產階級得以接觸茶道，也將茶道儀式引進更高等級的美學階段。

西元 1588 年

豐臣秀吉在京都北野天滿宮境內，舉辦大型茶會「北野大茶湯」。

西元 1588 年

羅馬神父喬瓦尼‧彼得羅‧馬菲撰寫的印度歷史中，有關於茶的敘述，並引用士路易斯‧阿爾梅達神父的茶相關記述。

西元 1588 年

威尼斯人喬萬尼‧博泰羅發表的《論城市偉大的原因》一書中，論及茶飲。

西元 1597 ～ 1650 年

約翰‧博安（Johann Bauhin）所著的植物百科全書中，談及種茶的概要。

西元 1597 年

揚‧哈伊根‧范林斯霍滕（Jan Huyghen van Linschoten）撰寫的《葡萄牙航海在東方的旅行記》，包含了歐洲最早的日本飲茶記述之一。

西元 1606 ～ 1607 年

荷蘭人從葡萄牙的殖民地澳門，帶了一些茶葉到爪哇。

西元 1610 年左右

荷蘭人開始將茶引入歐洲。

西元 1615 年

英國東印度公司派駐在平戶市的代理人理查‧韋克漢，在其報告書信中提到了茶，是「英國人最早提到茶」的文獻。

西元 1618 年

中國大使以茶葉當作小禮物，贈送給莫斯科的沙皇亞歷西斯。

西元 1635 年

德國籍醫師西蒙‧保利撰文抨擊人們過度使用茶與菸。

西元 1637 年

茶飲習慣風靡全荷蘭，荷蘭東印度公司要求返國的船隻需要購買中國和日本的茶葉，以供應市場需求。

西元 1638 年

德國的亞當・奧利留斯與約翰・阿爾布雷希特・德・曼德爾斯洛的旅行見聞著作中，提到當時茶飲已遍於波斯與印度的蘇拉特。

西元 1640 年

茶成為荷蘭海牙地區的時髦飲料。

西元 1641 年

荷蘭醫師尼可拉斯・迪爾克斯，在著作《觀察醫學》中對茶十分稱譽。

西元 1648 年

法國醫師兼作家蓋伊・帕丁批評茶是「本世紀最不合宜的新鮮事物」，並說青年醫師莫里塞特撰寫的關於茶的論文，已經受到醫界猛烈的非難。

西元 1650 年左右

英國人已開始飲茶，其價格每磅約 6 鎊至 10 鎊。

荷蘭人將茶帶入新阿姆斯特丹（現今的紐約）。

西元 1651 年

荷蘭東印度公司的商船開往日本，運回 30 磅日本茶到荷蘭。

西元 1655 年

約翰・紐霍夫在 1655 年至 1657 年到中國旅行，在後來出版的《荷使初訪中國記》一書中，提到茶與牛奶一起飲用，始自廣州的中國官吏宴請荷蘭使者之時。

西元 1657 年

法國醫師丹尼斯・瓊奎特譽茶為神草，可媲美聖酒仙藥，象徵法國醫藥界對茶之態度的轉變。

西元 1657 年

英國倫敦的加威咖啡館開始售茶。

西元 1659 年

英國倫敦九月三十日《政治快報》登載蘇丹王妃頭像咖啡館的售茶廣告，為茶葉登報廣告之始。

西元 1659 年

湯瑪斯・呂格的著作 *Mercurius Politicus Redivivus* 中，提到每條街上都在販售茶、咖啡和巧克力。

西元 1661 年

從中國福建到日本傳播佛法的隱元隆琦禪師，把炒茶法也帶進日本。

西元 1664 年

英國東印度公司購買了大約 2 磅 2 盎司的「優良茶葉」，獻給英王查理二世。

西元 1666 年

阿靈頓男爵亨利・班奈特及奧索里伯爵托瑪斯・巴特勒，攜帶大量茶葉從海牙回到倫敦，他們開始提供這些茶飲，使得喝茶這件事成為時髦娛樂活動。

法國歷史學家雷納爾神父提到：「*每磅茶葉在倫敦的售價接近 70 里弗爾（2 英鎊 18 先令 4 便士）。*」

西元 1667 年

東印度公司進口茶葉的第一筆訂單送交到派駐萬丹的代理人手中，指示他「送100 磅能買到的上等茶葉回國」。

西元 1669 年

英國東印度公司首次直接進口茶葉到英國，從爪哇的萬丹送來 143 磅 8 盎司的兩罐茶葉。英國禁止從荷蘭進口茶。

西元 1672 年

日本人上林彌平（Mihei Kamibayashi）首度用烘焙機製茶。

熱那亞的西蒙·德·莫里納利出版亞洲茶（或茶之特點與功用）一書。

西元 1678 年

亨利·塞維羅寫信給在政府中擔任考文垂部長的叔父，指責某些朋友，「晚餐後要求來杯茶，而非燕斗和一瓶酒。」認為這是「惡劣的印度式作法」。

西元 1680 年

約克公爵夫人「摩德納的瑪麗」在蘇格蘭愛丁堡的荷里路德宮中，將茶這種新奇的飲料介紹給蘇格蘭貴族圈。

倫敦的報紙刊登了每磅以 30 先令出售的茶葉廣告。

書信作家塞維涅夫人，記下了德拉·薩布利埃夫人想出把牛奶加進茶裡的主意。

西元 1681 年

英國東印度公司指示在萬丹的代理人，每年要送回價值 1 千美元的茶葉。

西元 1684 年

荷蘭人將英國人逐出爪哇，以便占有茶產業。

德國自然學家兼醫學博士安德里亞斯·克萊爾，首度從日本買進茶的種子，並種在位於爪哇的巴達維亞的自家花園住宅裡。

英國東印度公司向派駐在馬德拉斯的代理人，下了一筆「每年五或六罐最好且最新鮮茶葉」的長期訂單。

西元 1689 年

英國東印度公司出現第一筆從廈門進口的紀錄。

俄羅斯與中國簽訂《尼布楚條約》後，開始定期從中國進口茶葉。

西元 1690 年

班傑明·哈里斯和丹尼爾·維儂獲得了在波士頓銷售茶葉的執照。

西元 1696 年

中國准許西藏人在打箭爐（現在的康定）購買茶磚。

西元 1700 年左右

美洲殖民地的民眾開始將牛奶或乳酪加入茶中飲用。

英國雜貨商開始販售茶葉，在此之前僅能在藥店或咖啡館購買。

西元 1705 年

愛丁堡盧肯布斯的金匠喬治·史密斯，推出了販售和武夷茶的廣告。

西元 1710 ～ 1744 年左右
日本將軍德川吉宗終止了「御茶壺道中」活動。

西元 1712 年左右
波士頓藥劑師扎布迪爾·博伊爾斯頓，廣告宣傳綠茶、武夷茶和一般茶葉。

西元 1715 年
英國人開始飲用綠茶。

西元 1718 年
法國東方學家歐塞貝·勒諾多將《第九世紀兩名阿拉伯旅人前往印度和中國的古代記述》，從阿拉伯文翻譯為法文，書中提到了阿拉伯人開始喝茶的歷史。

西元 1721 年
英國進口的茶葉首次超過 100 萬磅。英國政府為了加強東印度公司的茶葉專利權，禁止從歐陸其他國家進口茶葉。

西元 1725 年
英國通過了第一條禁止茶葉摻假的法律。

西元 1728 年
荷蘭東印度公司在爪哇種茶的計畫失敗。傳記作家瑪麗·德拉尼寫道，當時有 20 先令到 30 先令的武夷茶（紅茶），還有 12 先令到 30 先令的綠茶。

西元 1730 年
蘇格蘭醫師湯瑪斯·沙特出版了關於茶的專題論文。

西元 1730 ～ 1731 年
英國國會再次通過禁止茶葉摻假的條例。

西元 1734 年
荷蘭進口的茶葉總額達到了 885,567 磅。

西元 1735 年
伊莉莎白女皇在俄羅斯和中國之間建立了定期的私人商隊貿易。

西元 1738 年
人稱「三之亟」的永谷宗圓，發明了製作綠茶的工藝。

西元 1739 年
茶葉的價值在所有由荷蘭東印度公司的船隻運往荷蘭的貨物項目中獨占鰲頭。

西元 1748 年
紐約當地為了取得可飲用以及用來煮茶的好水，在泉水上方建造了一個煮茶專用水的抽水泵浦。

西元 1749 年
茶葉稅的修改，使得倫敦成為茶葉中轉到愛爾蘭和美國的免稅港。

西元 1750 年
紅茶在荷蘭開始取代了綠茶，也在某種程度上取代了咖啡，成為早餐飲品。
日本茶首次從長崎出口。

西元 1753 年
瑞典植物學家林奈所著的《植物種志》

中，將茶分為二屬：*Thea Camellia*、*Thea Sinensis*。
英國的農村人家已經習慣把茶葉當成生活用品。

西元 1762 年
林奈在《植物種志》的第二版中捨棄了 *T. sinensis* 這個名稱，並將一個具有六片花瓣的樣本鑑別在 *T. bohea* 的名稱之下，同時將另一種有九片花瓣的樣本歸於 *T. viridis* 的名稱下。

西元 1763 年
歐洲首次種植茶樹，以供瑞典的林奈進行研究。

西元 1766 ～ 1767 年
英國在禁止茶葉摻假的條例中，加上了拘禁的罰則。

西元 1767 年
英國國會通過查理‧湯森的《貿易暨稅務法案》，此法案加重了茶及其他物品進口到美洲殖民地的稅賦，遭到美洲人大力反抗。

西元 1770 年
英國國會廢止了《貿易暨稅務法案》所規定的一切稅則，但是茶稅除外。當時，殖民地人民所飲用的茶葉，均從荷蘭私運而來。

西元 1773 年
英國國會通過《茶葉法案》，授權東印度公司將茶葉輸入殖民地。東印度公司可以得到英國關稅的百分之百退稅，而殖民地海關卻只能收取每磅 3 便士的茶葉稅。

東印度公司指派特派員在支付小額美洲關稅後，負責接收波士頓、紐約、費城及查爾斯頓等地所寄售的茶葉。

十二月十六日，波士頓多人喬裝為印地安人，將東印度公司運到的茶葉沉入水中。

十二月二十六日，有一艘開往費城的茶船，被阻擋於港口，在縱火焚船的威脅下，被迫返回英國。

有茶船首次運送茶葉到查爾斯頓，但因未繳納稅金，海關扣留茶葉，存放在潮濕地窖中，茶葉很快就變質腐壞。

西元 1774 年
四月，有兩艘運茶船抵達紐約，倫敦號上的茶葉被民眾丟下船，南西號則載著茶葉返回英國。

八月，某貨船載著茶葉前往安納波利斯，還未抵達港口，就被迫駛返。

十月，佩姬‧史都華號載著兩千磅英國茶葉，在抵達安納波利斯後，被迫選擇放火燒船。

十一月，大不列顛舞會號載了七箱茶葉抵達查爾斯頓，卸貨時，船主為了避免船和其他商品被燒，將茶葉倒入海中。

英國人約翰‧瓦德漢首先獲得煮茶機器的專利權。

西元 1776 年
英國當局不顧殖民地的輿情，強徵茶稅，美國大革命因此展開。

西元 1777 年
英國國會第三次通過禁止茶摻假的條例。

西元 1779 年
當局下令強迫茶商把售茶標記設置在店面，以便顧客辨識。

西元 1780 年
華倫・黑斯廷斯總督將一些從中國帶來的茶樹種子。
他把種子送給在印度東北部不丹的喬治・博格爾，以及孟加拉步兵團的羅伯特・基德中校。
基德將種子種在加爾各答的私人植物園中，長勢良好，成為第一批在印度生長的耕作茶樹植株。

西元 1782 年
中國改組廣州行商，以便管理中國茶葉的對外貿易。

西元 1784 年
英國的茶稅持續增加，竟達到 120%。
理查・唐寧在 1785 年撰寫的小冊子中，抱怨政府在禁止茶葉摻假上的失敗。
小威廉・皮特（William Pitt）任內，英國國會通過減稅條例，將茶稅減至其舊稅率的十分之一。

西元 1785 年
中國皇后號抵達紐約，為美籍船運送中國茶葉到美國的開端。
英國註冊的茶葉躉售及零售商人共計 3 萬家。

西元 1785 ～ 1791 年
荷蘭每年進口的茶葉總額，平均約為 350 萬磅，比五十年前增加四倍。

西元 1788 年
英國自然學家約瑟夫・班克斯爵士建議在印度栽種茶樹，並提出研究報告。
英國東印度公司認為在印度種茶會防礙對中國茶葉的貿易，便加以阻撓。

西元 1789 年
美國政府對所有紅茶課徵每磅 15 美分的關稅，貢茶和珠茶的關稅 22 美分，雨前茶的關稅則是 55 美分。

西元 1790 ～ 1800 年
十八世紀的最後十年，英國東印度公司每年進口到英國的茶葉，平均約有 330 萬磅。

西元 1793 年
陪同馬戛爾尼伯爵的使節團一同前往中國的科學家，將中國茶樹的種子發送到加爾各答，種植在植物園中。

西元 1802 年
錫蘭試種茶樹失敗。

西元 1805 年
詹姆斯・科迪納提到錫蘭有野生茶樹，但後世認為那是一種肉桂樹。

西元 1810 年
中國商人將茶葉種植引進臺灣島。

西元 1813 年
英國國會終止了東印度公司對印度的獨占權。
但主要由茶葉貿易組成的中國壟斷權，則被同意再延續二十年。

西元 1814 年
戰時利得者煽動費城居民組織不消費會，會員同意不購買價值每磅 25 分以上的咖啡，也不購買新進口的茶葉。

西元 1815 年
最早提到原生印度茶樹的紀錄，可能是在派駐於印度的英國雷特上校的報告中，提到了阿薩姆的景頗族採集野生茶葉所製作的飲料。
戈文博士提出應該將茶樹種植引進孟加拉西北部的建議。

西元 1815 年
拿破崙戰爭結束後，英國增加茶稅到96%。

西元 1821 年
上海開始進行綠茶的貿易。

西元 1823 年
羅伯特·布魯斯在印度阿薩姆發現原生種茶樹。

西元 1824 年
荷蘭政府命令菲利普·法蘭茲·馮·西博德，將分類後的茶樹植株和種子運往爪哇的巴達維亞。

西元 1825 年
英國藝術協會懸賞一面金質獎章。在英屬殖民地種植茶樹，並製作出大量品質最佳茶葉的人，將能獲得此獎章。
英國駐阿薩姆事務官大衛·史考特上尉，把在曼尼普爾邦野外發現的野生茶樹葉片和種子，寄給加爾各答植物園的納薩尼爾·瓦立池，但沒證實這是茶葉。

西元 1826 年
爪哇試種西博德從日本送來的茶樹種子。
約翰·霍尼曼首先開始販售包裝茶葉。

西元 1827 年
爪哇成功栽種茶樹，在茂物的植物園有一千株，而牙津的實驗園有五百株。
爪哇政府派 J·I·L·L·雅各布森赴中國考察茶葉之栽培與製造。

西元 1828 年
爪哇首次製作茶葉樣品。

西元 1828 ～ 1829 年
J·I·L·L·雅各布森第二次從中國返回爪哇，帶回 11 株茶樹。

西元 1830 年
爪哇在華那加沙設有小規模的製茶廠。
英國每年茶葉消費量為 3 千萬磅，其他歐美國家每年茶葉消費的總額則為 2200 萬磅。

西元 1831 年
安德魯·查爾頓將阿薩姆的野生茶樹幼

苗送到加爾加答國家植物園，但被認為是山茶，很快就枯死了。

西元 1832 年

馬德拉斯的醫師克里斯蒂在南印度的尼爾吉爾山試種茶樹。

查爾斯‧亞歷山大‧布魯斯促使政府官員注意阿薩姆的野生茶樹。

巴爾的摩爾商人艾薩克‧麥金姆首先建造快速貨船，用於載運中國茶。

西元 1833 年

J‧I‧L‧L‧雅各布森第六次（也是最後一次）從中國返回爪哇，帶回了七百萬顆茶樹種子，15 名茶工及多種製茶工具。J‧I‧L‧L‧雅各布森被任命為爪哇公營茶葉企業的主持人。

英國國會廢止東印度公司對中國茶的貿易專利權。

西元 1834 年

印度總督威廉‧本廷克下令組織茶葉委員會，研究在印度種植茶葉的可能性。

英國東印度公司的茶葉專利權停止後，倫敦的切碎巷開始進行茶葉交易。

安德魯‧查爾頓再次前將阿薩姆的茶樹標本送至加爾加答，並附有茶果、茶花、茶葉，結果證實為阿薩姆原生茶樹。

西元 1835 年

第一批爪哇茶葉運到阿姆斯特丹。

西元 1835 ～ 1836 年

印度將成功生長於加爾加答的 4 萬 2 千株中國茶樹，分植種於上阿薩姆、庫馬盎及南印度。

2 千株中國茶樹從加爾加答運抵南印度，但都枯死了。

西元 1838 年

阿薩姆首次外銷 8 箱茶運往倫敦。

西元 1839 年

第一批阿薩姆茶抵達英國，總計 8 箱，由東印度公司在倫敦之印度大廈出售。

阿薩姆的原生茶樹之種子，首次從加爾加答運往錫蘭。

印度茶葉種植公司之先驅阿薩姆公司成立了。

西元 1840 年

阿薩姆公司接辦政府在印度東北省份所經營的茶園的三分之二範圍。

第二批印度茶葉共 95 箱，運抵倫敦後安排上市。

英屬印度吉大港開始種植茶樹。

錫蘭的佩拉德尼亞（Peradeniya）的植物園，收到了從加爾加答植物園送過來的 200 多株阿薩姆茶樹。

西元 1841 年

從中國之旅歸來的墨利斯‧B‧沃爾姆斯帶回一些中國茶樹的扦插枝條，種植在普塞拉瓦地區的羅斯柴爾德咖啡莊園裡。

西元 1842 年

荷蘭政府開始放棄其在爪哇種植茶樹之專利。

中國和英國簽訂《南京條約》，廢除公行制度，並開放上海、寧波、福州、廈門為通商口岸。
印度的德拉敦開始種植茶樹。

西元 1843 年
第一批庫馬盎茶是由種植在印度的中國變種茶樹植株所生產的茶葉，由即將退休的庫馬盎省茶葉栽種經理人法爾科納博士帶到倫敦。
雅各布森的《茶的栽種與加工手冊》，於巴達維亞出版。
英國稅務局針對涉及再乾燥茶葉的案件進行起訴。

西元 1848 年
羅伯特・福鈞為了將茶樹植株和中國工匠帶回英屬印度而航向中國，最早的嘗試便是在美國種植茶樹。

西元 1850 年
東方號為第一艘運送中國茶至倫敦的美國快速貨船。

西元 1851 年
英國有一件控告愛德華・邵斯及其妻涉嫌大量加工假冒偽劣茶葉的案件。

西元 1853 年
美國海軍准將馬修・卡爾布萊斯・培里藉著武力展示及成功的外交手段，揭開美日茶葉貿易的序幕。
長崎的茶葉商人凱・大浦夫人，成為嘗試進行直接出口業務的第一人。

西元 1856 年
英國茶葉採購員歐特向大浦夫人訂購了約 1 萬 3 千磅嬉野珠茶

西元 1859 年
橫濱為日本最佳茶產區之門戶，這一年起開放，總計輸出茶葉 40 萬磅。

西元 1860 年
英國通過第一項禁止食品摻假的法案。

西元 1861 年
俄羅斯人在漢口設立了第一間磚茶工廠。

西元 1861 ～ 1865 年
美國南北戰爭期間，對茶葉課徵了每磅 25 美分的關稅。

西元 1862 年
在日本橫濱的外國租界中，設立了第一座再焙燒貨棧。
中國製茶專家在此處傳授表面加工和人工上色的做法，被稱為「釜炒茶」。

西元 1862 ～ 1865 年
爪哇政府將茶園租給私人經營，使得爪哇茶樹栽種事業開始繁榮。

西元 1863 年
三桅帆船「行善者號」帶回第一批日本茶葉船貨到美國紐約。
由約翰・馬菲特船長指揮的南方邦聯之劫掠輪船「佛羅里達號」，搶劫了駛往紐約的「雅各・貝爾號」，船上裝載了

價值 150 萬美元的茶葉船貨；之後又擄
獲了從上海駛往紐約、載運百萬船貨的
「奧奈達號」。

西元 1863 ～ 1866 年
印度茶園價格飛漲，加上茶產業投機行
為熱烈，導致了茶產業在之後崩潰。

西元 1867 年
寶順洋行將一批商品經由廈門運往澳門。
同年，一位中國茶葉採購員為了廈門德
記洋行前往淡水並運走了幾籃茶葉。這
是臺灣烏龍茶出口之始。

西元 1868 年
中國海關開始統計茶葉輸出量。
有第一批直接從橫濱運抵舊金山的日本
茶葉。
外國洋行在日本神戶設辦事處及貨棧。
寶順洋行在臺北艋舺建立了茶葉再焙燒
貨棧，並且從廈門和福州帶來經驗豐富
的中國工作人員，以進行這項工作。

西元 1869 年
蘇伊士運河的開通，縮短了運茶路線。

西元 1870 年
中國福州開始設立磚茶廠。

西元 1872 年
日本神戶開始有茶葉烘焙設備。

西元 1873 年
錫蘭茶首次出口，運往英國。

西元 1875 年
英國通過了《英國食品藥物法案》

西元 1875 ～ 1876 年
咖啡駝孢銹菌對錫蘭的咖啡植株造成毀
滅性的打擊，農民開始轉而種植茶樹。

西元 1876 年
日本的赤崛玉三郎等人發明了製作竹筐
焙茶的工序。
費城的百年博覽會上有日本茶的展覽。

西元 1877 年
爪哇茶葉栽培業將所製作的樣茶，送給
倫敦茶葉經紀人，徵求品評。

西元 1878 年
爪哇茶園輸入阿薩姆茶種的種子，並採
用阿薩姆地區的種植方法。
漢口磚茶廠採用水力製造茶磚。

西元 1879 年
日本第一場茶農的競爭性展示會在橫濱
舉行，整場展示會以茶葉樣本所組成，
參加茶商共有 848 家。

西元 1881 年
所有的日本紅茶公司被合併為名叫「橫
濱紅茶會社」的單一企業。

西元 1883 年
哥倫坡第一場茶葉公開拍賣於薩默維爾
公司的茶葉經紀辦公室舉行。
美國通過《防止混摻及偽造茶葉進口》

法案，意在取締混摻茶葉的進口。

日本第二次茶葉競賽會於神戶舉行，參加茶商計 2752 家。

日本中央茶商協會成立。

西元 1885 年

高林謙三獲得兩種茶葉揉捻機的特許專利狀，為日本第一部綠茶加工機器。

西元 1886 年

日本中央茶商協會派出橫山孫一郎前往俄羅斯和西伯利亞，調查市場發展性。

Ｈ·Ｋ·拉塞福發起錫蘭茶葉聯合基金，以用來收集和發送茶葉樣品，募得的茶葉超過 6 萬 7 千磅。

西元 1888 年

日本中央茶葉協會調查海外茶葉市場。

錫蘭茶業界發起自動捐集錫蘭茶業基金，以做為宣傳之用。

西元 1889 年

錫蘭推出提供茶葉免費發放的策略，擴展到南愛爾蘭、俄羅斯、維也納、君士坦丁堡。

裝飾精美的盒裝錫蘭茶葉，被呈獻給錫蘭的訪客：法夫公爵及公爵夫人，從此開始了委員會向皇室成員和其他著名人士送上錫蘭茶葉禮品的策略。

西元 1890 年左右

茶葉基金委員會為塔斯馬尼亞、瑞典、德國、加拿大和俄羅斯的商號，提供茶葉和經費。

西元 1891 年

錫蘭茶的售價達到每磅 25 鎊 10 先令者，造成倫敦競賣市場茶價之新紀錄。

俄羅斯人在中國的九江大力發展磚茶的加工生產。

西元 1893 年

錫蘭政府開始徵收出口茶稅，每百磅 10 錫蘭分。

西元 1894 年

可倫坡茶商協會成立。

錫蘭茶業基金委員會把活動範圍拓展至澳大利亞、匈牙利、羅馬尼亞、塞爾維亞、英屬哥倫比亞等地。

倫敦之印度地方茶業協會，與加爾加答之印度茶業協會合併，改名為「印度茶業協會」，會址設於倫敦。

印度茶產業自動認捐茶稅，籌集資金，做為茶葉宣傳之用，以九年為期，至 1902 年止。

第一批蘇門答臘茶葉由英國德利與蘭卡特菸草公司從位於德利的林本莊園運往倫敦。

錫蘭茶葉基金委員會由各方代表三十人組成，遂改名為三十人委員會，並派代表赴美國考察錫蘭茶推廣的最佳方法。

威廉·麥肯錫被任為錫蘭駐美茶葉推廣專員。

錫蘭茶出口稅率增為每百磅 20 錫蘭分。

西元 1895 年

中國將臺灣割讓給日本，日本政府極力推廣臺灣茶葉。

錫蘭駐美茶葉推廣專員威廉‧麥肯錫的報告指出，美國人習慣喝綠茶，並建議增加綠茶產量。

西元 1896 年
錫蘭茶開始在歐洲宣傳，一直持續至1912 年止。

錫蘭三十人委員會決議：給予出口綠茶每磅 10 錫蘭分的獎勵金，以九年為期，至 1904 年止。

印度和錫蘭茶葉在美國聯合宣傳。

西元 1897 年
美國通過第二次茶葉法，禁止攙雜及劣等茶葉進口。

日本茶葉的製造工序開始改用機器。

美國每人的茶葉消費量達到最高峰，為1.56 磅。

錫蘭茶推廣委員會駐俄辦事處改組為公司，專營錫蘭茶。

九江的俄羅斯商磚茶製造廠，開始向錫蘭收買茶葉粉末。

西元 1898 年
美國對茶葉開徵每磅 10 美分的進口關稅當作戰爭稅。

錫蘭茶駐美推廣專員在美國領導推廣綠茶的廣告運動。

靜岡富士公司的原崎源作發明了製作綠茶用的省力再焙燒鍋。

日本茶開始在美國宣傳，一直持續至1906 年止。

日本茶開始在俄羅斯宣傳，僅於 1905、1909、1916 年曾中斷。

錫蘭茶贈送樣茶的宣傳活動推廣到非洲。

紐約茶葉協會成立。

西元 1899 年
巴黎博覽會開幕，錫蘭茶參加展示。

日本開闢清水為通商口岸，茶葉市場中心從橫濱、神戶移至靜岡。

西元 1900 年
印度和錫蘭的茶葉成為中國茶在俄羅斯市場的勁敵。

錫蘭三十人委員會對綠茶出口獎勵，減為每磅 7 錫蘭分。

J‧H‧連頓擔任錫蘭茶駐歐洲推廣專員。

法屬印度支那開始輸出茶葉。

受生產過剩影響，印度和錫蘭停止種茶。

西元 1901 年
巴黎博覽會開幕，日本茶和臺灣茶參加展示。

《茶與咖啡貿易雜誌》在紐約刊行。

茶稅廢止協會在紐約成立。

西元 1902 年
為了供應美國的茶葉市場，少數印度茶園繼續製作綠茶。

錫蘭出口茶稅率增加至每百磅徵收三十錫蘭分。

爪哇茂物茶葉研究所成立。

西元 1903 年
印度當局徵出口茶稅每磅四分之一派薩，以促進世界印度茶的銷售量。

西元 1903 ～ 1904 年
印度茶開始在美國宣傳，直至 1918 年三月底止。

西元 1903 年
美國國家茶產業協會在紐約成立。
美國通過廢止茶稅。

西元 1904 年
聖路易斯展覽會開幕，印度、錫蘭和日本茶均參加展示。
錫蘭研究產製烏龍茶的可能性。

西元 1904 ～ 1905 年
印度茶開始在美國宣傳。

西元 1905 年
日本茶開始廣告宣傳，贈送茶葉樣本給澳洲。
日本茶在法國報紙刊登廣告，參加列日及波特蘭博覽會。
中國茶葉考察團赴印度和錫蘭，考察茶葉產製工序。
反茶稅聯盟在倫敦成立。

西元 1905 ～ 1906 年
印度茶開始在歐洲宣傳。

西元 1906 年
舊金山大火摧毀了大部分的茶葉公司。
繼威廉‧麥肯錫之後，華特‧艾倫‧寇特尼擔任錫蘭茶駐美推廣專員。

西元 1907 年

因 1900 年生產過剩而停頓的印度和錫蘭種茶事業，在這一年復業。
日本在美國與加拿大的茶葉宣傳結束。
中國茶葉協會在倫敦成立。

西元 1908 年
錫蘭停徵茶稅，駐美推廣專員華特‧艾倫‧寇特尼隨即辭職。

西元 1909 年
四十家大不列顛茶葉批發商行展開「優質茶葉宣傳活動」。

西元 1909 ～ 1910 年
爪哇茶葉在澳洲的宣傳，由巴達維亞茶葉專家局的 H‧蘭姆主持。

西元 1910 年
蘇門答臘開始大規模種植茶樹。
臺灣政府給予某公司津貼以製造紅茶。

西元 1911 年
美國禁止人工染色茶輸入。

西元 1911 ～ 1912 年
印度茶開始在南美宣傳。

西元 1912 年
紐約茶葉協會改組成立美國茶葉協會。
日本茶在美國繼續宣傳。

西元 1914 ～ 1918 年
歐洲戰爭時，德國人購茶遭遇困難。

西元 1915 年

由於俄軍大量採購紅茶，歐洲戰爭給予中國茶極好的復興機會。

西元 1915 ～ 1916 年

印度茶開始在英屬印度宣傳。

西元 1917 年

巴達維亞茶葉專家局的 H・J・艾德華斯訪問美國，期望改善爪哇茶葉在美國的銷售市場。

英國食品部成立，以進行戰時控制和分配食物的措施，並實施茶葉控管。

俄國大革命，茶葉貿易隨而崩潰。

西元 1918 年

漢口的俄商茶廠均停業。

臺灣政府對臺灣茶葉開始採取普遍扶植政策。

西元 1919 年

英國停止茶葉控管。

英國啟動帝國優惠關稅制度系統，大英帝國境內種植的茶葉每磅可減收 2 便士的關稅。

西元 1920 年

本世紀第二次茶葉生產過剩所引起的恐慌，使得英屬殖民地的種茶業者約定節制生產。

西元 1921 年

印度和錫蘭的種茶業採精細摘茶法，以降低產量。

印度茶稅稅率由每磅四分之一派薩增加至每百磅 4 安那。

西元 1922 年

臺灣政府開始為臺灣茶在美國做報紙宣傳運動。

印度和錫蘭繼續限制茶葉生產。

西元 1922 ～ 1923 年

爪哇茶在美國開始商業性宣傳。

印度茶繼續在歐美國家宣傳。

西元 1923 年

臺灣政府設茶葉檢驗所。

日本地震摧毀了東京橫濱所儲存的茶葉約 300 萬磅。

印度茶葉稅捐委員會的哈羅德・W・紐比到美國，尋求推廣印度茶銷往美國的可能性。

印度茶葉稅捐委員會決議每年撥 20 萬美元，提供印度茶在美國的宣傳費用，並交由查爾斯・海厄姆負責。

印度茶出口稅率增加至每百磅 6 安那。

西元 1924 年

爪哇茶業會議在萬丹開幕。

日本化學家宣稱，在日本綠茶內發現維生素 C。

西元 1925 年

蘇聯將茶葉收購設為政府專利事業，在各茶市大規模收購茶葉。

錫蘭茶葉研究所成立，政府為其徵收出口茶稅每百磅 10 分來貼補。

西元 1926 年
臺灣紅茶產量增加，每年約達 40 萬磅。
日本中央茶業會在美國展開五年的宣傳運動。

西元 1927 年
印度茶停止在法國宣傳運動。
李奧波德・貝林擔任印度茶駐美專員。
美國廢止了具有二百六十九年悠久歷史的茶稅。

西元 1930 年
英國和荷蘭的種茶業者互相節制生產，年產量因此減少 4100 萬磅。

西元 1931 年
中國將茶葉檢驗機關設於上海、漢口。
英國和荷蘭的種茶業者廢止限制茶葉產量的協定。
英國發動的購買英茶運動，在歷時二年後停止。

西元 1932 年
錫蘭國務院通過議決案：設立錫蘭茶宣傳委員會，進行錫蘭茶對內對外宣傳，並規定茶葉出口稅每磅不得超過 1 分。
四月起英國恢復徵收茶稅，外國茶每磅課 4 便士，帝國茶則每磅課 2 便士。
芝加哥世界博覽會開幕，日本展示茶葉及新出樣茶。
英國帝國茶葉運動重新組織命名為「帝國茶產者」（Empire Tea Growers）。
印度、錫蘭、爪哇的茶產業界代表，組織調查團赴美國，期望增加茶葉銷量。

西元 1936 年
南印度名貴的「橙黃白毫」，在倫敦以每磅 36 鎊 13 先令 4 便士之驚人高價售出，創下了倫敦公開拍賣市場的全新紀錄。

西元 1937 年
臺灣開闢高山茶園，謀提高茶葉品質。
英國提高茶稅，外國茶進口每磅課 6 便士，帝國茶進口每磅課 4 便士。

西元 1966 ～ 1976 年
中國文化大革命，大規模鎮壓茶產業。

西元 1975 年
臺灣光復後第一次舉辦茶葉比賽。
臺灣最早的高山茶開始種植。

西元 1981 年
日本罐裝茶誕生。

西元 1982 年
臺灣製茶管理規則廢除，茶農開始可以自產、自製、自銷，進而造就臺灣烏龍茶的生產技術突飛猛進。

西元 1990 年
PET 瓶裝（寶特瓶）茶開始上市。

西元 2002 年
臺灣加入 WTO 後，正式進入精品茶的時代。

當消失的靈魂交織，
而社會一致認同，
如此友誼以何物為象徵？
一杯茶，一杯茶。
　　——亞瑟·里德（Arthur Reade）

《茶與飲茶》中的〈一杯茶〉